2021年版
2021 EDITION

中国光纤通信年鉴

YEARBOOK OF CHINA OPTICAL FIBER COMMUNICATION

主　编　韩馥儿
副主编　胡卫生　陈　伟　储九荣　戚　卫
　　　　兰小波　苏海芳　陈　伟（江西大圣）

上海大学出版社
·上海·

图书在版编目（CIP）数据

中国光纤通信年鉴：2021年版 / 韩馥儿主编. --上海：上海大学出版社，2021.12
ISBN 978-7-5671-4437-8

Ⅰ. ①中… Ⅱ. ①韩… Ⅲ. ①光纤通信－中国－2021－年鉴 Ⅳ. ①TN929.11-54

中国版本图书馆CIP数据核字(2021)第263498号

责任编辑　邹西礼
美术编辑　柯国富
技术编辑　金　鑫　钱宇坤

中国光纤通信年鉴：2021年版
YEARBOOK OF CHINA OPTICAL FIBER COMMUNICATION: 2021 EDITION
韩馥儿　主编
上海大学出版社出版发行
（上海市上大路99号　邮政编码 200444）
（http://www.shupress.cn　发行热线 021-66135112）
出版人　戴骏豪
＊
上海世纪嘉晋数字信息技术有限公司印刷　各地新华书店经销
开本889×1194　1/16　印张 19.25　字数 398千字
2021年12月第1版　2021年12月第1次印刷
ISBN 978-7-5671-4437-8/TN·20　定价 580.00元
版权所有　侵权必究
如发现本书有印装质量问题请与印刷厂质量科联系
联系电话：021-69214195

《中国光纤通信年鉴》编委单位

编委会主任单位

烽火通信科技股份有限公司

长飞光纤光缆股份有限公司

江苏亨通光电股份有限公司

富通集团有限公司

中天科技股份有限公司

四川汇源塑料光纤有限公司

编委会单位

深圳市特发信息股份有限公司	上海大学
江苏法尔胜光通信科技有限公司	电子科技大学
江西大圣塑料光纤有限公司	北京邮电大学
宝胜长飞海洋工程有限公司	太原理工大学
上海交通大学	中科院半导体研究所
区域光纤通信网与新型光通信系统国家重点实验室	中科院微系统与信息技术研究所 传感技术联合国家重点实验室
吉林大学	中科院上海光学精密机械研究所
集成光电子学国家重点实验室	中科院西安光学精密机械研究所
浙江大学	中科院长春光学精密机械与物理研究所
华东师范大学	
复旦大学	上海市浦东新区光电子行业协会
南京大学	

《中国光纤通信年鉴》编委会

高级顾问	邬贺铨	中国工程院院士	中国工程院秘书长　教授
	褚君浩	中国科学院院士	中国科学院学部主席团成员　复旦大学光电研究院院长
	黄宏嘉	中国科学院院士	上海大学名誉校长　教授
	赵梓森	中国工程院院士	武汉邮电科学研究院高级技术顾问　教授
	王启明	中国科学院院士	中国科学院半导体研究所研究员　厦门大学教授
	王立军	中国科学院院士	中国科学院长春光学精密机械与物理研究所研究员
	徐至展	中国科学院院士	中国科学院上海光学精密机械研究所学术委员会主任　研究员
	简水生	中国科学院院士	北京交通大学　教授
	李乐民	中国工程院院士	电子科技大学　教授
	干福熹	中国科学院院士	中国科学院上海光学精密机械研究所研究员　复旦大学教授
	侯洵	中国科学院院士	中国科学院西安光学精密机械研究所研究员
	余少华	中国工程院院士	中国通信学会光通信委员会主任　中国信息通信科技集团总工程师
	王建宇	中国科学院院士	中国科学院上海分院院长　研究员
	唐雄燕	中国联通网络技术研究院首席科学家	教授级高工　博士后
	毛谦	中国通信学会光通信委员会名誉主任	原武汉邮电科学研究院总工　教授级高工
	赵卫	中国光学学会集成光学与纤维光学专业委员会主任	西安光机所所长　研究员
	于荣金	中国光学学会纤维光学与集成光学专业委员会名誉主任	燕山大学教授　博士生导师
	庄丹	长飞光纤光缆股份有限公司总裁　博士后	
名誉主任	邬贺铨	中国工程院院士	中国工程院秘书长　教授
	褚君浩	中国科学院院士	中国科学院学部主席团成员　复旦大学光电研究院院长
主　任	韩馥儿	上海图书馆上海科学技术情报研究所　研究员	
副主任	张雁翔	长飞光纤光缆股份有限公司高级顾问	
	杨建义	浙江大学信息与电子工程学院院长　教授　博士生导师	
	张大明	吉林大学吉林市研究院院长　教授　博士生导师	
	罗文勇	烽火通信科技股份有限公司线缆产品线创新中心总经理　教授级高工	
	杜城	锐光信通科技有限公司总经理，兼任烽火通信科技股份有限公司线缆产品线光纤产品线副总监	
	周金凯	长飞光纤光缆股份有限公司战略与市场部经理	
	周瑜	亨通集团市场策划部主任	
	张立永	富通集团技术研究院副院长　教授级高工　博士	
	叶振华	中天科技集团首席品牌官　战略研究所所长　文化品牌部部长	
	李俊杰	中国电信光传输技术首席专家　博士　教授级高工	
	高军诗	中国移动规划设计院有线所所长　教授级高工	
	贺永涛	中国联通中讯设计院国际传输总监	
	周震华	江苏法尔胜光通信科技有限公司总经理	
	迟楠	复旦大学信息科学与通信工程学院院长　教授　博士生导师	
	杜柏林	上海市通信学会光通信专业委员会原主任　教授	
	相正键	烽火海洋网络设备有限公司生产制造部总经理	
	方胜	重庆世纪之光科技实业有限公司副总经理　博士	
	孙继光	上海网讯新材料股份有限公司总工程师	
	王寿泰	上海交通大学教授	
	林振荣	上海电缆研究所　高级工程师	
	马汝良	《电线电缆报》主编　高级工程师	
委　员	王曰海	浙江大学信息与电子工程学院　教授	
	贺志学	光纤通信技术和网络国家重点实验室光系统研究室副主任　博士	
	王亚辉	世纪之光新材料研究开发有限公司总经理　高级工程师	
	应志忠	浙江汉维通信器材有限公司总工程师	
	安俊明	中国科学院半导体研究所　研究员　博士生导师	
	张洪森	江苏永鼎公司顾问　高级工程师	
	施庆麟	中国科学院上海硅酸盐研究所　高级工程师	
	杨易	中国科学院上海微系统研究所　研究员	
	施社平	中兴通信股份有限公司　高级工程师　北京邮电大学兼职教授	

编委会名誉主任和高级顾问介绍

邬贺铨 光纤传送网与宽带信息网著名专家。教授、中国工程院院士、中国工程院秘书长。曾任中国工程院副院长、信息产业部电信科学技术研究院副院长兼总工程师、大唐电信集团副总裁。现任新一代无线宽带移动通信科技重大专项总师，中国互联网协会理事长，国家信息化专家组咨询委员会委员、中国通信学会理事长。多年连续参加ITU-T网络标准研究组会议，参与了国家重要领域技术政策研究和国家中长期科技发展规划纲要的起草，多次参与了国家通信发展的决策。

2006年起担任《光纤通信信息集锦》和《中国光纤通信年鉴》高级顾问、编委会名誉主任。

褚君浩 半导体物理和器件著名专家。中国科学院学部主席团成员，中国科学院院士。现任中国科学院上海技术物理研究所研究员、科技委副主任，复旦大学光电研究院院长。长期从事红外光电子材料和器件的研究，开展了用于红外探测器的窄禁带半导体碲镉汞（HgCdTe）和铁电薄膜的材料物理和器件研究。提出了HgCdTe的禁带宽度等关系式，被国际上称为CXT公式。

2006年起担任《光纤通信信息集锦》和《中国光纤通信年鉴》高级顾问、编委会名誉主任。

黄宏嘉 国际著名微波与光纤专家。教授、中国科学院资深院士，1989年被聘为美国麻省理工学院电磁科学院院士。我国微波光纤领域的重要奠基人，曾荣获国家重大科技贡献奖。在微波理论方面发展了耦合波理论，领导研究组于1980年在我国首次研制成功单模光纤。是我国单模光纤技术的开拓者，为我国微波技术及光纤技术的应用与发展作出了重要贡献。现任上海大学名誉校长。

2006年起担任《光纤通信信息集锦》和《中国光纤通信年鉴》高级顾问。

高级顾问介绍

赵梓森 光纤通信著名专家。教授、中国工程院院士。我国光纤通信技术的主要奠基人和公认的开拓者，被誉为"中国光纤之父"。1997年被IEEE电机电子工程师协会选为Fellow会士荣誉称号。曾任邮电部武汉邮电科学研究院副院长兼总工程师，现任该院高级技术顾问、国家光纤通信技术工程研究中心技术委员会主任；兼任中国通信学会会士、信息产业部科技委常委、湖北省科协副主席、武汉·中国光谷首席科学家。

2006年起担任《光纤通信信息集锦》和《中国光纤通信年鉴》高级顾问。

李乐民 通信技术著名专家。教授、中国工程院院士。任成都电子科技大学信息与通信工程博士后流动站导师、宽带光纤传输与通信系统技术国家重点实验室学术委员会主任、塑料光纤国家工程实验室技术委员会主任。从事通信技术领域科研和教学50余年，发表论文200余篇，出版专著4部，为多项工程研制了数字传输关键设备。研究领域包括通信网性能优化、光交换网、IP网和光网结合、无线网中的资源管理等。

2006年起担任《光纤通信信息集锦》和《中国光纤通信年鉴》高级顾问。

干福熹 光学材料、非晶态物理学家。研究员、中国科学院院士。曾任中国科学院上海光学精密机械研究所所长，现任该所研究员，复旦大学教授。对光学玻璃材料、材料光谱和非晶态物理有研究，是我国激光技术的开拓者之一。已在国内研制成功激光钕玻璃材料，并领导了我国激光玻璃的扩大试制工作。著有《光学玻璃》《无机玻璃物理性质计算和成分设计》等。担任《大辞海》副主编。

2006年起担任《光纤通信信息集锦》和《中国光纤通信年鉴》高级顾问。

高级顾问介绍

王立军 激光与光电子技术专家。中国科学院院士，长春光学精密机械与物理研究所研究员。长期从事高功率半导体激光技术等领域的基础与应用研究。2004年在国际上首次研制出瓦级垂直腔面发射激光器。在国内率先研制出无铝量子阱长寿命边发射激光器。提出了多种半导体激光合束结构及方法，研制出高光束质量高功率密度半导体激光系列光源，此技术成果在多领域获得重要应用。

2016年6月起担任《中国光纤通信年鉴》高级顾问。

王启明 光电子学著名专家。中国科学院院士，中国科学院半导体研究所研究员，曾任所长。参与筹建中国半导体测试基地，建立了一系列材料测试系统。致力于半导体光电子学研究，在中国首次研制成功连续激射的室温半导体激光器，并研制成功量子阱激光器、调制器和光双稳激光器及开关器件，对发展光信息处理、光开关、光交换技术以及新一代光电子器件作出了贡献。目前主要从事半导体光电子器件物理、光子集成及其在光网络通信中的应用，尤其关注Si基光子器件和Si基光电子集成的发展。

2006年起担任《光纤通信信息集锦》和《中国光纤通信年鉴》高级顾问。

徐至展 著名物理学家。中国科学院院士，中国科学院上海光学精密机械研究所研究员，曾任该所所长，现任该所学术委员会主任。主要研究领域为激光物理和强光光学，特别是在激光核聚变、强激光与物质相互作用、高功率激光和X射线激光等方面作出了杰出贡献。在开拓与发展新型超短超强激光及强场超快物理等方面取得重大创新成果。

2006年起担任《光纤通信信息集锦》和《中国光纤通信年鉴》高级顾问。

高级顾问介绍

侯 洵 光电子著名专家。中国科学院院士，中国科学院西安光学精密机械研究所研究员，曾任该所所长。他是瞬态光学和光电子学领域的杰出代表，从事光电发射材料及快速光电器件研究40多年，先后作为主要参加者、学术带头人和主持人研制出一系列电光与光电子类高速摄影机，成功用于中国首次核试验、地下核试验以及激光核聚变研究等。

2006年起担任《光纤通信信息集锦》和《中国光纤通信年鉴》高级顾问。

简水生 光纤通信和电磁兼容著名专家。教授、中国科学院院士，曾任北京交通大学光波技术研究所所长。他首创了对称电缆消除螺旋效应的屏蔽理论，主持研制了异型钢丝超强型、蜂窝型等一系列束管式新型通信光缆。研制成功3万～30万像素的石英传像光纤、平滑低色散光纤、宽带光纤光栅色散补偿器等光电子产品。从事的国家重大课题有：利用漏泄波导综合光缆和光纤陀螺实现高速铁路列车实时追踪系统的研究、OTDM光孤子通信关键技术的研究、光纤光栅色散补偿的研究。

2006年起担任《光纤通信信息集锦》和《中国光纤通信年鉴》高级顾问。

毛 谦 光纤通信著名专家。原武汉邮电科学研究院副院长兼总工程师、教授级高级工程师、博士生导师，现任武汉邮电科学研究院高级顾问，兼任国际电联ITU-TSG15中国专家组成员，信息产业部通信科技委委员，中国通信学会会士，中国通信学会常务理事、光通信委员会主任、学术委员会副主任，中国通信标准化协会专家咨询委员会委员、技术管理委员会委员、传送网与接入网技术工作委员会主席。

2006年起担任《光纤通信信息集锦》和《中国光纤通信年鉴》高级顾问。

高级顾问介绍

余少华 著名光纤通信技术专家。中国工程院院士，中国信息通信科技集团有限公司总工程师，教授级高工，博士生导师。长期从事通信网络和光纤通信技术研究，负责并完成了"973""863"、下一代互联网等10多项国家重要项目，担任国际电信联盟（ITU-T）第15研究组（光和其他传送网络）副主席（2004年至今）、国家"863"计划信息领域网络与通信主题专家（2012～2014）、国家"973"项目"超高速超大容量超长距离光传输基础研究"首席科学家、中国通信学会光通信委员会主任委员、光纤通信技术和网络国家重点实验室主任、光纤接入产业联盟秘书长、《光通信研究》杂志主编。

2013年起担任《光纤通信信息集锦》《中国光纤通信年鉴》高级顾问。

王建宇 光电技术专家。中国科学院院士，中国科学院上海分院院长。主要从事空间光电技术和系统的研究，主持国际首个量子科学实验卫星系统的设计和研制，解决了星地量子科学实验中光束对准、偏振保持和单光子探测等多项核心技术难题，提出了超光谱成像与激光遥感相结合的探测新方法，主持研制了多种超光谱遥感系统，提出了空间远距离激光高灵敏度单元和阵列探测方法，实现了我国激光遥感的首次空间应用。

2018年6月起担任《中国光纤通信年鉴》高级顾问。

赵 卫 中国科学院西安光机所所长、研究员、博士生导师，中国光学学会光纤与集成光学专业委员会主任。主要从事高功率激光技术、超快激光技术和超快光电子学等领域的研究，负责并承担了国家"863"计划、国家重点/重大自然科学基金、中国科学院重点及创新等课题多项，取得了多项具有重要科学价值的研究成果。曾先后获得中国科学院科技进步一、二、三等奖各1项，为首批"新世纪百千万人才工程"国家级人选。在国内外学术刊物上发表学术论文100多篇，申请国家发明专利数十项，合著《非线性光学》研究生教材1部。

2016年起担任《光纤通信信息集锦》和《中国光纤通信年鉴》高级顾问。

历届报告会掠影（2009年）

2009年11月为庆祝中华人民共和国成立60周年，由井冈山市人民政府和亨通集团承办，在革命圣地井冈山举行的中国光纤通信发展报告会暨《中国光纤通信年鉴》2009年版首发，参会专家、学者、领导等有200余位，工业和信息化部特为大会发来贺信。

《中国光纤通信年鉴》2009年版首发

时任中国工程院副院长邬贺铨教授
在《中国光纤通信年鉴》首发仪式上致辞

《中国光纤通信年鉴》编委会韩馥儿主任
主持会议

历届报告会掠影（2010年）

2010年12月11～13日在上海举办的"2010'海峡两岸光通信论坛暨《光纤通信信息集锦》2010年版首发仪式和国际光纤通信发展报告会"，与会嘉宾近250人。邬贺铨、黄宏嘉、简水生、李乐民、厉鼎毅、干福熹、徐至展、赵梓森、褚君浩等9位两院院士光临并作报告。图为美国CoAdna Photonics, Inc. Jim Yuan董事长、博士在报告会上作报告。

2010'海峡两岸光通信论坛

Firecomms公司首席科学家约翰·兰博金博士在报告会上作精彩报告（图左为约翰·兰博金博士）

承办单位长飞光纤光缆有限公司举办招待晚宴——"长飞之夜"欢迎晚宴

历届报告会掠影（2011年）

2011'海峡两岸光通信论坛暨《中国光纤通信年鉴》2011年版首发仪式和中国光纤通信发展报告会于2011年11月12～13日在苏州工业园区举行。出席大会的来宾、学者计250余人。大会主题："以海峡两岸光通信产业自主创新成就为主线，加强海峡两岸光通信产业界交流与合作，铸就中华民族光通信产业辉煌的明天"。图为出席大会的院士、领导、专家、企业家合影。

2011'海峡两岸光通信论坛

苏州工业园区领导致辞

2011'海峡两岸光通信论坛主会场

历届报告会掠影（2012年）

2012'国际光纤通信论坛于2012年8月10日上午在内蒙古自治区呼和浩特市举行，出席本届论坛的专家、学者有350余人。论坛主题："宽带战略：迎接光纤通信发展第二春"。论坛开幕式由中共呼和浩特市委副书记、市长秦义主持。论坛吸引了包括新华社、人民日报社、中央电视台、内蒙古电视台、呼和浩特电视台等中央、自治区、呼和浩特市等28家媒体的广泛关注。

2012'国际光纤通信论坛

中共内蒙古自治区党委常委、呼和浩特市委书记那仁孟和在开幕式上致欢迎词

中国工程院秘书长邬贺铨院士在论坛上作特邀报告

历届报告会掠影（2012年）

中共内蒙古自治区党委、呼和浩特市委书记那仁孟和代表时任中共内蒙古自治区党委书记胡春华同志亲切会见出席论坛的邬贺铨、干福熹、赵梓森、侯洵、李乐民、褚君浩等两院院士

《通信产业报》辛鹏骏总编在论坛访谈间采访中国工程院赵梓森院士

《通信产业报》辛鹏骏总编和特约记者李殊敏在论坛访谈间采访韩馥儿秘书长

历届报告会掠影（2013年）

2013'光纤通信发展报告会暨《光纤通信信息集锦》2013年版首发和颁奖仪式于2013年11月28日上午在广州市举行，出席大会的来宾、学者有250余人。大会主题："'宽带中国'战略的光网络机遇"。

与会人员合影
左三：刘颂豪院士；左五：邬贺铨院士；左六：干福熹院士；左七：赵梓森院士；
左八：孙玉院士；左九：李乐民院士；左十：简水生院士；右二：褚君浩院士

大会执行主席中国科学院干福熹院士致开幕词

历届报告会掠影（2013年）

中国光学学会纤维光学与集成光学专业委员会副主任、
时任吉林大学电子科学与工程学院副院长张大明教授主持开幕式

中国工程院秘书长邬贺铨院士（左一）向优秀作品作者颁奖

历届报告会掠影（2014年）

　　2014'国际光纤通信论坛暨《光纤通信信息集锦》2014年版首发和颁奖仪式于2014年12月5～7日在重庆市举行。论坛主题："发展光纤通信，建设网络强国"。出席本届论坛的专家、学者有200余位。

　　全国人大常委会委员、重庆市人大常委会杜黎明副主任和与会院士及论坛秘书长韩馥儿研究员等亲切合影（左起：褚君浩院士、侯洵院士、潘君骅院士、干福熹院士、杜黎明副主任、李乐民院士、孙玉院士、赵梓森院士、韩馥儿研究员）

本届论坛执行主席干福熹院士致开幕词　　《光纤通信信息集锦》2014年版首发和颁奖仪式

历届报告会掠影（2014年）

中国工程院赵梓森院士作报告　　中国通信学会光通信委员会主任、时任武汉邮电科学研究院副院长余少华教授作报告

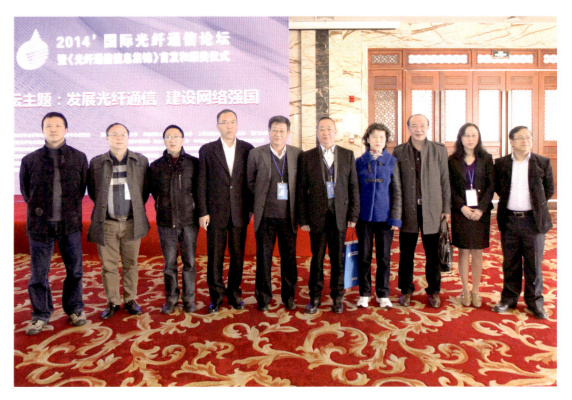

本届论坛承办单位重庆世纪之光科技实业有限公司杨学忠董事长和与会代表合影留念

历届报告会掠影（2015年）

为纪念光纤通信发明50周年，2016年6月17～19日"光纤通信50年高峰论坛"在河南鹤壁举行，出席论坛大会的两院院士、领导、专家、学者共计250余名。

出席"光纤通信50年高峰论坛"的院士、专家、领导在开幕式进场

王立军院士在开幕式上致词　　　　　　　　河南省政府王梦飞副秘书长致欢迎词

河南省鹤壁市委书记范修芳致欢迎词　　　院士、专家、领导参观承办单位
　　　　　　　　　　　　　　　　　　　河南仕佳光子科技股份有限公司

历届报告会掠影（2015年）
颁奖仪式

中国科学院学部主席团成员、全国人大代表褚君浩院士宣读荣膺中国光纤通信业界风云人物等奖项名单　　褚君浩院士向荣膺杰出科学家奖的赵梓森院士颁奖

侯洵院士向荣膺杰出科学家奖的王启明院士颁奖　　褚君浩院士、侯洵院士与获奖专家、企业家、学者合影留念

李乐民院士为《中国光纤通信年鉴》2015年版优秀论文作者颁奖，并合影留念

历届报告会掠影（2016年）
企业家论坛

烽火通信总经理李诗愈演讲

长飞光纤副总裁张穆演讲

亨通集团执行总裁钱建林演讲

富通集团执行总裁肖玮演讲

华为总工张德江演讲

中兴通信总监王会涛演讲

历届报告会掠影（2016年）
特约演讲嘉宾、主持嘉宾

中国科学院上海分院党组书记、副院长
王建宇演讲

中国通信学会光通信委员会名誉主任
毛谦演讲

中国科学院半导体所学术委员会副主任
黄永箴演讲

山东大学信息学院院长黄卫平演讲

吉林大学电子科学与工程学院副院长张大明
主持企业家论坛

上海交通大学胡卫生教授
主持闭幕式

历届报告会掠影（2018年）

"海洋强国""网络强国""一带一路"是国家意志，亦是中国光纤通信业界的战略责任，2018年12月11～12日在亚洲最大的海底光缆产业基地珠海市高栏港举办的"2018'中国海洋通信发展论坛暨《中国光纤通信年鉴》2018年版首发、颁奖和学术报告会"，受到业界的高度重视和广泛关注。

中国光学学会纤维光学与集成光学专业委员会常务委员、吉林大学吉林市研究院院长张大明教授主持2018届开幕式

烽火通信线缆产出线副总裁耿皓出席2018届论坛

承办单位烽火海洋网络设备有限公司总经理余次龙致欢迎词

珠海市高栏港开发区主任张戈致词

历届报告会掠影（2018年）
首发、颁奖仪式

中国通信学会光通信委员会名誉主任
毛谦教授级高工宣读优秀作品
获奖名单、优秀版面获奖名单

中国光纤之父、中国光纤通信业界
杰出科学家赵梓森院士和主办方领导
韩馥儿研究员、毛谦教授级高工、张大明教授
向优秀作品获奖作者颁奖

中国光纤之父、中国光纤通信业界杰出科学家
赵梓森院士和主办方领导韩馥儿研究员、毛谦教授
级高工、张大明教授向优秀版面获奖单位颁奖

出席本届论坛的专家、
嘉宾合影留念

历届报告会掠影（2018年）
特邀报告

烽火锐光信通科技有限公司总经理
罗文勇教授级高工主持特邀报告

中国联通研究院首席专家、中组部"千人计划"
引进人才唐雄燕教授级高工作特邀报告

浙江大学信息与电子工程学院、中组部
"千人计划"引进人才储涛教授作特邀报告

重庆世纪之光科技实业有限公司副总经理
方胜博士对第27届国际塑料光纤会议作热点解读

历届报告会掠影（2018年）
2018'中国海洋通信发展论坛

中国光纤之父、中国光纤通信业界杰出科学家
赵梓森院士在论坛上作高屋建瓴的演讲

中国电信国际有限公司总经理
常卫国在论坛上演讲

中天科技海缆有限公司总经理
吴晓伟在论坛上演讲

中国联通中讯设计院国际传输总监
贺永涛在论坛上演讲

历届报告会掠影（2019年）

为庆祝中华人民共和国成立70周年、传承红色基因，2019年12月13～14日在革命红船起航地——嘉兴南湖举办中国光纤通信学术报告会暨《中国光纤通信年鉴》2019年版首发和颁奖仪式，参会的院士、专家、学者、企业家约80多人。

开 幕 式

承办单位长飞光纤光缆股份有限公司
战略市场部肖畅品牌主任致词

承办单位江苏亨通光纤有限公司
总经理陈伟教授级高工致词

中共一大山东代表王尽美嫡孙、浙江大学王明华教授介绍王尽美生平事迹

嘉兴市人民政府蔡山林副秘书长致词

历届报告会掠影（2019年）
颁奖仪式

中国光学学会集成光学与纤维光学专业委员会委员
吉林大学技术研究院张大明教授主持开幕式

锐光信通科技有限公司总经理
罗文勇教授级高工主持特邀报告

主办单位领导韩馥儿主任、毛谦总工、张大明院长、上海大学出版社邹西礼副总编向获得优秀版面奖的单位代表颁发荣誉证书

主办单位领导韩馥儿主任、毛谦总工、张大明院长、上海大学出版社邹西礼副总编向获得优秀作品奖的作者颁发荣誉证书

历届报告会掠影（2019年）
特邀报告

中国科学院学部主席团成员、
《年鉴》编委会名誉主任褚君浩院士作特邀报告

中国联通工匠、中国联通研究院首席科学家
唐雄燕教授级高工作特邀报告

《年鉴》编委会副主任兼副主编、上海交通大学
胡卫生教授作特邀报告

《年鉴》编委会副主任、浙江大学信息
与电子工程学院杨建义院长作特邀报告

历届报告会掠影（2020年）

2020年
中国光纤通信创新合作网络学术交流报告会

主办单位：《中国光纤通信年鉴》编委会
　　　　　　中国光学学会纤维光学专委会
　　　　　　中国通信学会光通信专委会
时　　间： 2021年1月16日

会议主题

主题："十三五"我国光纤通信发展回顾和展望
时间：2021年1月16日 13:30–16:30
主持：胡卫生，上海交大教授　博士后，《年鉴》编委会副主任兼副主编

接入方式：

点击链接入会，或添加至会议列表：
https://meeting.tencent.com/s/QqTc3ATa0nUh
会议ID：432 130 397（或者手机直接进入"腾讯会议"小程序，复制会议ID，参加会议）

会议议程

一、《年鉴》编委会主任兼主编韩馥儿研究员介绍参会院士、专家及企业家

二、中国光学学会集成光学与纤维光学专委会、吉林大学技术研究院院长张大明教授宣读《年鉴》2020年版优秀作品和优秀版面奖名单

三、会议邀请报告

四、中国通信学会光通信委会名誉主任毛谦教授级高工作会议总结

历届报告会掠影（2020年）

报告会特邀报告

1. 光电传感技术的发展趋势

褚君浩

中国科学院院士

中国科学院学部主席团成员

全国人大代表

《年鉴》编委会名誉主任

报告会特邀报告

2. 光纤通信创新永远在路上

邬贺铨

中国工程院院士

国家移动通信专项总师

全国政协委员

《年鉴》编委会名誉主任

报告会特邀报告

3. "十三五"中国光网络发展观察

唐雄燕

中国联通工匠

中国联通研究院首席科学家

教授级高工 博士后

报告会特邀报告

4. 硅基光电子学进展回顾

杨建义

浙江大学信息与电子工程学院

院长 教授 博导 博士后

历届报告会掠影（2020年）

报告会特邀报告

5. 应用于5G前传的色散平坦新型光纤

兰小波

长飞光纤光缆股份有限公司

国重与创新中心

总经理

报告会特邀报告

6. "十三五"期间我国通信光纤技术取得重大发展

陈 伟

江苏亨通光纤有限公司

总经理 教授级高工 博士

报告会特邀报告

7. 细径保偏光纤技术研究

罗文勇

锐光信通公司

总经理 教授级高工

报告会特邀报告

8. 塑料光纤最新研究进展及应用

储九荣

塑料光纤制备与应用国家地方联合工程实验室

四川汇源塑料光纤有限公司

主任 总经理 教授级高工 博士后

历届报告会掠影（2020年）

报告会特邀报告

9. 基于中高功率光纤激光器及放大器用有源光纤研究进展

赵 霞

江苏法尔胜光电科技有限公司
总经理 教授级高工 博士

报告会特邀报告

10. 国际海缆工程建设的当前格局

贺永涛

中讯邮电咨询设计院有限公司
国际总监

序

1966年高锟博士以《光频率介质纤维表面波导》理论开启了光纤的发明和应用，把人类社会领航到光纤通信时代。高锟博士传承了中华民族古代烽火台"光通信"的应用历史，因此光纤的发明是人类通信发展史上一颗最耀眼的明珠，至今还熠熠生辉，我们中华民族也为此感到无比自豪。当前光纤通信的潜力还有待进一步发挥，光纤通信对人类社会的影响还难以估量，光纤通信的创新空间还很大，光纤通信创新永远在路上。

中国光纤通信经过半个多世纪的发展，取得的成绩堪称辉煌。

一、中国光纤光缆技术和产业的发展

中国是全球最大光纤光缆制造国，也是全球最大光纤光缆应用国。光纤预制棒制备技术是光纤光缆行业的核心关键技术，作为全球唯一同时掌握3种主流预制棒制备技术并成功实现产业化的企业，长飞公司制造的光纤预制棒直径达230毫米，单根拉丝10 000公里，代表全球行业最高水平。

长飞公司通过研发"一种大尺寸光纤预制棒及其光纤的制造方法"生产制得的光纤预制棒不仅外径尺寸大、单根光纤预制棒拉丝长度长、制作效率高，而且可用于制造弯曲附加损耗小、抗疲劳参数高的单模光纤；同时还具有工艺简单灵活、制作成本低的特点，非常适合大规模生产。

亨通光电历时6年，成功实现了基于有机硅D_4绿色光纤预制棒的大规模产业化项目，建成了全球单体规模最大的绿色光纤预制棒研发制造基地，被工业和信息化部命名为国家级绿色工厂。这一项目的开发成功，为国内光纤预制棒行业树立了绿色制造的典范，引领我国光纤预制棒行业向绿色环保方向转型升级。

烽火通信在国内首次拉制出零色散点在1 060nm的光子晶体光纤、创新研制出高性能的支持96个OAM模态传输的OAM微结构光纤和低损耗的少模多芯光纤。利用少模多芯光纤，实现了1.06Pbit/s超大容量波分复用及空分复用的光传输系统实验，实现了传输容量从Tbit/s向Pbit/s的跨越，传输130TB（1TB=1000GB）数据仅需1秒，该数据容量相当于4 000多万首歌曲，或300亿人同时双向通话。

富通集团是我国最早开发光纤预制棒的领军企业，早在2002年就被国家科技部立项，开展光纤预制棒产业化技术研究，取得了研究成果；2007年被授于国家科技进步二等奖，是行业最早获得科技部立项和获得国家科技进步大奖的企业。目前富通集团（长三角）信息科技产业园正式启用，正在积极构建具有全球竞争力的光通信先进制造产业集群。

四川汇源塑料光纤公司成功研发 650nm 和 520nm 工控级光收发器件，并通过技术成果鉴定，其产品填补了国内空白、替代了进口。该公司不断开发塑料光纤应用产品、扩大应用领域，带动上下游产业的发展，在中国形成了年销售数亿元的新兴塑料光纤装饰照明与短距离通信行业，该行业每年以 30%的速率增长，使汇源塑料光纤成为中国最大的塑料光纤研发与生产基地。

我国水资源呈东南丰富、西北不足的特点，为解决水资源分配不均衡等问题，越来越多的引调水工程开工建设并投入使用。输水隧洞作为引调水工程中的重要组成部分，其结构一旦发生破坏，将会直接影响引调水工程的安全性和耐久性。为此江苏法尔胜光电公司开发出光纤光栅传感技术与分布式光纤传感技术，应用于长距离输水隧洞结构监测中，并且已在引洮工程、滇中引水、引汉济渭等大型引调水工程中得到应用。

特发信息股份有限公司与中国移动深圳分公司共同开启战略合作，探索 5G 智慧领域建设。

2021 年 5 月江西大圣塑料光纤有限公司参加第六届华南国际线缆展，展示了公司在数据传输领域开发的新产品、新方案，受到行业广泛的关注和重视。

海底光缆是国际信息化发展的主要载体。中天科技是我国最早开发海底光缆的企业，是行业中第一家通过国际 UJ、UQJ 认证的海底光缆制造企业，也是行业中打进欧美高端市场的第一家中国企业。2018 起中国多家企业布局海底光缆业务，开始逐步打破长期以来国际海底光缆市场被欧、美、日企业垄断的局面。2018 年，长飞公司与国内电缆行业领军企业宝胜集团共同出资组建海缆生产和海洋工程两家公司，致力于打造国际一流制造商和承包商。2020 年底，烽火通信与江苏华西村海洋工程服务有限公司完成合作签约，双方将共同出资成立烽华海洋工程装备有限公司，致力于海底光缆工程施工和维护服务。2021 年 1 月，由亨通光电旗下的华海通信承建的海南香港快线项目（H2HE）完成 16 纤对中继海缆系统全系列水下产品生产验收，这意味着华海通信已率先在全球行业内完成 16 纤对全系列水下产品的生产制造及客户验收。该系统也是全球首个在交付的 16 纤对中继海缆系统，于 2021 年第二季度建成商用。

海南香港快线项目由中国移动通信集团出资建设，是海南省直达香港特别行政区、连接广东省珠海市的数据通道，并通过香港连接其他国际海缆，对海南省未来建设国际通信枢纽以及信息交互中心有重大意义。

二、中国硅光技术和光传输系统的发展

2019 年 2 月中国企业在全球率先发布了 800G 的超高速光模块；在此之前，国际上的最高水平是 400G。同年 12 月，华为发布了 220G 波特的超高速信号传输，这也是首次突破 200G 波特。另外，中国企业在 400G 的现网测试中创造了超过 600 公里的最长传输距离。2021 年 3 月，中国企业实现 800G 1 100 公里传输试验。在接入速

率方面，中国企业于 2020 年 3 月发布了业界首款千兆智能光网以及业界首个分布式智能全光接入网解决方案。2020 年 2 月，中国企业发布了集群达到 384T 的全球最大光交叉平台。可以预测，10 年之后相干光通信和硅光技术的结合，干线单波长有望达到 Tbps 量级，光纤可以达到 Pbps 量级，长距离可以为 100Tbps 量级。无源光网络可以从 10G 达到 10 年后的 100G。在三超基础研究方面，近几年中国一直居国际第一梯队水平，2020 年 12 月实现 16Tb（80×200Gbit/s）1 000 公里标准单模光纤传输系统实验。

光通信的潜力还有待进一步发挥。传统的光通信利用了 1 550nm 附近 32 纳米的波段，也叫 4THz 宽度，大概最多可以支持 96 个 50GHz 间隔的波长、差不多 24Tbps 的容量。现在把 C 波段从 32 纳米扩展到 48 纳米，那么带宽就可以增加 50%。事实上，现在的技术有可能把光纤的水峰给消除掉，那么整个光带宽可以扩展到 1 260～1 675nm，也就 415 纳米的宽度；按可用 380 纳米的宽度，大概是对应 52THz，也就相当于 260Tbps 的容量。目前光纤通信的传输距离和容量还有很大的差距，潜力还有待进一步发挥。

《中国光纤通信年鉴：2021 年版》内容充实，涵盖 2020～2021 年取得的重大科研成果与学术成果、重大工程项目建设、产业界核心技术进展、创新平台建设以及国际前沿技术发展，图文并茂地生动展示了我国光纤通信发展的创新成就，具有史册意义和重要的前瞻引领和实际指导作用；图书制作庄重典雅，是中国光纤通信业界向中国共产党百年华诞献上的一份珍贵厚礼！

2021 年是"十四五"开局之年，"十四五"开局新愿景必将引领我国光纤通信事业迈向新征程。祝愿我国光纤通信技术和光纤通信产业在"十四五"期间高质量发展，取得更加辉煌的创新成就！

中国工程院院士、中国工程院秘书长
《中国光纤通信年鉴》编委会名誉主任
中国科学院院士、中国科学院学部主席团成员
《中国光纤通信年鉴》编委会名誉主任

2021 年 9 月

前　言

《中国光纤通信年鉴》是中国光纤通信业界具有史册意义和前瞻性引领作用的重要科技文献。为编辑出版好《年鉴》2021版，在亨通集团的支持下，2021年4月17日～18日，在苏州市举办了第一次筹备会，出席会议的有亨通、长飞、烽火、富通、中天、四川汇源、江西大圣、深圳特发、法尔胜、武汉光迅、上海交通大学、浙江大学、复旦大学、吉林大学、中国移动设计院、武汉邮电科学研究院、上海微系统所、上海大学出版社等单位的30多位领导、专家和企业家。会上首先举行了颁奖仪式，特邀褚君浩院士为获得《年鉴》2020年版的优秀作品和优秀版面奖作者及单位颁奖。颁奖后，《年鉴》编委会主任兼主编韩馥儿研究员主持讨论了《年鉴》2021年版的组稿方向和重磅大事选题；经过认真热烈的研讨，基本确定了相关原则与主要内容。

2021年是"十四五"开局之年，又是中国共产党百年华诞，经会议商定，今年年会举办"十四五"中国光纤通信发展论坛大会，由四川汇源塑料光纤公司承办。

为协调组稿事项、交流稿件内容和重磅大事内容，《年鉴》编委会于6月26日下午举办了网络会议，共有26位专家参加，交流了相关稿件和重磅大事的核心内容，并在会上确定7月15日前完成初稿。

7月15日～8月15日，《年鉴》编辑部组织编纂完成书稿，再经业界专家讨论审定后，于9月下旬送上海大学出版社进行审读和编辑加工，组织出版。

《中国光纤通信年鉴：2021年版》的出版是在业界同仁的大力支持下完成的，在此谨向为本书出版做出贡献的诸位院士、专家、学者、企业家等致以衷心的感谢和崇高的敬意！

因时间仓促、水平有限，不足之处敬请批评指正！

《中国光纤通信年鉴》编委会
2021年9月

目 录

一 中国光纤通信业界2020～2021年重磅大事记 ……………………………………… 1

二 国家重点实验室 ……………………………………………………………………… 61
  区域光纤通信网与新型光通信系统国家重点实验室 …………………………… 63
  光纤通信技术和网络国家重点实验室 …………………………………………… 66
  集成光电子学国家重点实验室吉林大学试验区 ………………………………… 69
  信息光子学与光通信国家重点实验室（北京邮电大学）……………………… 73
  光纤光缆制备技术国家重点实验室 ……………………………………………… 75
  塑料光纤制备与应用国家地方联合工程实验室 ………………………………… 77
  光纤传感与通信教育部重点实验室 ……………………………………………… 79
  传感技术联合国家重点实验室 …………………………………………………… 82
  新型传感器与智能控制教育部山西省重点实验室 ……………………………… 85

三 重大科学技术成果 …………………………………………………………………… 89
  国家科学技术成果奖 ……………………………………………………………… 91
  光纤通信领域主要学会、协会科学技术成果奖 ………………………………… 92
    （一）中国通信学会科学技术奖 ……………………………………………… 92
    （二）中国电子学会科学技术奖 ……………………………………………… 94
    （三）中国光学学会光学科技奖 ……………………………………………… 94
    （四）中国光学工程学会科技创新奖、技术发明奖 ………………………… 95

四 光纤通信科学技术发展 ……………………………………………………………… 97
  光纤光缆
  光纤预制棒工艺发展趋势 ………………………………………… 兰小波 99
  C+L波段超大容量通信单模光纤的研究 ……… 陈 伟　张功会　李勇通等 104
  高环境稳定性空心光子带隙光纤的制造工艺研究与性能
   分析 …………………………………………… 杜 城　李 伟　罗文勇等 113
  塑料光纤的研究进展与工业智能化应用 ……… 储九荣　孔德鹏　张海龙等 122

光器件
硅基光子器件研究进展与发展趋势 …………… 杨建义　张肇阳　叶立傲等 136

光网络
新基建下的光通信发展趋势 ………………………………………… 唐雄燕 146
ROADM全光网的应用与研究发展 ………………………………… 胡卫生 152

数据中心
800G+数据中心光互联技术发展趋势 …………………… 诸葛群碧　胡卫生 159

6G
面向6G的可见光通信关键技术 …………………………… 迟　楠　王　杰 166

光纤传感技术
光纤传感技术在长距离输水隧洞结构监测中的
　应用 ……………………………………………… 赵　霞　陆骁旻　方　玄等 175

五　《中国光纤通信年鉴：2020年版》获奖优秀作品选登 ……………………… 183
应用于5G前传的色散平坦新型光纤 …………… 兰小波　李允博　邓　兰 185
"十三五"期间我国通信光纤技术取得重大发展 ………………… 陈　伟 192
细径保偏光纤技术研究 …………………………………… 罗文勇　柯一礼等 198
基于中高功率光纤激光器及放大器用有源光纤研究进展 … 赵　霞　宋海瑞等 206
塑料光纤最新研究进展及应用 …………………………… 张海龙　张用志等 216
新一代光纤技术的发展趋势 ……………………… 冯高峰　胡涛涛　周杭明 225
硅基光电子学进展回顾 …………………………… 杨建义　张肇阳　王日海 230
"十三五"中国光网络发展观察 …………………………………… 唐雄燕 239

六　中国光纤通信业界2020～2021年成就展示 ……………………………… 245

Contents

A. Important Recordation of Essential Subjects for Chinese Optic Fiber Communication Profession at 2020~2021 …………………………………… (1)

B. National Major Laboratory ……………………………………………………… (61)
    State Key Laboratory of Advanced Optical Communication Systems & Networks … (63)
    State Key Laboratory of Optical Communication Technologies and Networks … (66)
    State Key Laboratory of Integrated Optoelectronics, JLU Region ………………… (69)
    State Key Laboratory of Information Photonics and Optical Communications …… (73)
    State Key Laboratory of Optical Fiber and Cable Manufacture Technology ……… (75)
    National-Local Joint Engineering Laboratory of Plastic Optical Fiber Preparation and Application …………………………………………………………………… (77)
    Key Laboratory of Optical Fiber Sensing Communications (Education Ministry of China) ……………………………………………………………………………… (79)
    State Key Laboratory of Transducer Technology ………………………………… (82)
    Key Laboratory of Advanced Transducers and Intelligent Control System (ShanXi Province & Education Ministry of China) ………………………………………… (85)

C. The Major Achievements of Science & Technology ………………………… (89)
    National Science & Technology Achievement Prize …………………………… (91)
    Science and Technology Award of Institute and Association in the Field of Optical Communication ……………………………………………………………………… (92)
    1. Science & Technology Prize of China Institute of Communication …………… (92)
    2. Science & Technology Prize of China Communication Standardization Association … (94)
    3. Optical Science & Technology Award of China Optical Society ……………… (94)
    4. Technical Invention Award and Science & Technology Innovation Award of China Optical Engineering Society ………………………………………………………… (95)

D. Development for Science & Technology of Optical Fiber Communication ………… (97)
    1. Optical Fiber & Cable
    Development Trend of Optical Fiber Preform Technology ……………… Xiaobo Lan (99)
    Research on C+L Super-capacity communication Single-mode Fiber
    ………………………………… Wei Chen, Gonghui Zhang, Yongtong Li etc. (104)
    Fabrication and performance analysis of hollow photonic band gap fiber with high

environmental stability ·················· Cheng Du, Wei Li, Wenyong Luo etc. （113）
Research progress and industrial intelligent application of plastic optical fiber
·· Jiurong Chu, Depeng Kong, Hailong Zhang（122）

2.Optical Device
Progress and development trend of silicon photonic devices
·· Jianyi Yang, Zhaoyang Zhang , Li'ao Ye etc.（136）

3.Optical Network
Development Trends of Optical Communications for New Digital Infrastructure
    Construction ·· .Xiongyan Tang（146）
Recent progress of ROADM all-optical network:application and research
·· Weisheng Hu（152）

4. Data Center
Trend of Optical Transmission for 800G+ Data Center Interconnect
·· .Qunbi Zhuge, Weisheng Hu（159）

5. 6G
Key technologies of visible light communication fo 6G ········· Nan Chi, Jie Wang（166）

6. Optical fiber sensing technolog
Application of optical fiber sensing technology in structure monitoring of water
    conveyance tunnel with long distance ··· Xia Zhao, Xiaomin Lu, Xuan Fang etc.（175）

E. Selection of Excellent Composition Prize in 2020 Year Book················（183）
Newly falt dispersion optic fiber applied front transmission for 5G
·· Xiaobo Lan, Yunbo Li, Lan Deng（185）
The great progress of communication optical fiber technologies in China during
    the 13th Five Year Plan period ································ Wei Chen（192）
Research On the slim PMF Technologies ············· Wenyong Luo, Yili Ke etc.（198）
Research progerss of active fiber based on medium and high power fiber laser and
    amplifier ·· Xia Zhao,Hairui Song etc.（206）
The latest research progress and application of plastic fiber
·· Hailong Zhang, Yongzhi Zhang etc.（216）
Development Trend Of New Generation Optical Fiber Technology
·· Gaofeng Feng ,Taotao Hu, Hangming Zhou（225）
Development of Silicon Photonics ··· Jianyi Yang, Zhaoyang Zhang, Yuehai Wang（230）
Observation of China Optical Network Developmeng in the Past 5 Years
·· Xiongyan Tang（239）

F. Archievement Show for China Optical Fiber Communication Profession at
    2020～2021 ·· （245）

中国光纤通信业界
2020～2021年重磅大事记

- 1. 长飞公司入选工业和信息化部2020年制造业与互联网融合发展试点示范名单
- 2. 行业领先：长飞公司检测中心喜获VDE认证
- 3. 长飞公司荣获"2020年智能制造标杆企业"并作为唯一企业代表作主题报告
- 4. 长飞公司发布"X贝"光纤品牌 为国内光纤光缆企业首次
- 5. 长飞助力中国移动研究院完成1 100公里800G光传输测试
- 6. 长飞公司喜获首届湖北专利奖金奖
- 7. 长飞城市交通结构健康一体化智能监测系统入选"517世界电信日–加速数字化转型优秀产品技术方案"
- 8. 长飞汉川科技园一期项目投产 同期中标国家电网2021年输变电项目
- 9. 亨通海底光缆系统荣获国家工信部第五批制造业单项冠军企业（产品）名单冠军
- 10. 华海通信发布全球首个支持18kV供电的中继海缆通信系统解决方案
- 11. 华海通信在全球行业率先完成16纤对中继海缆系统全系列水下产品生产验收
- 12. 亨通光电5G＋工业互联网项目被工信部列入工业互联网试点示范项目
- 13. 亨通首发基于硅光技术的3.2T板上光互连样机
- 14. 亨通推出量产版400G硅光模块
- 15. 亨通发布并演示800G可插拔光模块新品
- 16. 亨通光纤荣获2020江苏省绿色工厂
- 17. 亨通光纤推出光纤激光器用系列光纤及器件解决方案
- 18. 亨通光电、江苏省工信厅"量子保密移动通信系统及装备"项目正式通过验收
- 19. 烽火通信荣获中国通信学会通信线路学术年会优秀论文一等奖
- 20. 烽火通信首创核电光缆顺利通过国家科技重大专项成果鉴定
- 21. 烽火通信获评中国移动一级集采优秀供应商（A级）
- 22. 烽火通信正式布局海洋通信工程领域
- 23. 汇源智能大厦竣工并投入运行——开启汇源发展新篇章
- 24. 特发信息与中国移动深圳分公司开启战略合作 共同探索5G智慧领域建设
- 25. 着眼未来 携手共进——特发信息与中国能建广东院签署全球战略合作协议
- 26. 特发信息荣获2020年通信产业金紫竹奖
- 27. 特发信息荣获2020年度《人民邮电》ICT创新奖"5G＋新基建先锋企业"奖
- 28. 中电海康助力法尔胜光电迎势起航
- 29. 飞秒锁模脉冲实时光谱智能调控
- 30. 国内首次实现16Tb/s（80×200Gbit/s）10 000公里标准单模光纤传输系统实验
- 31. 硅基MEMS振荡器技术授权华为
- 32. 原创理化特性综合参数测试仪实现销售

1. 长飞公司入选工业和信息化部 2020 年制造业与互联网融合发展试点示范名单

为深入贯彻落实《国务院关于深化制造业与互联网融合发展的指导意见》《国务院关于深化"互联网＋先进制造业"发展工业互联网的指导意见》，根据《工业和信息化部办公厅关于组织开展 2020 年制造业与互联网融合发展试点示范项目申报工作的通知》（工信厅信发函〔2020〕240 号），经企业申报、地方推荐、专家评审等环节，形成了 2020 年制造业与互联网融合发展试点示范名单。长飞公司以"数字化协同制造能力"入选工业和信息化部 2020 年制造业与互联网融合发展试点示范名单，是长飞公司智能制造与工业互联网融合发展的新里程碑。

试点示范主要围绕深化制造业与互联网融合发展，聚焦两化融合管理体系贯标、跨行业跨领域工业互联网平台、特色专业型工业互联网平台、中德智能制造合作等方向，遴选一批试点示范项目，探索形成可复制、可推广的新模式和新业态，增强制造业转型升级新动能。

2020 年制造业与互联网融合发展试点示范名单

方向	细分方向	申报企业名称	新型能力名称
两化融合管理体系贯标（48 个）	面向现代化生产制造与运营管理的新型能力建设（36 个）	天能电池集团（安徽）有限公司	铅炭蓄电池产品关键工序质量管控能力
		万向精工江苏有限公司	数字化质量管控能力，装配线精确追溯管控能力
		漯河利通液压科技股份有限公司	橡胶软管产品订单的快速交付能力
		江苏新安电器股份有限公司	PBA 控制板精益智能制造能力
		江苏康缘药业股份有限公司	基于知识系统的中药智能制造能力
		中铁大桥局集团有限公司	基于 BIM 技术的桥梁工程建造数字化管控能力
		长飞光纤光缆股份有限公司	数字化协同制造能力
		云南欧亚乳业有限公司	乳品生产过程精细化管控能力
		石家庄钢铁有限责任公司	特钢精益生产管控能力
		安徽红爱实业股份有限公司	与服装智能制造相关的新型工业互联网平台应用与服务能力
		通威太阳能（成都）有限公司	精益生产管控能力
		大连亚明汽车部件股份有限公司	新能源汽车铝合金壳体智能制造能力
		中建材（蚌埠）光电材料有限公司	铝硅酸盐玻璃生产设备精益管控能力
		河有威猛振动设备有限公司	绿色环保筛分分选设备的质量管控能力
		中国航发动力股份有限公司	面向数字化的航空发动机一体化生产制造管控能力
		西安飞机工业（集团）有限责任公司	数字化工艺设计与协同能力
		蚌埠中建材信息显示材料有限公司	基于市场需求的超薄玻璃柔性生产能力
		凯盛光伏材料有限公司	基于 MES、SAP 平台的铜铟镓硒薄膜电池组件生产线新型智能化生产能力
		林德（中国）叉车有限公司	生产制造与运营管控能力
		华域视觉科技（武汉）有限公司	汽车车灯的精益生产能力
		富士康精密电子（太原）有限公司	新一代智能移动通信终端精细生产管控能力

作为光通信行业的领军企业，长飞公司在国家持续深入开展智能制造转型升级的大背景下，将智能制造提升到发展战略的高度，积极开展智能制造转型升级、"5G+工业互联网"融合发展的探索实践，基于已有的 ERP、FIS、CIS、CRM、云平台等管理系统，通过实施物联网平台及云平台项目，导入工业互联网思想及技术，依托自主知识产权的智能化装备的应用、制造执行系统的管控、智能工艺系统的支撑，实现高端智能装备、产品制造过程和质量追溯、生产绩效的数字化管理，进而实现经营管理与制造过程控制集成、数据驱动的精益生产和敏捷制造，达到构建光通信行业领先的"数字化协同制造平台能力"的目标。

2. 行业领先：长飞公司检测中心喜获 VDE 认证

长飞公司检测中心获德国 VDE（德国电气电子及信息技术协会）认证，并被颁发 TDAP（Test Data Acceptance Program）实验室证书，成为光纤光缆领域 VDE 授权测试企业实验室。TDAP 证书的颁发，代表以高标准、严要求闻名的 VDE 对长飞公司的高度认可，这是继获发 CNAS（中国合格评定国家认可委员会）和美国第三方权威检测机构 Telcordia 实验室证书后，对长飞公司行业领先的综合检测实力的再次证明。

VDE即德国电气电子及信息技术协会,创立于1893年,是欧洲乃至全球享有声誉的认证机构之一,代表德国参加IEC国际电工委员会和欧盟电工委员会标准规范和制定。自1974年以来,VDE一直是HAR组织在德国的授权机构,VDE所执行的电线电缆测试遵循德国国内及国际标准的要求,在全球均受到高度的认可。

2011年1月11日,VDE中国区总经理吴仲铉、线缆产品经理何绍锋一行来到长飞公司进行授牌,长飞公司国重与集团创新中心总监兰小波、光缆首席科学家熊壮出席授牌仪式。

长飞公司检测中心基于ISO/IEC 17025标准建立和运行管理体系,于2012年11月通过CNAS的认证,2013年4月通过美国第三方权威检测机构Telcordia实验室的认证。经过持续的建设和发展,检测中心目前拥有技术人员30余人,测试场地3 000多平米,先进检测设备400多台/套,覆盖了光纤、光缆、光配线、光纤光缆原材料等光通信产品的光学、几何、机械、环境、材料性能等测试领域。检测中心每年会借助能力验证、实验室间比对、人员比对、设备比对、方法比对、质量控制图、测量系统分析等质量控制手段,对检测能力进行持续验证和提升。在数年的检测平台搭建和检测方法研究过程中,检测中心先后输出专利60余项,在OFC、ACP、IWCS等国内外期刊或会议发表论文30余篇;长期参与ITU-T、IEC、CCSA等标准化组织活动,主持或参与制订、修订国际标准、国家标准、行业标准等超200项,在标准组织中发挥着重要作用。

作为欧洲最具权威并获得欧盟授权的检测机构之一,VDE认证意味着其认可长飞公司检测中心管理体系运行满足ISO/IEC17025标准和IECEE所涉标准,并具备光纤和紧套光纤、室内光缆、室外光缆、ADSS光缆等多项测试能力,代表着VDE对长飞公司检测能力的高度认可。

3. 长飞公司荣获"2020年智能制造标杆企业"并作为唯一企业代表作主题报告

2021年1月13日，由智能制造系统解决方案供应商联盟、中国电子技术标准化研究院主办的2020中国智能制造系统解决方案大会暨联盟会员代表大会（以下简称"大会"）在北京举行，大会以"供给创新 服务升级 赋能智造"为主题，工业和信息化部副部长辛国斌出席大会并讲话，周济院士作主旨报告，中国电子技术标准化研究院院长赵新华主持。大会对荣获"2020年智能制造标杆企业"的企业进行授牌，长飞公司高级副总裁闫长鹍出席大会并代表公司领奖。

长飞公司相关案例入选《智能制造标杆企业案例集》，该案例集在现场发布。

此次无锡小天鹅电器有限公司、长飞公司、华润三九医药股份有限公司、中国石油天然气股份有限公司长庆石化分公司、青岛海尔中央空调有限公司等7家企业荣获"2020年智能制造标杆企业"，长飞公司作为唯一企业代表，应邀在大会作主题报告。公司集团战略与企业发展中心副总监李琳发表以"长飞智造 纤引未来"为题的报告，详细介绍了长飞光公司的智能制造亮点、模式及成效，并分享了关于跨行业跨区域的智能制造建设经验复制推广的思考与建议。

长飞公司在湖北潜江建设了全球单体最大的光纤预制棒及光纤制造智能工厂，该智能工厂的建设可实现企业生产效率提高 20% 以上、能源利用率提高 40% 以上、运营成本降低 20% 以上、产品研制周期缩短 30% 以上、产品不良品率降低 20% 以上，取得了显著的经济效益与社会效益，对推动我国乃至国际光纤光缆行业的技术进步具有示范引领作用。

4. 长飞公司发布"X贝"光纤品牌 为国内光纤光缆企业首次

2021年2月24日，在2021 MWC上海大会期间，长飞公司在上海嘉里酒店举行"X贝"光纤品牌发布会，这是国内光纤光缆企业首次发布光纤品牌。聚焦5G和F5G技术发展需求，长飞公司集中展示了"X贝"系列光纤产品，展现了高性能、优品质、广联接的"X贝"光纤品牌价值。中国通信企业协会通信电缆光缆专业委员会秘书长段志刚，中国电子元器件协会电线电缆分会秘书长朱荣华、副秘书长孙小文等多位行业专家，以及长飞公司战略合作伙伴和行业客户及媒体朋友莅临发布会现场。

5G牌照发放以来，全球5G网络发展迅猛。早在2019 MWC上海大会上，长飞公司发布了"全场景、优品质、高效率"的5G全联接战略，并以该战略为指引，以创新驱动发展，坚守质量承诺，推出了覆盖从接入网到骨干网，从陆地到海洋的全场景、优品质的各类光纤产品，并形成了以易贝、超贝、亮贝、全贝、远贝、强贝等自有光纤品牌为代表，具有自主知识产权、质量竞争力强的"X贝"全系列光纤品牌产品家族。其中，长飞公司研发的远贝®超强超低衰减大有效面积G.654.E光纤、亮贝TM色散平坦新型光纤、易贝®超小外径弯曲不敏感单模光纤等一系列适用于5G网络建设的新型光纤产品，进一步扩大与丰富了"X贝"光纤品牌家族，为5G和F5G的技术发展奠定了联接基石。

长飞公司高级副总裁周理晶出席发布会并致辞,她表示,技术创新是品牌建设的基石,作为光通信行业领军企业,长飞公司一直高度重视以技术创新建设长飞品牌。立足技术创新这个根基,长飞公司凭借30多年的技术沉淀,不断推陈出新,研发出了经得起时间和市场考验的各种光纤预制棒、光纤、光缆以及相关多元化产品。长飞公司此次推出的"X贝"光纤品牌,以技术创新打造品牌优势,不仅体现了长飞系列光纤产品的高性能、优品质、广联接价值,也体现了长飞对客户乃至整个行业的产品质量、服务水平与企业信誉的承诺。

中国通信企业协会通信电缆光缆专业委员会秘书长段志刚发表致辞,他指出,2015年中国通信企业协会联合包括长飞在内的国内各大光纤光缆企业签署了《光纤光缆行业产品质量自律公约》,体现了光纤光缆行业的社会责任和对国家、对消费者的庄重承诺。多年来,长飞公司倡导并积极履行质量公约,以高质量的产品和服务为中国信息通信建设做出了积极贡献。质量是企业长足发展的根本,也是企业品牌建设的重要指标;长飞公司此次发布"X贝"光纤品牌,突出产品质量至上的承诺,是继续履行行业质量公约的有力印证。

中国移动研究院教授级高级工程师李允博在发布会上作了《高速光通信发展及新型光纤应用探讨》主题演讲，他表示，未来 2 年，骨干传送网带宽年平均增长率将超

10%，对于骨干传送网的系统传输性能起关键作用的光纤，将是下一代骨干传送网演进的重要基础资源，因此长飞"X贝"光纤品牌家族的远贝®超强超低衰减大有效面积G.654.E光纤，兼具低非线性效应（大有效面积）和低衰减系数，是200G、400G以及未来Tbit/s超高速传输技术的首选光纤产品。

面对未来通信系统容量危机的挑战，弱耦合少模和无耦合多芯等空分复用光纤，将会有效实现传输容量倍数增长，降低线路传输时延。长飞公司积极开展与高校和运营商在光纤技术创新方面的深入合作，不仅与北京大学合作拉制出弱耦合长距离光纤，实现了1 800km和实时400G商用设备兼容实验，而且与中国移动合作搭建了模分复用光纤实验平台，成功实现少模光纤两个模式独立承载两路4K视频10km的实时传输验证。

品牌是企业创新、质量、服务与信誉的综合体现，长飞"X贝"光纤品牌基于长飞公司30余年的技术创新与质量坚守，其系列光纤产品在多年的应用中展现出了高性能、优品质、广联接的价值，也将继续致力于为客户提供高质量产品与服务。

5. 长飞助力中国移动研究院完成 1 100 公里 800G 光传输测试

2021 年 3 月，中国移动研究院携手华为技术有限公司（以下简称"华为"）、长飞光纤光缆股份有限公司（以下简称"长飞公司"，股票代码：601869.SH、06869.HK）共同验证 800G 系统 1 100 公里传输，在大容量、长距离光传输技术研究领域有了新的突破。

随着 5G 无线业务、家庭宽带业务和集团客户业务迅猛发展，骨干传送网带宽未来 5 年将呈现年增长率接近 20% 的持续增长。中国移动在光传送领域一直走在前列，对大容量传输技术保持高度关注，积极开展 800G 的技术研究和产业推进，以打造技术先进的超高速传输基础设施，支撑千兆光网国家战略的落地。

当前 800G 光传输的商用仍存在方案不确定，产业链不完善，高波特率带宽的调制器、超高速采样率的接收机等核心器件难以实现等问题。基于此，中国移动研究院积极协同产业链，从物理信道损伤补偿、光算法补偿、光器件损伤等方面开展研究，以提升传输性能，并综合考虑设备能力与新型光纤的适配、不同传输距离下最佳入纤功率的设定，以获取极限传输距离。

此次中国移动研究院联合华为和长飞公司开展 800G 长距离传输技术研究和系统方案设计，试验系统采用了华为的 800G 可调超高速模块和长飞公司的远贝®超强超低衰减大有效面积 G.654.E 光纤，其中 800G 模块依托信道匹配整形（Channel-Matched Shaping，CMS）技术，可支持 C 波段 48T 的单纤传输容量。

长飞远贝®超强超低衰减大有效面积 G.654.E 光纤具有更低的衰减系数，可以延长传输距离，减少中继站数量，降低建设成本；更大的有效面积，可以提高入纤光功率，降低非线性效应。长飞远贝®超强超低衰减大有效面积 G.654.E 光纤，以其优良的性能，可支持当前 40G 和 100G 系统，甚至满足未来 400G 甚至 800G 的系统需求，是高速率、长距离、大容量光传输的最优选择。

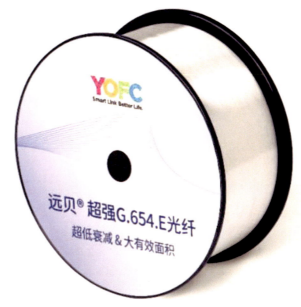

测试结果证实，新型编码技术结合拉曼放大技术、新型光纤技术可以有效提升800G长距传输能力，为后续规模商用奠定基石。

中国移动集团级首席专家、研究院网络与IT技术研究所所长李晗表示："传统的基于简单或低阶调制技术+EDFA放大+G.652光纤的光通信系统已不能满足400G以上大容量长距离系统发展要求，必须引入超低损大有效面积光纤、拉曼放大、高速光器件、高阶调制等关键技术和新型基础设施；400G/800G的应用需求和网络更新换代为引入新型光纤基础设施提供了好的契机，而其技术和系统的复杂性又需要全产业链协同攻关和共同推动。"

立足技术创新，凭借30多年的技术沉淀，长飞公司推出了覆盖从接入网到骨干网，从陆地到海洋的全场景、优品质的各类光纤产品，并形成了以易贝、超贝、亮贝、全贝、远贝、强贝等自有光纤品牌为代表，具有自主知识产权、质量竞争力强的全系列光纤品牌产品家族，为光传输夯实了基础。

6. 长飞公司喜获首届湖北专利奖金奖

为加快建设知识产权强省、激发全社会创新动力和活力，湖北省人民政府组织评选了首届湖北专利奖项，20 项专利获金奖，25 项专利获银奖。长飞公司"一种大尺寸光纤预制棒及其光纤的制造方法"从 700 多个参评项目中脱颖而出，荣获首届湖北专利奖金奖，再次彰显自主创新的领先实力。

光纤预制棒制备技术是光纤光缆行业的核心关键技术，作为全球唯一同时掌握 3 种主流预制棒制备技术并成功实现产业化的企业，长飞公司制造的光纤预制棒直径达 230 毫米，单根拉丝 10 000 公里，代表行业全球最高水平。

长飞公司通过研发"一种大尺寸光纤预制棒及其光纤的制造方法"生产制得的光纤预制棒不仅外径尺寸大、单根光纤预制棒拉丝长度长、制作效率高，而且可用于制造弯曲附加损耗小、抗疲劳参数高的单模光纤；同时还具有工艺简单灵活、制造成本低的特点，非常适合大规模生产。

湖北专利奖由湖北省人民政府设立的湖北专利奖奖励委员会评审，每 5 年评选一次。评选活动重点强化知识产权高质量创造、高水平保护和高效益运用，注重关键核心技术的突破，重视专利技术为湖北经济社会的贡献，突出"纸变钱"的能力和效益。

7. 长飞城市交通结构健康一体化智能监测系统入选"517世界电信日－加速数字化转型优秀产品技术方案"

2021年世界电信和信息社会日主题是"在充满挑战的时代加速数字化转型"。ITU（国际电信联盟）的倡议具有现实而紧迫的意义。众所周知，新冠肺炎疫情正在成为影响经济生活的最大变量，与此同时，疫情进一步加速了经济社会数字化转型的进程。在中国，加速数字化转型，已经成为"十四五"发展基调。加速数字化转型，需要通信产业各环节的参与。

那么，加速数字化转型，通信产业在技术应用和商业模式上有哪些进展？有哪些企业的典型技术和应用案例？值"517世界电信日"之际，《通信产业报》全媒体编辑部，从技术方案的创新性、适应性，以及市场影响三个维度，评出"517世界电信日 - 加速数字化转型优秀产品技术方案"。

长飞公司的"城市交通结构健康一体化智能监测系统"，从超过70件作品中脱颖而出，入选"517世界电信日 - 加速数字化转型优秀产品技术方案"。

城市交通结构健康一体化智能监测系统采用光信号传感，实现对桥 - 隧 - 坡等结构的实时智能监测，从光感器、传输、解调、数据处理、分析评估系统，一直到关联应用，实现全面自主化和智能化，有效解决了传统人工巡检、电类传感监测、机器人巡检、卫星遥测中的痛点、难点。

长飞公司面向智慧城市的桥 - 隧 - 坡等交通结构健康一体化智能监测系统具有一定的优越性：

➡高速高精度数据采集与处理，城市交通结构健康监测的数据采集速率最高达到8 000Hz，精度超过同功能的电类传感器；

➡抗电磁干扰性强，全光传感，不受电磁干扰；

➡传感和信号传输是无源器件，节能、低成本，监测范围大、延伸性广；

➡集成度高，功能多，一套系统可实现桥梁、隧道、边坡等一体化实时监测，还能自动识别重载车、协助查超治超、重载车的流量统计和回溯；

➡ 24小时实时监测，监测结果和应急预案处理自动推送给相关方，能提供结构健康稳定性趋势分析，助力城市交通养护、维修和管理。

加速数字化转型优秀产品技术方案

编号	产品技术方案名称	类别	提供商
1	5G超级上行	无线通信	华为

方案概要：5G超级上行打破了过去上下行绑定于同一频段的限制，通过在5G TDD中频段上新增频率较低的SUL频段，通过TDD和FDD协同、高频和低频互补、时域和频域聚合的方式，恰好补齐了5G TDD网络的上行短板，匹配了5G时代的业务发展需求。

8	城市交通结构健康一体化智能监测系统	行业方案	长飞

方案概要：该解决方案采用光信号传感，实现对桥-隧-坡等结构的实时智能监测，从光的传感器、传输、解调、数据处理、分析评估系统，一直到关联应用，实现全面自主化和智能化。

通信产业报
通信产业网
www.ccidcom.com

8. 长飞汉川科技园一期项目投产 同期中标国家电网2021年输变电项目

2021年5月18日,长飞汉川科技园一期电力线缆项目落成典礼暨二期项目启动仪式在湖北省汉川市长飞科技园举行。根据总规划方案,长飞汉川科技园分两期建设,一期主要生产电力领域使用的OPGW、OPPC等光缆,未来产品还将向上游的原材料和下游的配套及服务延伸,努力打造服务电力线缆领域的综合基地;二期项目主要打造旗下高科技子公司——长芯盛智连(深圳)科技有限公司(以下简称"长芯盛智连"),面向未来的高端生产制造基地与亚太地区供应链管理中心,进一步完善从"制造"向"智造"的转型升级,夯实其在有源光缆和综合布线领域的领导者地位。

"一直以来,长飞大力发展多元化战略,此次长飞汉川科技园的投产是践行多元化战略的又一重大举措。此次落成的一期项目,主要用于生产OPGW光缆。就在上周,我们成功中标国家电网2021年输变电项目,这是长飞公司光缆第一次在国家电网集采项目中中标,而且中标金额最大,实现开门红。"长飞光纤光缆股份有限公司执行董事兼总裁庄丹介绍。

2021年是国家"十四五"开局之年,也是长飞公司"十四五"规划的起步之年。作为全球光通信行业的领军企业,长飞公司充分利用传统优势产品,大力发展多元化战略。长飞汉川科技园的建设，既是实现长飞公司发展战略的重大举措，也将为汉川市延长光通信产业链、提升产业层级、打造百亿光通信集群做出应有的贡献。

未来，秉持"智慧联接 美好生活"的使命，长飞公司将始终以"客户 责任 创新 共赢"为核心价值观，继续深入探索多元化业务发展，开发出更多高性能产品，满足电力行业不断更新的市场需求，为国家特高压工程及智能电网建设注入长飞力量。

庄丹总裁在长飞汉川科技园一期电力线缆项目落成典礼暨二期项目启动仪式上

9. 亨通海底光缆系统荣获国家工信部第五批制造业单项冠军企业（产品）名单冠军

2020年12月21日，国家工业和信息化部、中国工业经济联合会在全国范围内评选出制造业单项冠军企业（产品）名单，亨通海底光缆系统成功入选，标志着亨通海底光缆系统在制造业领域取得的成绩获得国家部委与权威行业协会认可。

制造业单项冠军评选是工信部为引导制造业企业专注创新和质量提升，在更多细分产品领域形成全球市场、技术等方面领先的单项冠军地位，促进我国产业整体迈向全球价值链中高端而特别举行的。制造业单项冠军企业是指长期专注于制造业某些特定细分产品市场，生产技术或工艺国际领先，单项产品市场占有率位居全球前列的企业。工业和信息化部从2016年开始实施"制造业单项冠军企业培育提升专项行动"，面向全国开展制造业单项冠军示范企业遴选工作。入选要求高，评选程序严格。此次荣膺制造业单项冠军示范企业，是国家和社会对亨通在行业地位、品牌价值和综合实力的高度认可，当属实至名归。亨通将继续把科技创新作为激发企业高质量发展的内在动力，走"专精特新"发展道路。

10. 华海通信发布全球首个支持 18kV 供电的中继海缆通信系统解决方案

华海通信发布全球首个支持 18 kV 供电的中继海缆通信系统解决方案,这相比当前行业的 15 kV 方案提高了 20%。与此同时,华海通信已完成包括海底线路中继器在内的多纤对全系列水下产品 18 kV 耐高压能力的升级和验证。

超长距中继系统的供电限制是当下全球海缆行业面临的技术困境。随着带宽使用需求持续增加和 SDM 技术逐渐成熟,海缆系统纤对数越来越多已成为发展趋势。15 kV 的供电方案难以在跨洋场景下为 16 纤对及以上系统的大容量传输提供充足能量。18kV 的系统供电能力提高有利于建设多纤对、大容量、长距离、组网复杂的万公里中继系统。

华海通信率先完成了海底线路中继器、海底线路分支器和海底光缆等全系列水下产品的 18kV 的耐高压能力升级和验证,海底线路分支器具备业内领先的支持 18 kV 高压热切换能力。为了满足未来的发展需要,海底线路中继器和海底线路分支器已具备 20kV 的耐高压能力。此举突破了行业技术发展瓶颈,为行业提供了更安全可靠、场景应用更广泛的新型解决方案。

"本次发布的 18 kV 供电中继海缆系统解决方案突破了行业的历史限制,为全球海缆行业提供了新的选择和技术参照标准。"华海通信高级副总裁马艳峰表示,"华海通信始终以技术创新为核心,大力发展客户需要的新产品和新技术,为数据时代提供安全可靠、技术领先的海底光缆通信系统。"

11. 华海通信在全球行业率先完成 16 纤对中继海缆系统全系列水下产品生产验收

由华海通信承建的海南香港快线项目（HE）在 2021 年 1 月顺利完成了 16 纤对 SDM 中继器、16 纤对分支器和海缆的测试验收。这意味着华海通信已率先在全球行业内完成 16 纤对全系列水下产品的生产制造及客户验收。该系统也是全球首个在交付的 16 纤对中继海缆系统，于 2021 年第二季度建成商用。

受限于水下中继器设备的有限空间和诸多深海应用技术挑战，以往全球海底中继器最大能支持 6 对至 8 对光纤的跨洋传输；而海南香港快线项目应用了华海通信最新的 16 纤对中继系统解决方案，在技术应用上走在全球前列。该系统应用的创新型高功率、大带宽的 16 纤对光中继器可为系统提供高达 307.2 Tbit/s 的系统容量。早在 2020 年初，华海通信已陆续完成了 16 纤对中继器、16 纤对分支器和 Open Cable 开放式海缆接入设备的研发测试认证。

截至目前，除水下产品外，该项目已完成包括开放式海缆接入设备、远端供电设备、网络管理系统和海底线路终端等设备的生产制造。按照海上施工作业许可的审批计划，该项目于2021年3月开始海上铺设施工，并在6月交付商业使用。

海南香港快线由中国移动通信集团出资建设，是海南省直达香港特别行政区、连接广东省珠海市的数据通道，并通过香港连接其他国际海缆，对海南省未来建设国际通信枢纽以及信息交互中心有重大意义。

12. 亨通光电 5G+ 工业互联网项目被工信部列入工业互联网试点示范项目

江苏亨通光电股份有限公司依托中国移动 5G 网络技术，率先打造线缆行业亨通光电"5G+ 工业互联网"智慧园区。项目采用 5G UPF/MEC 下沉至园区的网络部署方式，并完成 15 万平米的厂内覆盖，接入终端数量达 612 个，自研 3 款 5G 工业网关，并在项目中进行部署应用，首次在线缆行业建设完成"5G+ 工业互联网"8 大典型应用方向、17 个细分场景，覆盖研发设计、生产制造、运营管理、运维服务等核心生产环节，实现客户需求个性化、产品设计模块化、生产柔性化、管理透明化、系统平台化等功能，有效支撑企业数字化转型。

作为江苏省首批 5G 工业应用试点企业，亨通光电积极带头试点，探索 5G 融合创新应用。项目实施过程中，共申请 8 项专利，形成行业标准 2 项的成果，为线缆行业及工业园区实施 5G 内网改造提供了具有可操作性、可实施性的参考样板。

本项目结合线缆制造特点，以亨通光电工业互联网平台为基础，结合 5G 大带宽、低时延、大连接的网络特性，将园区的产品数据、运营数据、价值链数据和外部数据进行互通串联，形成一个完善的园区数据闭环，实现智能分析、自我优化，持续改进的高质量智能制造新生态。通过实施"5G+ 工业互联网"智慧园区项目，有效实现生产周期缩短 30%、作业文件消除 60%、产品质量提升 25%、库存降低 30%、数据录入时间减少 70%、单位面积产能增加 100%、人均产值提升 50%。

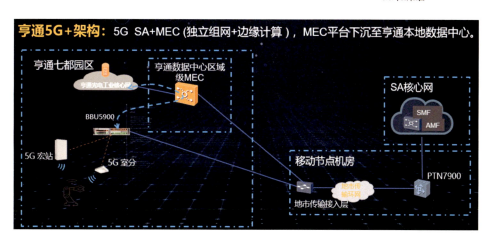

13. 亨通首发基于硅光技术的 3.2T 板上光互连样机

亨通洛克利推出的国内第一台 3.2T CPO 工作样机主要基于硅光技术，采用了核心交换芯片与光引擎在同一高速主板上的协同封装概念，缩短了光电转换功能到核心交换芯片的距离，从而达到缩短高速电通道链路、减少冗长器件、改善系统功耗，并可通过再提高集成度实现 25.6T 或 51.2T 交换系统。这也是亨通洛克利 400G DR4 硅光模块全面部署后的又一个重要技术里程碑。

国内首台基于硅光技术的 3.2T CPO 样机

14. 亨通推出量产版 400G 硅光模块

2021 年 3 月 26 日，亨通光电旗下的亨通洛克利科技有限公司面向下一代数据中心网络发布量产版 400G QSFP-DD DR4 硅光模块。同时为进一步充实数通高速模块产品系列，推出基于传统方案的 400G QSFP-DD FR4 光模块。

亨通洛克利发布的量产版 400G QSFP-DD DR4 硅光模块使用英国洛克利小型化的硅光芯片和电芯片，该款光模块采用了业界领先的 7nm DSP 芯片，产品的功耗低于 9 瓦。同时，它相较于传统模块有 10%～30% 的成本优势，完全满足节能减排绿色环保的数据中心应用的需求。模块整体采用 COB 封装方式，由于使用了独特工艺制造，光纤和硅光芯片之间使用无源耦合，利于量产和降低制造成本。亨通洛克利将进一步加快推动 400G QSFP-DD DR4 硅光模块的量产化工作。

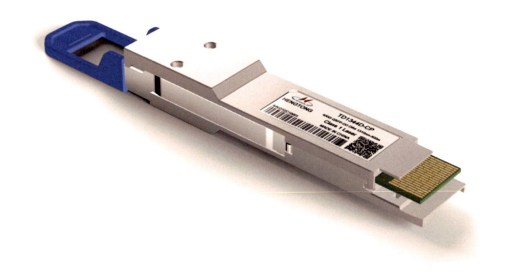

400G QSFP–DD DR4

15. 亨通发布并演示 800G 可插拔光模块新品

2021年6月6日，亨通洛克利科技有限公司于2021ofc线上虚拟展会发布基于EML的800G QSFP-DD800 DR8光模块，并进行视频演示操作。

800G MSA 有两种主要的外形尺寸：OSFP 和 QSFP-DD800。由于空间狭小，QSFP-DD800 在布局、信号完整性和热管理方面被认为是光模块设计中最具挑战性的。亨通洛克利采用内置驱动器的 7nm DSP 和 COB 结构来实现这种 800G QSFP-DD800 DR8 设计，模块总功耗约为 16W。亨通洛克利于 2021 年晚些时候开放早期客户评估，并计划在 2022 下半年实现量产；此外还计划在 2022 年开发基于硅光的 800G 光模块。

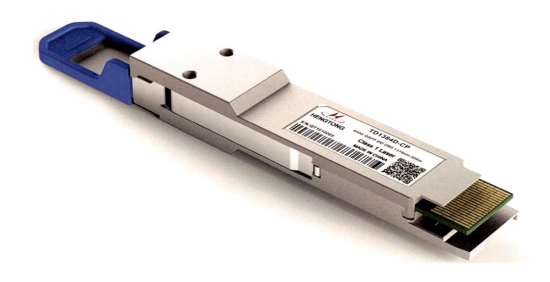

800G QSFP-DD800 DR8 光模块

16. 亨通光纤获评 2020 江苏省级绿色工厂

2020 年 12 月，江苏省工业和信息化厅网站正式公布了 2020 年江苏省绿色工厂入围名单，江苏亨通光纤科技有限公司的新一代光纤制造绿色工厂成功上榜。

亨通新一代光纤制造绿色工厂项目自 2020 年起被列入国家绿色工厂创建计划，公司秉承"绿色生产、循环利用、生产绿色产品、建设绿色工厂"的宗旨，近年来，通过实施多项节能减排项目，努力提高节能减排管理水平，建立了能源管理体系并持续运行，使公司能源管理环节实施全过程管理控制机制，推动公司可持续绿色发展。经过多年的努力，公司生产的光纤单位产品能耗逐年下降，单位产品主要原材料消耗量大幅改善，各项指标均处于行业前列。

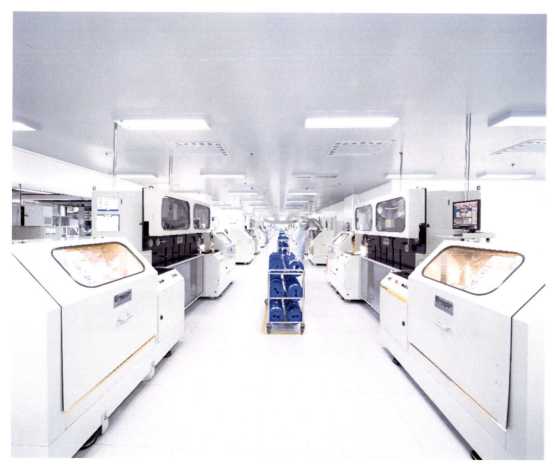

绿色工厂内景

绿色工厂外景

17. 亨通光纤推出光纤激光器用系列光纤及器件解决方案

亨通光纤激光器用系列光纤及器件历经数年的持续攻关与积累，突破了结构设计、材料体系、装备工艺等核心技术难题，创建了光纤激光器用系列光纤及器件的装备工艺平台，实现了光纤激光器用系列光纤及光纤器件的大规模产业化应用，成为优秀的光纤激光器用系列光纤及器件解决方案的供应商。

亨通拥有光纤激光器用有源光纤、无源匹配光纤、传能光纤3大系列光纤产品，6大高功率光纤激光器用光纤产品（YDF-14/250、YDF-20/400、YDF-25/400、PDF-50/70/360、PDF-100/120/360、GDF-25/400），以及合束器、剥模器、传能组件QBH等系列光器件，形成光纤激光器用全系列产品。亨通光纤激光器用光纤及器件解决方案实现了高功率激光光纤及光器件的核心技术的自主可控，高功光纤激光器用系列光纤技术指标达到了国内领先、国际先进水平，摆脱了我国光纤激光器核心关键材料和光纤器件依赖进口、受制于人的局面。光纤激光器用系列光纤及器件国产化应用，极大地降低了国产光纤激光器厂商的制造成本，加速了我国高功率激光光纤全国产化进程，促进了地方经济的发展，进一步助力我国激光行业的发展。

亨通是中国企业500强、中国民企100强、中国线缆行业最具竞争力企业前4、中国电子元件百强企业第1名，全球光纤通信前3强。亨通拥有国家级企业技术中心、企业院士工作站、博士后科研工作站、江苏省工程技术中心、江苏省新型特种光纤及光纤预制棒重点实验室；拥有全国单体规模最大的光纤生产基地，具备高质量光纤预制棒和光纤的研发制造能。公司自主开发的智能化光纤拉丝装备达到国际先进水平，拥有国内单体规模最大的智能化光纤科技产业基地。公司拥有功能完善的光纤检测实验室。亨通始终致力于通信光纤、特种光纤及光器件的研发及产业化，致力于提升国产光纤及光器件产品国际市场竞争力，持续实现产业升级，不断向产业高端迈进。

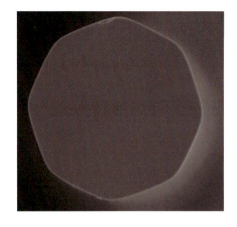
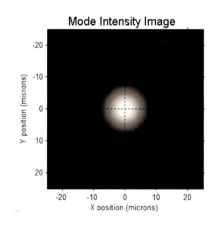
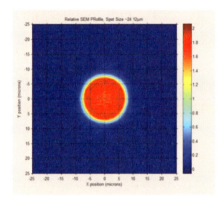
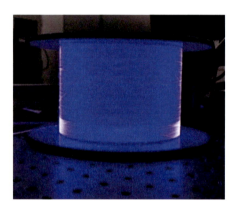
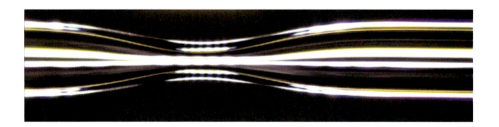

一　中国光纤通信业界2020～2021年重磅大事记

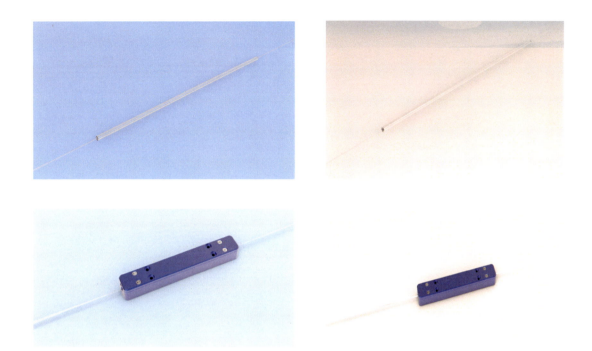

18. 亨通光电、江苏省工信厅"量子保密移动通信系统及装备"项目正式通过验收

2021年5月10日，江苏省工业和信息化厅组织专家，在南京对江苏亨通光电股份有限公司承担的2018年江苏省省级工业和信息产业转型升级专项资金省重大技术攻关项目"量子保密移动通信系统及装备"进行验收。

据悉，该项目依托亨通光电已建成的宁苏量子保密通信干线进行研发，并联合南京大学、东南大学、南京邮电大学和国家信息安全工程技术研究中心江苏分中心进行技术攻关，将量子保密通信的应用范围从固定的光纤网络扩展到灵活的移动通信网络，以解决量子密钥在通信网络应用的关键共性技术问题，丰富量子密钥的应用场景，扩大量子保密通信网络的优势。

经专家组验收,"量子保密移动通信系统及装备"项目研发完成了基于量子密钥的移动通信系统及装备,实现了终端用户的移动接入以及量子密钥的无线安全传输与应用,扩展了量子保密通信的应用场景,完成了项目要求,通过了项目验收。

值得一提的是,量子科技作为国家战略已列入"十四五"规划。2020年10月16日,习近平总书记在主持中共中央政治局第二十四次集体学习时强调:"统筹基础研究、前沿技术、工程技术研发,培育量子通信等战略性新兴产业,抢占量子科技国际竞争制高点,构筑发展新优势。"

本项目的攻关成果可以大幅度扩展以宁苏量子干线为代表的量子保密通信技术应用优势,助力江苏省抢占量子通信产业发展的先机。未来,江苏亨通光电股份有限公司将重点将项目攻关技术成果应用在物联网、工业互联网和4G/5G量子安全模组中,打造领先的泛在量子保密解决方案,进一步促进量子保密移动通信技术及装备的产业化发展和市场应用,为"十四五"期间我国量子信息技术的发展做出贡献。

19. 烽火通信荣获中国通信学会通信线路学术年会优秀论文一等奖

中国通信学会通信线路学术年会是我国通信线路领域的盛会，是信息通信线路领域科技工作者联系的重要桥梁和纽带，会议论文多以业界核心技术发展为导向，展示通信线路领域的最新研究成果和技术发现，是行业技术发展的风向标，在我国光纤光缆领域具有较高的影响力。2020年9月，主题为"面向新基建的通信线路"的中国通信学会2020年（39届）通信线路学术年会在线上召开，烽火通信的《色环光纤中产生的光栅效应及其机理探究》荣获优秀论文一等奖。

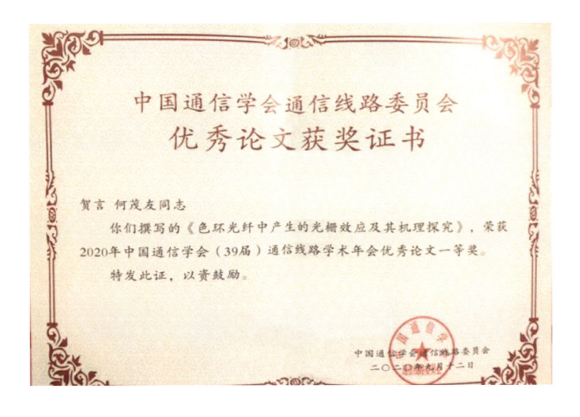

随着5G新基建、工业互联网等新兴领域的高速发展，光通信网络向高速率、大容量方向演进，光通信网络中光纤数量越来越多也越来越密集，高密度大芯数光缆应运而生，甚至出现了容纳光纤数量达数千芯的超高密度光缆。施工接续时要求每根光纤一一对应，光缆中光纤数量过多，光纤识别出错概率加大，一旦出现接续错误，将导

致大量反查、返工等工作，严重影响施工进度和施工成本。

使用色环是提高光纤识别效率和准确性的有效途径。但光纤涂覆色环后其光传输性能将存在大幅下降可能，对通信质量埋下一定隐患。烽火通信从光纤衰减基础理论出发，于细微之处入手，深入研究了色环光纤生产工艺因素对光纤传输性能的影响，在行业内首次发现和验证了色环光纤中的光栅效应及其对光传输性能的影响，并通过一系列工艺改进与优化措施，避免了光栅效应的产生，成功解决了色环光纤传输性能降低的隐患。该成果现已成功申报国家发明专利。论文《色环光纤中产生的光栅效应及其机理探究》于细微之处见新知，科学地阐释了提高色环光纤通信质量的方法，具有较好的创新性和推广价值，获得了学术年会优秀论文一等奖。

另外，烽火《全干式光缆中松套管阻水工艺及性能的探讨》荣获优秀论文三等奖。本次学术年会共收录论文稿件70篇，其中烽火有13篇，是提交论文数量最多的企业。

烽火通信是中国光通信的发源地，多年来在光纤光缆制造工艺、新型光纤光缆和测试等方面深耕研究，先后承担并完成国家科技攻关项目、"863"项目、"973"项目等各种省部级项目30余项，拥有发明专利3 000余项，国家标准200余项。未来，烽火将把持续提高产品品质、技术创新作为立足根本，面向5G新基建、工业互联网等方向，携手合作伙伴不断创新，助力我国光通信发展。

20. 烽火通信首创核电光缆顺利通过国家科技重大专项成果鉴定

2020年，在国家科技重大专项"1E级光缆研制"中，烽火通信研制的核电光缆顺利通过第三方产品鉴定。本次评审团专家组成员来自国家核安全局、中国核工业集团公司、中国广核集团有限公司、国家核电技术有限公司等单位，由中国工程院院士叶奇蓁任组长，中国工程院院士赵梓森任副组长。专家组一致认为，烽火通信"研发设计力量雄厚，制造、检测装备齐全，质保体系完整，HAF003体系运行有效"，所研发的耐辐照系列光纤光缆"拥有完全自主知识产权，为国内首创，填补了国内1E级光缆的空白，达到同类产品国际领先水平。该产品可应用于我国三代核电站，具有良好的社会、经济效益和广泛的推广应用前景。"

根据我国核电 2020～2030 年中长期发展规划目标，2020 年我国核电运行装机容量达到 4 000 万千瓦，核电发电量达到 2 600～2 800 亿千瓦时，实现核电自主化，与国际先进水平接轨；到 2030 年，我国将力争形成能够体现世界核电发展方向的科技研发体系和配套工业体系，全面实现建设核电强国目标。国之重器核电技术是中国工业的"三大名片"之一，其发展将对提升我国综合经济实力和国际地位具有十分重要的战略性意义。作为核电厂仪控系统不可或缺的一部分，耐辐照光缆及组件在实现信号传输传感方面发挥着越来越重要的作用，在我国第三代核电厂建设中将得到广泛应用。但就现状而言，由于开发难度大，核电光缆系列产品技术基本由国外垄断。

突破核电光缆产品技术壁垒的关键在于提高光纤光缆的耐辐照性、阻燃性以及使用寿命。"色心"效应使得光纤在辐照条件下传输性能急速下降，而光缆原材料分子固有属性的限制使光缆在高辐射剂量下使用寿命大大缩短。烽火依托数十年的技术积累，成立了专项研究小组，从基础耐辐照理论出发，在材料、工艺、设备三方面进行联合滚动开发，形成了一系列具有自主知识产权的耐辐照棒、纤、缆工艺制造技术和产品。

烽火通信核电光缆系列产品有效覆盖了核电监控通信领域，实现了减小核电厂运行成本、缩短服务响应时间的有益效果。其耐辐照性、阻燃性、使用寿命等多项关键性能指标达到国际领先水平，打破了国外技术垄断，实现了我国核电通信事业国产自主化，对保障我国能源供应与安全、促进能源可持续发展具有里程碑意义。烽火正向着壳内、深空等强辐照通信领域进发，产品未来可望用于航空系统、医疗系统等领域。伴随着未来几年我国核电事业迎来全面加速时代，烽火通信将持续创新，为构建我国核电强国的目标添砖加瓦。

21. 烽火通信获评中国移动一级集采优秀供应商（A级）

2021年4月，中国移动举办了"合作共赢"主题服务日活动，并进行了2020年中国移动一级集采优秀供应商表彰，烽火通信获评普通光缆品类一级集采优秀供应商（A级）。

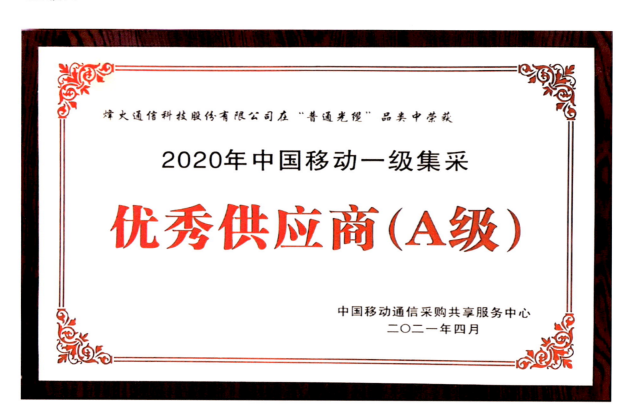

烽火通信是中国移动坚定的合作伙伴，从2G、3G、4G到5G，烽火紧随中国移动的发展步伐，不断提供先进、成熟、匹配的整体解决方案，一直与中国移动保持着全面合作，双方紧密联系、共同成长。

2020年初，新冠肺炎疫情暴发，处在武汉的烽火受到严重影响。疫情期间，中国移动给予了烽火极大的支持与帮助，双方携手抗疫、共克时艰。2020年3月，国家要求加快5G网络、数据中心等新型基础设施建设进度，烽火通信不辱使命，在5G建设需求高峰时期快速响应，为中国移动提供了大量光通信基础网络设备产品。其中，光缆月均供货量达 330 万芯公里，并且与湖北、河南等分公司完成了多项创新性项目合作，助力中国移动建成了全球最大 5G SA 网络。2021 年，中国移动开展"品质护航行动"，烽火积极响应，并视质量为企业根本，严格过程管理，筑牢产品质量防线，继续与中国移动共同建设高品质网络。

  数字经济时代已经到来，烽火通信将继续前行，以科技创新引领企业高质量发展，铸造优质品牌，与中国移动守望相助、合作共赢，携手迈入 5G 新时代，为国家通信事业发展贡献更大力量。

22. 烽火通信正式布局海洋通信工程领域

2020年底，烽火通信与江苏华西村海洋工程服务有限公司完成了合作签约仪式，双方将共同出资成立烽华海洋工程装备有限公司，致力于海底光缆工程施工与维护服务。

烽火通信副总裁李诗愈、线缆产出线总裁耿皓、海洋网络产品线总监余次龙，华西村委副书记、华西村集团有限公司总经理孙云南，华西村委副书记、华西村股份有限公司总经理李满良，华西海洋工程服务有限公司董事长赵宇凯等共同出席仪式并见证了签约。

我国是海洋大国，拥有300万平方公里的海域和18 000公里长的海岸线，沿海分布有6 000多个岛屿。随着我国海洋经济的发展，海底通信网络的建设密度越来越大，故障维护需求越来越多，使得国内海底光缆施工和维护力量需要进一步加强，以便更快速更好地进行施工和故障维修响应。

烽火通信于2015年在珠海投资设立全资子公司——烽火海洋网络设备有限公司，是海洋通信行业率先集岸端传输设备、水下系统设备、海底光缆、核心光器件研发及生产制造于一体的企业。随着业务的开展，烽火不仅提供海底通信网络产品，还成为海洋通信网络 EPC 总包服务方案提供商，提供包括勘察/设计/准证办理、全系列海底通信产品研发生产、海缆工程施工与维护等服务。江苏华西村海洋工程服务有限公司由中国华西集团控股，专业从事海洋石油工程承包服务，主要进行大型结构物的运输和吊装、铺管、铺缆及海底挖沟、AHTS 相关施工，以及平台作业支持等海洋工程相关业务，在海洋工程施工领域有着丰富经验。烽火与华西村合资成立的烽华海洋工程装备有限公司，将充分发挥双方在通信（含海底通信）领域和海洋施工领域的优势，引进先进施工装备，提升施工技术水平，缩短海底通信网络故障的时间，专注于海底通信工程施工与维护服务。

烽华海洋工程装备有限公司的成立，将进一步提升烽火海底光缆工程施工和维护能力。烽火也将继续努力深化推进海洋通信战略，形成海洋通信领域水下高尖端产品研发生产及海洋工程施工交付和服务等全产业链优势，为客户提供更多、更优质的海底网络通信工程 EPC 总包服务。

23. 汇源智能大厦竣工并投入运行——开启汇源发展新篇章

2021年6月1日，这是一个特殊的日子，四川汇源智能大厦主体竣工并投入运行，开启了汇源发展新篇章。汇源智能大厦占地10余亩，总投资2亿元，按照甲级写字楼标准建设和打造，总建筑面积超4万平方米，总体建筑高度88米，包含19层地面建筑及1层地下空间，是目前崇州工业建筑高度第一高楼。

汇源智能大厦依托塑料光纤制备与应用国家工程实验室，引进培育塑料光纤、光缆应用、研发生产销售创新企业；围绕产业链两端提升，引进培育5G应用、AI、AR、VR等新经济项目，大力发展法律咨询、知识产权、商标品牌、金融服务、教育培训等现代生产性服务业，配套餐饮、健身、娱乐等生活性服务业。

汇源智能大厦主要定位于服务智能制造、电子信息、大数据产业以及工业服务业等高端新经济产业。智能大厦位于世纪大道与唐安路交叉口，既能满足智能应用产业功能区众多企业"就近办公、集中办公、品质办公"的实际需求，又与主城区主要商圈和生活区域"一路之隔"，有机串联起了生产生活，具有极强的示范引领和服务提升作用。大厦着力打造"家居+家电+智能网联+健康美学"融合创新的未来生活科创空间，将配备人脸识别、智能办公、能源智能管理等设备，为入驻企业提供全流程智能办公服务。

汇源智能大厦依托工程实验室，通过完善相关研发设施设备，提升技术研发水平，立足中国、面向世界，重点研究低损耗高带宽塑料光纤、塑料光纤通信链路配套光器件的产业化关键技术，以尽快实现全面国产化、替代进口，与相关上下游行业企业联合开发应用技术及其应用系统，引领中国塑料光纤产业的纵深发展，并带动其上下游产业的技术提升。最终打破国外垄断、走向世界。

作为成都智能应用产业功能区核心起步区的重要支撑性项目，汇源智能大厦举行主体竣工庆典仪式，标志着这座崇州新经济产业集聚的甲级商务楼宇，距离顺利转入运营更近了一步，开启了塑料光纤国家与地方联合工程实验室、四川汇源塑通信产业发展的新篇章。

24. 特发信息与中国移动深圳分公司开启战略合作 共同探索 5G 智慧领域建设

2020 年 8 月，特发信息与中国移动通信集团广东有限公司深圳分公司签署战略合作框架协议，达成 5G 智慧园区建设意向。双方将开展 IDC 机房合作共建，在深圳市龙华区龙观东路西侧建设数据中心项目，并实现数据中心智能化管理，共同建设 5G 智慧园区。

25. 着眼未来 携手共进——特发信息与中国能建广东院签署全球战略合作协议

2020 年 9 月 7 日，特发信息与中国能建广东院在深圳签署了全球战略合作协议，双方就深化 ICT、数据中心、智慧园区等领域的合作达成一致意见。广东院副总经理梁汉东、市场总监史作纲及特发信息董事长蒋勤俭、总经理杨洪宇、副总经理刘涛等参加了签约仪式并进行交流座谈。

26. 特发信息荣获 2020 年通信产业金紫竹奖

12 月 17 日，2020 年中国通信产业大会暨第十五届中国通信技术年会在北京召开，揭晓了 2020 年度通信产业金紫竹奖。特发信息"电力线路全场景在线监测综合解决方案"以在电网领域的突出贡献及领先优势，荣获"金紫竹奖 2020 年度优秀产品技术方案"。

"电力线路全场景在线监测综合解决方案",是特发信息基于物联网核心架构设计,自主研发的传感技术、超低功耗技术、信号采集技术、行业场景 AI 算法的综合系统平台,融合应用了大数据、流计算、云计算、5G、北斗、INSAR 等多种先进技术。该方案满足测量数字化、输出标准化、通信网络化要求,是对电力线路运行环境及状态进行连续实时或周期性自动监测的综合解决方案,已大规模应用于国家电网和南方电网的发电、输电、变电、配电等应用场景,取得了良好的效果。

27. 特发信息荣获 2020 年度《人民邮电》ICT 创新奖"5G+ 新基建先锋企业"奖

2021 年 1 月 20 日,2020 年度《人民邮电》"ICT 创新奖"评选结果正式揭晓,特发信息凭借在 5G 及新基建领域中的突出成绩及实力,斩获"5G+ 新基建先锋企业"奖。特发信息贯彻以 5G、数据中心等为重点的新基建发展理念,公司业务从单一产品发展到多元通信产品,从传统制造升级到集研发设计、生产加工、运营服务为一体的定制化服务,推出了 5G 前传解决方案、大数据中心综合布线解决方案、智慧园区解决方案等多领域专业解决方案,并成功应用于各行业场景,精准助力新基建,获得行业广泛认同。

28. 中电海康助力法尔胜光电迎势起航

江苏法尔胜光电科技有限公司于 2015 年依托法尔胜泓昇集团技术开发中心智能结构研究室和法尔胜光通信特种光纤业务而成立，为江苏省高新技术企业，先后荣获江苏省"最具发展潜力科技人才创业企业"、无锡市"劳动保障诚信企业"以及"苏南国家自主创新示范区潜在独角兽企业""2020 年江阴市专精特新科技小巨人"等荣誉称号。

公司研发及销售的产品主要包括以下两大类：一类为海、陆、空等各种类型平台的导航、传感和激光器等领域提供特种光纤及器件；另一类是为水利水电、轨道交通、桥梁工程、石油石化、周界安防等领域提供以光纤传感技术为核心的安全监测解决方案。

中电海康是中国电科核心骨干企业，为物联网领域龙头企业，拥有海康威视（002415）和凤凰光学（600071）两家上市公司、一家国家一类研究所、多个专注于智慧城市基础设施规划与建设的业务单元以及一个成果转移转化和双创平台。中电海康成员单位已达 10 余家，形成了安全电子领域较完整的物联网系统和产业布局，涵盖数字安防、光学仪器、数字存储、智能控制、智慧城市与物联网应用、智能照明、机器人、高端存储芯片等业务。

近两年来，在国家大力鼓励发展万物互联、万物感知领域的背景下，加上基于法尔胜光电公司"十三五"期间的技术积累以及业务领域的快速成长，自 2020 年 7 月份以来，在江阴市政府领导的大力引荐及支持下，中电海康与法尔胜光电在特种光纤、光纤传感及安全监测等领域进行了多轮深层次的交流，特别是在中电海康的协助下，法尔胜光电进行了多次深层次的业务剖析梳理。

2021 年，中电海康又分别对法尔胜光电公司完成了高层人员访谈及尽职调查、会计师尽职调查及法律尽职调查等流程，并于 4 月 2 日在江阴市委领导的见证下，法尔胜与中电海康正式签订了战略合作协议，助力法尔胜光电在国家大基建战略、国内大循环为主体、国内国际双循环相互促进的新发展格局下，迎势起航，扬帆出海。

29. 飞秒锁模脉冲实时光谱智能调控

飞秒尺度（10～15秒）脉冲对原子分子、材料、生物蛋白、化学反应等丰富物质体系的众多超快过程有着广泛而重要的应用。锁模激光器作为产生飞秒脉冲的重要基础研究工具，在物理、化学、生物、材料、信息科学等领域都有广泛的应用。飞秒锁模激光器自20世纪60年代发明以来，与其相关的研究分别于1999、2005、2018年获得过诺贝尔奖。

随着超快光学的快速发展，越来越多的前沿应用需要对飞秒脉冲的时域和光谱进行精细控制。由于飞秒脉冲的产生涉及非常复杂的非线性和色散传输效应，达到特定脉冲状态的稳态输出需要对激光器多个参数在高维空间进行优化，传统基于激光器光学设计和优化的方法已被证明难以精确实现。

通过对飞秒脉冲状态进行智能识别，结合智能算法对激光器多参数进行全局优化，有望获得理想的飞秒脉冲输出，但其主要挑战在于飞秒脉冲难以实时精确识别。低速时域采样无法识别飞秒脉冲宽度和形状，光谱仪虽可识别飞秒脉冲积分光谱但无法识别其瞬时光谱，因此传统方法都无法做到实时控制飞秒脉冲精确锁模状态。

为了解决这一难题，上海交通大学区域光纤通信网与新型光通信系统国家重点实验室义理林教授课题组提出在锁模控制环内引入时间拉伸-色散傅里叶变换（TS-DFT）技术，通过时域到光谱的转换，采用低速时域采样即可识别飞秒脉冲对应的瞬时光谱宽

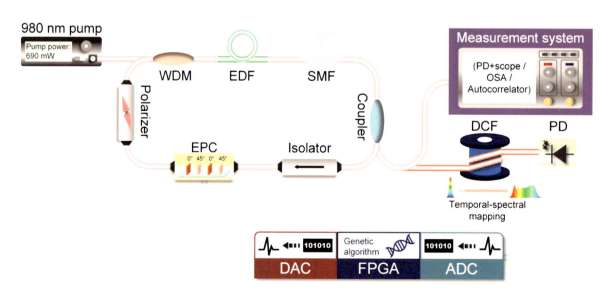

基于快速光谱分析的飞秒锁模脉冲智能控制

度和形状；结合智能控制算法，实现了以 1.4 nm 为精度对飞秒脉冲光谱宽带从 10 ～ 40 nm 进行可编程控制，光谱形状可编程为高斯型或三角形等。这是本领域首次实现飞秒锁模脉冲光谱宽度和形状高精度实时编程控制，解决了飞秒锁模脉冲锁模状态无法精确调控的难题。

  基于实时的光谱控制，该研究还展示了从窄谱锁模态至宽谱锁模态以及从三角形光谱脉冲态至宽谱锁模态的演变过程，发现两者动力学过程具有相似性，提出了目标锁模状态可能决定中间动力学过程的猜想，为人们进一步探索锁模激光器内部机理提

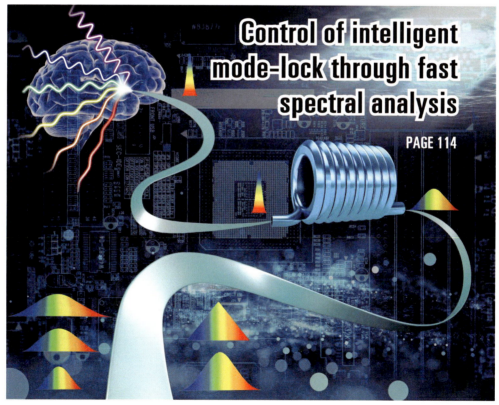

供了新视角。

相关成果以"Intelligent control of mode-locked femtosecond pulses by time-stretch-assisted real-time spectral analysis"为题，于 2020 年发表于 *Light: Science & Applications*（封面文章）。法国 Femto-ST 研究所 John Dudley 教授（欧洲物理学会主席、International Year of Light 委员会主席、IEEE/OSA Fellow）在 *Light: Science & Applications* 的"News & Views"栏目以"Toward a self-driving ultrafast fiber laser"为题，撰写了 3 页文章对此项工作进行评述。文章认为随着超快激光器新应用的不断出现，需要对超快激光器的时域和光谱进行精确调控，传统基于激光器设计以及试错优化的方式不再适用；同时认为基于算法的自动锁模技术是必然发展趋势。

30. 国内首次实现16Tb/s（80×200Gbit/s）10 000公里标准单模光纤传输系统实验

在全球经济一体化发展大背景下，国际间信息交流日益频繁，全球爆炸性带宽增长对现有光信息传输和处理技术提出了极大挑战。超大容量下的超远传输距离的光纤传输（超大容量距离积）已成为应对多元化、复杂场景化国际间信息传输重要手段。如何在保障单模光纤传输容量的同时探索光信号能够实现最远传输以应对超大容量跨洋远距离传输等应用，已成为目前国际竞相研究的技术制高点。在该领域，国外相关国家尤其是美国的技术处于垄断地位，几乎所有传输容量超10Tbit/s、传输距离超5 000公里的光纤传输系统实验均由TE Subcom公司以及贝尔实验室等美国公司或研究机构发布。如果不尽快追赶国际先进水平，势必影响我国厂商在该领域的国际竞争形势，甚至在未来有可能严重威胁到我国跨国、跨洋以及洲际信息交互安全。

武汉邮电科学研究院有限公司旗下子公司烽火通信科技股份有限公司作为国内少数几家可以提供跨洋、海缆解决方案的通信设备供应商之一，一直致力于利用自身的全产业链优势，代表中国在光纤通信领域赶超世界先进水平。武汉邮电科学研究院有限公司下属的光纤通信技术和网络国家重点实验室协同烽火通信，于2020年12月基于武邮旗下企业自主研制的超低损耗、超大有效面积光纤、低噪声拉曼光放大器件以及硅基集成相干收发器等关键器件和模块，采用新型数字预均衡技术结合Nyquist整形技术及自适应、可编程的光域信道均衡算法，完成了80×200Gbit/s DWDM Nyquist整形DP-QPSK光信号10 000公里标准单模光纤传输系统实验。该实验是国内首个传输容量超10Tbit/s、传输距离达到10 000公里的光纤传输系统实验，实验结果达到了国内领先、国际第一梯队水平。该实验的成功标志着我国在超长距离、超大容量光纤传输技术领域取得了一次重要突破，将对我国跨洋和洲际光纤通信产业产生有力的推动和影响作用。

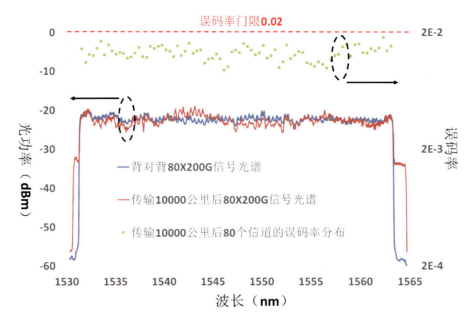

信号光谱及每个信道的误码率分布

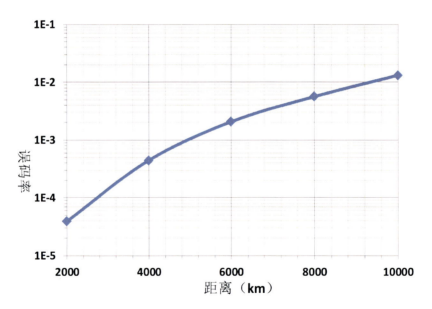

误码率随传输距离变化的结果图

31. 硅基 MEMS 振荡器技术授权华为

振荡器是数字电子系统中提供时钟频率的基本元件，几乎在所有电子系统中均需使用。在现代通讯系统中，由于频率资源有限而用户众多，对振荡器的稳定性提出了极高要求。GSM 手机要求振荡器的全温区频率稳定性在 ±2.5ppm 以内，而移动基站要求振荡器的稳定性在 ±0.05ppm 以内。

长期以来，石英晶体谐振器一直是电子系统中提供时钟频率信号的主要元件，其性能稳定，温度特性好。但是，石英振荡器难以集成，受机械加工手段限制难以制作高频振荡器，并且抗震性能较差，难以满足未来移动智能设备的需求。

硅基振荡器是采用微机电技术（MEMS）技术制作的新一代振荡器，其谐振特性优异，便于与集成电路集成，可实现 GHz 量级的振荡频率输出，并且可耐受高冲击环境。

硅基振荡器必须解决的一个主要问题是频率的温度补偿。振荡器的频率稳定性要求极高，例如 3 级钟要求在 -40 ～ 85℃ 范围内长期稳定性优于 4.6ppm。但是另一方面，单晶硅杨氏模量的温度系数高达 -56ppm/℃，引起的频率温度系数高达 -30ppm/℃。作为比较，未补偿的 AC-cut 石英谐振结构在 -40 ～ 85℃ 范围内频率温度系数在 26ppm 左右。硅的全温区频率温度系数比石英大两个数量级以上。高达 -30ppm/℃ 的频率温度系数极大增加了温度补偿的难度。

本实验室创新性地采用重掺杂无源补偿技术，通过直接降低硅杨氏模量的温度系

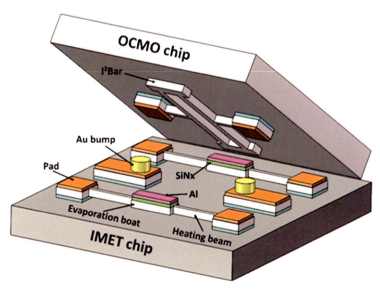

MEMS 振荡器示意图

数，从而降低谐振结构的频率温度系数。重掺杂改变半导体杨氏模量温度系数的效应是一种载流子再分布效应，沿某些特定晶向的应变会使简并半导体能带边界相对位置发生变化，造成载流子在不同能带中发生再分布；而载流子的再分布降低了应变引起的弹性势能，从而影响了杨氏模量。

目前本实验室采用该技术开发的 MEMS 振荡器，未修调的温度稳定性达到 ±2.6 ppm；修调 -426ppm 后，温度稳定性也能达到 ±3.3 ppm，影响小于 1.5ppm。目前该技术的相关专利已经授权华为技术有限公司使用，授权费用 150 万元。

技术转让合同

32. 原创理化特性综合参数测试仪实现销售

功能材料对气体分子的吸附方向、方式、容量等特性研究，在公共安全、环境保护、食品安全等众多领域具有重要的作用。例如，为了降低大气中二氧化碳（CO_2）等温室气体的含量，有必要研究对 CO_2 具有超大吸附容量，且具有一定选择性的新型吸附材料；又如，为了增加农民在农药喷洒过程中的安全性，有必要研究对有机磷等农药具有特异性吸附且廉价的新材料；再如，为了制造可以对蔬菜等农产品中痕量农药残留物具有特异性响应的高性能传感器，亟需了解敏感材料对农药分子的吸附特性。上述研究领域都需要评估功能材料对气体的吸附方向、方式、容量等热力学特性。

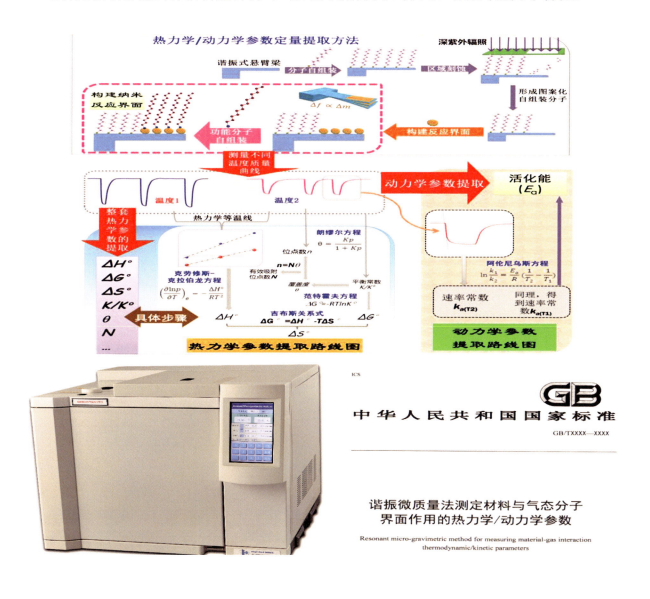

国外的文献报道已经使用热力学参数评估新材料（如金属有机骨架化合物）对 CO_2 的吸附特性（Nature, 2013：495, 80—84）。但是这类研究都是基于气体吸附仪、Monte Carlo 计算模拟、石英天平及磁悬浮天平等大型设备，存在测试价格高、材料用量多、测试气体的品种单一等缺点。

本实验室开发出谐振式微悬臂梁可以作为微质量传感器，在恒定温度下，实时称量材料对指定压力气体的吸附量，从而得出材料的吸附（或者脱附）方向、方式、容量等特性参数。对功能材料的吸附（或者脱附）特性评估等领域具有积极的意义，且拓宽了谐振式微悬臂梁的应用领域。基于该技术开发了相关的仪器设备和建立了国家标准，目前设备已在相关高校、科研院所进行了示范应用，并得到相关科研人员的一致好评。下一步将把该技术交由厦门海恩迈科技有限公司进行更大力度的产品化与推广应用。

国家重点实验室

区域光纤通信网与新型光通信系统国家重点实验室
State Key Laboratory of Advanced Optical Communication Systems & Networks

实验室主任：何祖源

上海交通大学讲席教授、电子工程系主任。国家特聘专家，日本东京大学博士，原任东京大学教授。

2013～2018 年任区域光纤通信网与新型光通信系统国家重点实验室主任，现任实验室上海实验区主任。主要研究领域为光传感与光互连。

学术委员会主任：李儒新

光学专家、中国科学院院士。中科院上海光学精密机械研究所研究员。主要从事超高峰值功率超短脉冲激光与强场激光物理研究，曾获国家自然科学二等奖、国家科技进步一等奖。曾任上海光学精密机械研究所所长、强场激光物理国家重点实验室主任。

作为我国第一个光纤通信国家重点实验室，自 1989 年 6 月批准成立以来，致力于光通信与光电子相关领域的基础研究和应用研究，开展原创性核心技术攻关，为国家光通信领域的科技发展和基础设施建设提供核心技术支撑和示范引领，为国内外光通信及光电子领域最重要的研究机构之一。

上海实验区现有固定研究人员 53 名，其中正高级人员 32 名，45 岁以下科研骨干人员占 56%。实验室拥有国家特聘专家 1 人、中组部万人计划 1 人、国家青年特聘专家 5 人、教育部长江特聘教授 1 人、青年长江学者 2 人、杰出青年基金获得者 3 名、优秀青年基金获得者 4 名等一大批高层次科研人才。

主要科研成果

近 5 年来，本实验区共承担各类科研项目 313 项，科研经费累计到款 2.4 亿元，其中国家级项目和课题 137 项，包括国家自然科学基金重大项目 1 项、重大科研仪器研制项目 4 项、重点项目 15 项、优秀青年科学基金项目 4 项、重点国际合作项目 1 项；国家重点研发计划项目和课题 18 项，"973"计划项目和课题 2 项，"863"计划项目和课题 2 项，省部级项目 52 项，横向项目 96 项。

2015～2019 年期间，本实验区共发表期刊论文 1 274 篇，其中 SCI 收录论文 927

篇；在 Nature Photonics、Light: Science & Applications、Optica、Physical Review Letters、Advanced Materials、Optics Letters、Journal of Lightwave Technology 等本领域一流国际期刊上发表论文 363 篇。在国际学术会议上发表论文 437 篇，其中特邀报告 227 篇。获得授权发明专利 178 项、实用新型专利 18 项、国际专利 8 项、软件证书 2 项。

主要研究方向
- 光传输
- 光网络
- 光电子集成
- 光传感与信号处理
- 光子学前沿

代表性研究成果

1. 逼近香农极限的相干光传输调制技术

提出一种基于开行二分结构实现概率整形的方法，有望在实际系统中大幅降低概率整形实现算法的复杂度和时延，支撑相干光通信系统进一步逼近香农理论极限，获得 2020 年 OFC 会议康宁杰出学生论文大奖（中国高校首次）。

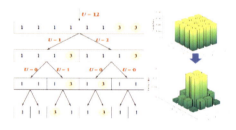

2. 超长距离大范围高精度光纤时间传递

提出"双向时分同纤同波时间传递"方法，原理上解决了高精度与长距离时间传递相互制约的难题。在实验室环境下，传递距离已经突破 13 200 公里，远超国际上报道的最长传输距离，核心技术指标处于国际领先水平。

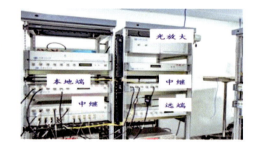

3. 大规模可调硅基光延迟线

提出超薄硅波导结构抑制侧壁散射损耗,利用载流子吸收效应克服硅基光开关有限消光比带来的串扰问题,首次在硅基光电子集成平台上实现了纳秒量级的7比特光延迟线,为全光交换和光控相控阵雷达发展奠定了重要技术基础。入选2017年中国光学十大进展。

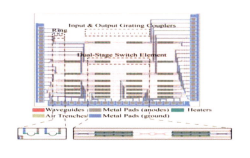

4. 超快光纤激光器智能锁模技术

提出光纤激光器智能锁模技术,突破超快光纤激光器稳定性和可重复性的技术瓶颈,入选美国光学学会2019年度光学进展("Optics in 2019")及2019中国光学十大进展。

5. 高性能分布式光纤声波传感器技术

攻克了分布式声波传感器在传感距离、空间分辨率、响应频率、可靠性等方面的一系列世界难题,相关成果获得美国光学学会优秀论文奖和多项国际专利授权,并实现向国外技术转让及在油气、安防等行业的产业化应用。

6. 宽带微波光子信号处理关键技术及应用

针对雷达看得更清的发展需求,发明了微波光子宽带信号测量、收发和调控方法,在多种平台的雷达中进行应用验证,为新型雷达创新发展做出了重要贡献,获2019年上海市技术发明一等奖。

光纤通信技术和网络国家重点实验室
State Key Laboratory of Optical Communication Technologies and Networks

实验室主任：余少华
教授级高级工程师
中国工程院院士
中国信息通信科技集团有限公司总工程师

学术委员会主任：赵梓森
教授级高级工程师
中国工程院院士
IEEE Fellow

光纤通信技术和网络国家重点实验室是 2008 年 4 月国家科技部首批批准筹建的企业国家重点实验室之一，依托单位是中国信息通信科技集团武汉邮电科学研究院有限公司。2010 年 7 月正式通过科技部的验收，是目前国际上唯一同时对光通信系统、光纤光缆、光电器件等三大主体技术方向进行系列研究的研究基地。2017 年信息领域首次企业级国家重点实验室评估中，被评为优秀实验室。

人员队伍

光纤通信技术和网络国家重点实验室目前拥有一支以中国工程院余少华院士与赵梓森院士为首、年龄结构合理、专业搭配得当的 172 人的研究队伍，其中中国工程院院士 2 名，"973" 首席 1 名，百千万人才工程国家级人选 1 名，全国杰出专业技术人才 1 名，全国优秀科技工作者 2 名，国家级杰出工程师 1 名，湖北省最高科学技术奖获得者 2 名，中国青年科技奖获得者 4 名，享受国务院政府特殊津贴者 10 名，中国工程院光华工程科技奖获得者 1 名。在 4 个研究方向上共有 32 名学术带头人，人才梯队包括研究人员、技术人员和管理人员，其中研究人员比例占 90% 以上，40 岁以下研究骨干比例超 30%，是各研究方向技术攻关的中坚力量。

研究方向

实验室确定的四个重点研究方向包括：

1. 光网络和光接入技术。重点开展超高速超大容量超长距离光传输技术（3U 光传输）、智能光网络、高速光接入等研究。

2. 光纤光缆技术。重点开展新型、特种光纤光缆、光纤预制棒装备及工艺技术、光子晶体光纤等研究。

3. 光电子技术。重点开展光通信系统及光模块用集成电路、光无源/有源芯片、器件及集成工艺技术等研究。

4. 应用基础和前沿技术。重点开展新型高速光传输技术、新型材料芯片、器件研制，应对未来多样发展应用的新型棒纤缆技术以及多学科光通信领域融合应用的前沿技术等研究。

主要科研成果

成立以来，实验室共承担了 100 余项国家"973""863"和国家重点研发计划等科研项目（课题），先后获得包括国家技术发明二等奖在内的省部级以上科技奖励 20 余项；共申请专利 1 562 项，授权发明专利 985 项；获得全国信息产业重大技术发明 3 项、中国专利金奖 1 项、中国专利优秀奖 5 项；发表论文 260 篇，其中 SCI 收录 78 篇、EI 收录 130 篇、影响因子超过 3 的 28 篇、OFC/ECOC 光通信国际顶级会议文章 52 篇，在国内出版专著 3 部；牵头起草标准 125 项，其中国际标准 5 项、国家标准 15 项、行业标准 105 项，参与起草标准 200 余项。面向科技发展前沿和国家战略发展需求，在 3U 光传输、硅基光电集成等宽带高端光电子芯片及器件、新型光纤光缆和海缆工程等方面取得了丰硕的成果，夯实了我国在该领域的话语权。核心技术突破对依托单位起到了很好的引领带动作用，相当一部分科技成果已成功在依托单位下属企业转化为产品，产品已出口全球 90 余个国家和地区；助力依托单位在光传输设备领域全球市场份额排名前五、光接入设备领域全球市场份额排名前四、光电器件全球市场份额排名前三、光纤光缆全球市场份额排名前四。

2019 年科研情况

➢ 超 20Mrad/s 偏振跟踪超长跨距光传输系统

为解决闪电雷击造成电网超长跨距光通信系统闪断的问题，提出了基于 Jones 矩阵的快速偏振态补偿算法，实现了偏振态跟踪速率超 20Mrad/s 的 10G 超长跨距光传输系统，保障了雷雨天电网超长跨光通信系统稳定运行；目前该技术已成功应用在光迅公司的超长跨距光通信产品中。

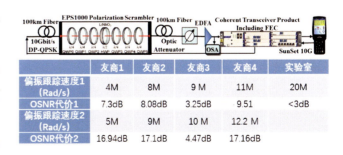

➢ 超 200G 高速铌酸锂调制器

基于 56GHz 带宽的 LiNbO$_3$ 薄膜行波调制器，结合自主开发的奈奎斯特整形和自适应均衡算法，成功演示了单通道 120Gb/s NRZ 和 220Gb/s PAM4 高速光信号的产生，实现了目前国际上基于 LiNbO$_3$ 材料的最高调制速率（中国大陆光芯片领域首篇 ECOC PDP 论文）。

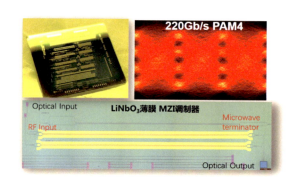

➢ 新学材料、新物理机制重要进展

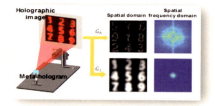
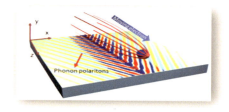

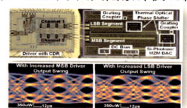

集成光电子学国家重点实验室吉林大学实验区
State Key Laboratory of Integrated Optoelectronics, JLU Region

实验室主任：卢革宇
教授
国家杰出青年基金获得者
教育部创新团队负责人

学术委员会主任：黄永箴
研究员
国家杰出青年基金获得者
国家重点研发计划首席科学家

集成光电子学国家重点实验室成立于1987年，1991年正式对外开放，现由吉林大学和中科院半导体所两个实验区联合组成。在1994年、2004年国家重点实验室建立10周年以及20周年总结表彰大会上，被评为"国家重点实验室先进集体"，并获"金牛奖"。在2002年、2007年、2012年信息领域国家重点实验室评估中，连续3次被评为优秀实验室，2017年被评为良好实验室。

人员队伍

集成光电子学国家重点实验室吉林大学实验区现有固定人员35人，其中正高级职称33人，副高级职称2人；研究人员33人，管理人员1人，技术人员1人；拥有博士学位32人。

实验区高度重视人才队伍建设，现拥有国家高层次人才特殊支持计划入选者2人、青年项目1人，国家杰出青年科学基金获得者6人，科技部中青年科技创新领军人才1人，国家优秀青年科学基金获得者6人，中科院"百人计划"1人，教育部新世纪优秀人才10人；吉林省长白山学者特聘教授3人，香江学者3人；教育部创新团队1个，科技部重点领域创新团队1个。

2015～2019年期间，实验区培养博士研究生148人，硕士研究生377人。获国家级学会优秀博士论文优秀奖9人次、提名奖3人次，省级优秀博士论文获奖9人次；获国家级学会优秀硕士论文优秀奖3人次，省级优秀硕士论文获奖12人次；获国家奖学金奖励72人次，宝钢、CASC、华为、三星、苏州工业园等各类社会奖学金35人次。

研究方向

实验区重点研究基于半导体光电子材料、有机光电子材料、微纳光电子材料的各种新型光电子器件以及光子集成器件和芯片,研究上述器件及芯片在光纤通信系统与网络、信息处理与显示中的应用技术,主要研究方向有:

1. 高速及特殊应用光电子集成器件
2. 硅基光子学及光子器件集成
3. 光电器件物理及微纳集成新工艺
4. 微纳光电子与光电集成芯片
5. 光电集成新材料和新器件

主要科研成果

2015～2019年期间,吉林大学实验区共承担各类科研项目231项,科研经费累计到款1.4亿元,其中国家级项目或课题126项,包括国家自然科学基金重大项目1项、重大科研仪器研制项目6项、重点项目12项、杰出青年科学基金项目4项、重点国际合作项目3项、优秀青年科学基金项目7项,国家重点研发计划项目或课题14项,"973"计划项目或课题7项,"863"计划项目或课题2项,省部级项目55项,横向项目31项。

2015～2019年期间,吉林大学实验区共发表论文1 995篇,包括以第一单位发表高水平论文1 488篇,其中影响因子大于10.0的文章54篇、大于6.0的文章260篇、大于3.0的文章771篇。实验区获得吉林省科学技术 等奖5项(每年1项);获得授权发明型专利189项,授权实用新型专利10项。

承担国家重大科技项目情况

类别	项目名称	执行期	负责人	合同金额（万元）
基金委重大项目	飞秒激光直写真三维结构拓扑与玻色采样	2016.01～2020.12	孙洪波	1 977.5
国家重点研发计划	多层交叉结构的光子集成芯片	2020.01～2022.12	张大明	2 716
国家重点研发计划	典型硬脆构件的超快激光精密制造技术及装备	2017.07～2021.06	陈岐岱	1 801
国家重点研发计划	光电子集成全固态激光雷达系统关键技术的合作研究	2017.09～2020.08	宋俊峰	675
国家重点研发计划	分等级结构半导体氧化物的可控制备及功能改性	2016.07～2019.06	孙　鹏	132

➤ **基金委重大项目：飞秒激光直写真三维结构拓扑与玻色采样**

本项目通过研究飞秒脉冲非线性传输和界面失配造成的点扩展函数畸变过程等关键技术，建立国际领先的飞秒直写工艺平台，实现了复杂截面片上波导、片上任意波片及超低双折射波导、动态可调光芯片、极低损耗波导的制备，实现了定向耦合器高精细调控的目标；激光打印片上三维聚合物基跳线和光波导阵列拓扑结构等系列先进器件，为量子信息技术在芯片化集成奠定了基础。

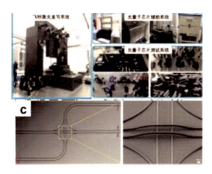

➤ **国家重点研发计划：多层交叉结构的光子集成芯片**

本项目对CMOS兼容的多层可快速重构交叉硅光集成芯片开展系统研究，通过解决任意层间高效、低串扰波导耦合、层内低损及高迁移率相互矛盾制约下的可多层集成硅薄膜制备技术、多参量约束下三维光交叉连接的协同优化、大规模三维可重构光交叉模块中光端口高效耦合及电端口引线协同封装和高效测试等关键问题，实现多层交叉结构的光子集成芯片。

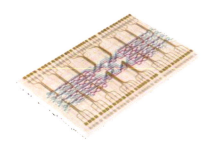

➤ **国家重点研发计划：典型硬脆构件的超快激光精密制造技术及装备**

本项目开展石英玻璃、蓝宝石和金刚石等材料的超快激光精密加工技术和装备的系列研究。通过探索飞秒激光诱导硬脆材料的多光子电离和雪崩电离机制，在不同的材料表面实现了微米到亚20纳米尺度的结构大面积快速制备。开发了激光"超净"隐形切割、硅材料激光精细去除以及碳化硅内部微导通孔超快激光加工的技术和工艺；研发了具有自主知识产权的典型硬脆材料超快激光高效制造装备。

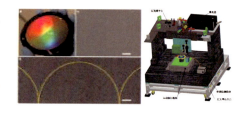

➢ 国家重点研发计划：光电子集成全固态激光雷达系统关键技术的合作研究

本项目针对光学相控阵横向旁瓣的问题，提出了非等间距波导阵列的设计方法，理论上可以实现180度内无旁瓣的窄发散角扫描；其次，针对纵向扫描角度小的问题，提出多个光学相控阵的集成，实现了50nm波长范围内纵向扫描28.5度，同时该结构可以实现单波长单芯片、4线和8线的扫描功能；再次，提出单芯片实现360度扫描的光学相控阵结构，同时将裸光学作为微柱透镜镶嵌在芯片上。目前共申请中国发明专利12项，其中3项得到授权。

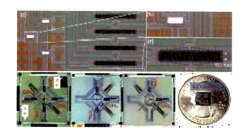

➢ 国家重点研发计划：分等级结构半导体氧化物的可控制备及功能改性

本项目融合纳米结构氧化物半导体制备及集成技术、MEMS加工技术和传感器智能化技术，研制出了高性能丙酮和甲苯传感器，并利用所开发的传感器组建了检测上述气体的便携式检测仪，确立了系统的关键技术，取得独创性的自主知识产权。

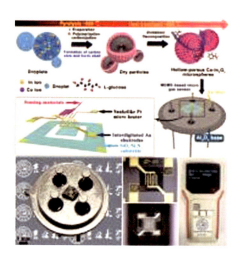

信息光子学与光通信国家重点实验室（北京邮电大学）

State Key Laboratory of Information Photonics and Optical Communications（Beijing University of Posts and Telecommunications）

实验室主任：任晓敏
教授
国家杰出青年科学基金获得者
IET Fellow

学术委员会主任：周炳琨
院士
光电子学家
中国科学院院士

信息光子学与光通信国家实验室（北京邮电大学）初创于 20 世纪 60 年代，是在"光信息科学与技术"学科领域主要从事应用基础研究的科技创新和人才培养基地。依托"电子科学与技术"和"信息与通信工程"两个国家一级重点学科，坚持基础探索和工程技术相辅相成、光子学与光通信"驱""牵"互动、光通信与光信息处理交叉融合的发展模式，在国内外本领域的科学研究和我国创新人才培养方面发挥着重要作用。

人员队伍

信息光子学与光通信国家重点实验室创始人是我国著名微波通信和光通信科学家叶培大院士。实验室主任为国家杰出青年科学基金获得者、IET Fellow 任晓敏教授。实验室学术委员会主任为周炳琨院士。

实验室现有固定研究人员 129 人，其中院士 1 人（加拿大皇家科学院/工程院院士）、"万人计划"科技创新领军人才 1 人、国家杰出青年科学基金获得者 4 人、国家优秀青年科学基金获得者 5 人、"新世纪百千万人才工程"国家级人选 2 人、教育部新（跨）世纪优秀人才 17 人、科技部"中青年科技创新领军人才" 1 人、"科技北京"百名领军人才 1 人、IEEE Fellow 1 人、IET Fellow 4 人、教授 54 人、副教授 44 人、在站博士后 27 人。

研究方向

先进光通信系统与光子网络：
◇宽带融合光接入与光传感网络技术
◇超高速超长距离高效光传输理论与技术
◇低能耗自适应光子交换/路由机制与技术
◇动态灵活智能光联网架构与技术
◇微波光子学与光载无线通信技术
◇空天地融合光网络技术
◇量子（保密）光通信技术及其系统应用
◇光子网络中的信息获取、处理与显示技术

信息光子学相关基础研究：
◇非线性光子学与复杂系统
◇低维结构半导体光子学理论
◇量子光学与量子调控

新型光子学材料与器件：
◇新型半导体材料与异质兼容晶格——带隙工程
◇半导体纳异质结构与新型功能微结构
◇新型半导体光子学器件与集成技术
◇基于特殊功能结构的信息器件及系统集成
◇新型光纤波导器件与微结构光纤光子学
◇光纤光缆设计、检测与应用技术

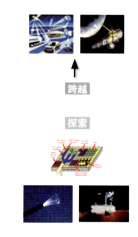

主要科研成果

2015～2019年期间，实验室承担了国家级重大（重点）科研项目30余项，发表SCI检索论文1 400余篇。代表性成果主要有：低维结构光子学及电子态系理论的研究进展与弥聚子论；基于光纤非线性的新型超短脉冲光源及相关基础理论研究；高性能裸眼三维光显示技术的创新与突破；高度线性、精细灵活的智能光载无线系统与应用；高弹性、高精细、高谱效的灵活带宽光网络技术创新。研究成果获得国家级科技奖励4项、省部级和全国性科技学会奖励37项。

光纤光缆制备技术国家重点实验室
Stake Key Laboratory of Optind Fiber and Cable Manufacture Technology

光纤光缆制备技术国家重点实验室，是国家科技部于 2010 年 12 月批准、由湖北省科技厅主管、依托长飞光纤光缆股份有限公司建设的企业国家重点实验室，2013 年 7 月通过科技部组织的建设验收，2018 年 6 月通过科技部组织的企业国家重点实验室评估验收，获评优秀。

实验室以国家战略需求和光纤光缆行业发展为导向，实行"开放、流动、联合、竞争"的运行机制，以应用基础研究、关键技术研究和共性技术研究为主要研究重点，以解决预制棒、光纤（含特纤）、光缆及其制造设备自制、光纤光缆应用与检测技术问题为主要研究内容，设立了光纤技术、光缆技术、设备技术、光纤应用技术和检测技术 5 个研究室或中心。

依托长飞公司建设的光纤光缆制备技术国家重点实验室，在制棒、拉伸、拉丝、成缆、光纤光缆测试、光纤应用以及关键装备技术等方面，拥有齐全、先进的科研平台和系统。

> 制棒　拉伸　拉丝　成缆
>
> 光纤光缆测试　光纤应用　关键装备技术

实验室现有固定研究人员 120 余人，其中高级技术职称 / 博士 40 位，硕士 60 余位。实验室建设面积超 7 000 平方米，建立健全了预制棒技术、光纤技术（含特纤）、光缆技术、检测技术等多个科研创新平台。实验室检测中心通过了中国合格评定国家认可委员会认可和国际权威机构 Telcordia 实验室认可，为实验室长期发展、满足国家重大战略需求提供了有力的人才和平台支撑。

实验室人员配备表

实验室以长飞公司研发中心为基础，广大科技人员经过多年努力和传承发展，科研成果显著。截至2019年底，获国家重点新产品和国家自主创新产品4项；获国家科技进步奖二等奖3项，中国电子信息科学技术奖和湖北省科技进步奖一、二等奖等10余项；承担、参与了国家"973"计划、"863"计划、科技重大专项、重大科仪专项、科技支撑计划、国际科技合作项目、国家电子发展基金专项等国家及省部委项目/课题40余项；牵头/参与制/修订国际、国家和行业标准160余项；申请中国专利850余项，获得授权490多项；申请海外专利170多项，获得授权70多项；2010～2019年间，发表科技论文290余篇。

实验室建立了良好的运行机制，开放与交流广泛。通过产业联盟、联合实验室、产学研、国际合作项目等方式，分别与以北京大学、华中科技大学、武汉大学、北京邮电大学、上海交通大学、武汉理工大学、新加坡南洋理工大学、英国南安普顿大学、中国联通、中国电信、中国移动、烽火通信、意大利Prysmian、德

国Heraeus、芬兰Nextrom等为代表的国内外著名高校或企业建立了广泛合作；多次承办、协办国际国内学术会议或研讨会，参加系列学术会议或研讨会，举办全国开放日等科普活动，推动了我国光纤光缆制备技术的发展与进步，显著提升了行业影响力。

长飞公司国家重点实验室通过开展高水平的应用基础研究、核心关键技术和共性技术研究，显著提升了长飞公司的自主创新能力；通过创新驱动，助力长飞发展成为行业内市场占有率全球第一；增强了光纤光缆技术辐射能力，引领和带动了行业技术快速进步。未来，长飞公司将进一步大力促进国家重点实验室的建设和发展，落实国家中长期发展规划，服务通信运营商建设需要，围绕"自主创新、差异化、国际化和成本领先"的发展战略，大力发扬自主创新精神，开展产业应用技术和原创性技术研究，支撑信息通信产业快速发展。

塑料光纤制备与应用国家地方联合工程实验室
National-Local Joint Engineering Laboratory of Plastic Optical Fiber Preparation and Application

为了将我国塑料光纤通信系统的主要研发单位联合起来，统筹规划、集中力量、合理分工、促进中国塑料光纤产业快速发展，经国家发改委批准，2009年11月成立塑料光纤制备与应用国家地方联合工程实验室。实验室聘请中国工程院院士李乐民教授为实验室技术委员会主任，聘请四川汇源塑料光纤有限公司总经理储九荣博士后为实验室主任，实验室依托建设与管理单位为四川汇源塑料光纤有限公司。

实验室自成立以来，依托这个优势明显的平台，整合中国科技大学、西安交通大学、成都信息工程大学、中科院西安光学机密机械研究所、中国电科院用电与能效研究所等塑料光纤制备与应用相关行业的国内知名研发团队与技术资源，先后成立低损耗塑料光纤研究室、特种塑料光纤研究室、光器件与系统研究室、电力行业应用技术中心、传感与物联网应用技术中心、测试技术与标准研究室等6个技术研发平台，分别覆盖了塑料光纤行业从原材料制备、光纤光缆生产、光器件、光系统应用、检测与标准多个方面，为发展和引领新兴的塑料光纤通信产业链奠定了坚实的技术基础。

实验室主要研究发展方向是通过完善相关研发设施设备，提升技术研发水平，立足中国、面向世界，重点研究低损耗高带宽塑料光纤、塑料光纤通信链路配套光器件的产业化关键技术，尽快实现全面国产化并替代进口，与相关上下游行业企业联合开发应用技术及其应用系统，引领中国塑料光纤产业的纵深发展，并带动其上下游产业的技术提升，最终打破国外垄断，走向世界。

实验室运行10年来，承担国家、省部级项目共计19项，其中国家"863"项目6项、国家自然科学基金项目3项、省级项目7项；制订、修订国家标准5项、行业标准3项；授权专利21项；发表论文102篇，其中SCI、EI论文27篇。通过联合工程实验室培养博士研究生2名、高级工程师和经济师2名。

成果1. 塑料光纤通信链路产业化成果　　成果2. 用于手机屏下指纹识别的塑料光纤面板研制

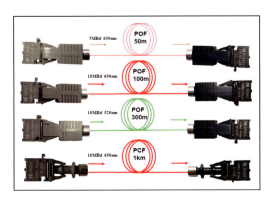
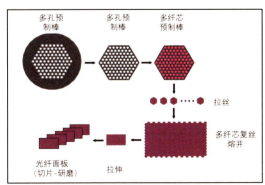

成果3. 全色激光显示项目研发与产业化

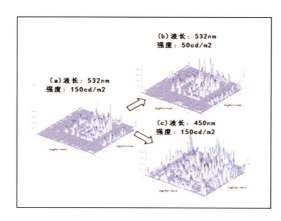

激光散射斑与抑制　　　　　　　　　聚合物显示芯片

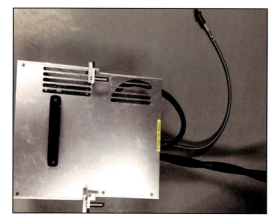 

激光光源耦合技术　　　　　　　　　全色激光显示机

2019年5月25日，李乐民院士、明海教授、储九荣博士后与工程实验室各研究室负责人合影留念

光纤传感与通信教育部重点实验室
Key Laboratory of Optical Fiber Sensing Communications (Education Minisry of China)

实验室主任：饶云江
IEEE/OSA/SPIE Fellow
长江学者、杰青

学术委员会主任：姜德生
院士

叶声华：学术委员会副主任、院士	李乐民：院士	赵　卫：中科院西安分院院长、入选"万人计划"
罗先刚：院士	罗　毅：长江学者、杰青	徐安士：教授
苏显渝：教授	祝宁华：入选"百人计划"、杰青	胡卫生：杰出青年
刘铁根：教授、"973"首席科学家	童利民：长江学者、杰出青年	郑建成：入选"千人计划"
邱　昆："百千万人才"、教授	段发阶：教授	

主要研究方向

光纤石墨烯传感新技术：在谐振腔上集成单晶石墨烯，相关成果发表于国际顶尖期刊 Nature；基于石墨烯增强型微光纤谐振器实现了单分子灵敏度选择性超敏生化传感器，相关成果被《中国光学》、"两江科技评论"、《中国物理》评论报道。

光纤生化传感新技术：与美国密歇根大学安娜堡分校、澳大利亚新南威尔士大学开展合作，在光纤微流激光及其生化传感子方向，探索了用于高灵敏度生化传感的新技术，为疾病的早期诊断提供了新的技术平台。

分布式光纤传感：采用新型全光分布式放大技术、脉冲编码、正负频复用等手段，打破分布式光纤传感关键参数的制约关系，多次刷新无中继光纤分布式传感距离的世界纪录。相关成果推进了 uDAS 光纤地震仪在油气勘探领域的产业化应用。

激光及其调控研究：从统计分析的角度入手，印证了随机激光器中普遍存在的波动规律，为光纤随机激光器的阈值提供了一种有效的手段；此外，巧妙地将光学 Stark 效应与极化基元的自选极化敏感特性结合，利用两者快速响应的特点，为超快光学调控提供了有效手段。

新型通信光子器件：针对微腔克尔光频梳模式锁定容易受热非线性效应扰动的难点问题，提出并实现了激光辅助加热技术，首次实现了 DKS 锁模光频梳的动态恢复，促进了克尔光梳的实用化。

在研重要项目

1. 111 引智基地"光纤传感与通信"
2. 国家自然科学基金重大科研仪器研制项目"基于新型分布式光纤声波传感器的地震检波仪"
3. 国家自然科学基金重点项目"新型大功率光纤随机激光器研究"
4. 国家重点研发计划"大容量低时延光与无线智能融合接入关键技术"
5. 国家重点研发计划"空分复用光纤新型光放大关键技术研究"
6. 国家重点研发计划"新型空分复用光传输理论模型、架构设计及传输系统验证"
7. 国家自然科学基金面上项目"低维无序波导中的锁模激光脉冲研究"

2019 年建设概况

国家重点项目取得突破：各科研团队获得国家重点研发计划课题 5 项。

国际合作重点项目取得突破：通信网络研究方向，冷甦鹏团队获得国际合作重点项目。

成果转化取得突破：饶云江团队牵头在油气勘探领域实现了产业化应用——uDAS 光纤地震仪，产品通过了中石油集团的鉴定，获得高度评价，被东方地球物理列为新一代变革性技术，是中国石油 2019 在国际发布的标志产品，开启了高精度井地联合立体勘探和油藏开发地震新时代。

人才培养取得突破：青年教师姚佰承教授入选青年长江学者。

项目研究稳步推进：饶云江团队牵头的国家重大仪器专项"基于新型分布式光纤声波传感器的地震检波仪"研制出超高应变灵敏度的分布式光纤声波传感系统，达到国际领先水平。

科学传播影响力不断增强：饶云江教授创办的光子传感领域的SCI学术期刊 *Photonic Sensors* 持续进步，影响因子达到2.03，不断提高了我国在国际光子传感领域的影响和地位。

研究实力不断增强：在国际光学领域顶级期刊 *Light: Science & Applications*（IF>14）发表论文2篇。

科研项目

2019年共在研或立项各类科研项目96项，实到科研经费4438.8万元。其中国家自然科学基金项目21项（含牵头国家自然基金重大仪器专项1项、重点项目1项，海峡两岸联合基金1项、重大仪器专项子课题1项，面上/青年项目14项），国际合作重点项目2项，国家重点研发计划5项，GF项目11项，省部级10项，横向合作项目47项。

科技部重点研发计划方面：牵头重点研发计划项目"超大容量广覆盖新型光接入系统研究及应用示范"，课题"大容量低延时光与无线智能融合接入关键技术"（453万）；参与重点研发计划项目"基于新波段、新光纤、新放大的高速光传输技术及系统验证"的两项子课题"新型空分复用光传输理论模型、架构设计及传输系统验证"和"空分复用光纤新型光放大关键技术研究"。

国际合作重点项目

冷甦鹏教授获得国际合作重点项目"安全高效的协作式汽车智能网联技术"1项（批准经费151万元），加强了实验室在物联网技术方面的研究和影响。

传感技术联合国家重点实验室
State Key Laboratory of Transducer Technology

学术委员会

实验室主任：李昕欣
杰青
入选中科院"百人计划"
九三学社中央委员

学术委员会主任：吴一戎
院士

江　雷：学术委员会副主任、院士
崔大付：学术委员会副主任、中国电子学会高级会员
赵建龙：研究员、上海微系统所副所长
谢志峰：上海矽睿科技有限公司创始人
朱自强：上海师范大学校长、紫江学者
郝一龙：北京大学微电子研究院副院长
蔡新霞：杰青，百千万人才
杨富华：研究员

梅　涛：研究员、中国科学院青年联合会副主席
黄庆安：杰青、长江学者
夏善红：研究员
龚海梅："973"首席科学家、"百千万"人才
刘　明：院士
刘双江：杰青、入选中科院"百人计划"
樊春海：杰青、入选中科院"百人计划"
樊尚春：教授、IEEE 高级会员

研究方向

微纳传感器设计与制造技术
　　研究各种物理传感器（包括力学量、运动量、声学、热、电磁、光学以及光纤传感器）；研究各种气体传感器、化学传感器和生物传感器。

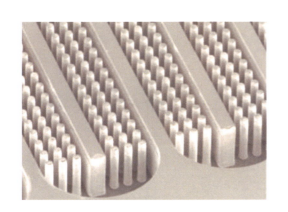

MEMS/NEMS 技术

研究体硅微机械加工、表面微机械加工、准 LIGA 加工技术和各种非硅微加工技术；研究先进封装工艺和纳机械结构制造技术。

敏感效应、机制与材料研究

研究各种先进传感器用纳米敏感材料技术和新敏感效应；研究纳米敏感结构的尺度效应；利用超灵敏传感器研究界面分子热力学与动力学机制。

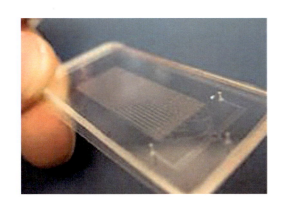

传感微系统芯片技术

基于微纳米集成技术研究各种微纳流控芯片、生化检测芯片及预处理芯片；研究传感微系统技术和阵列多传感器的联合检测技术。

组织机构

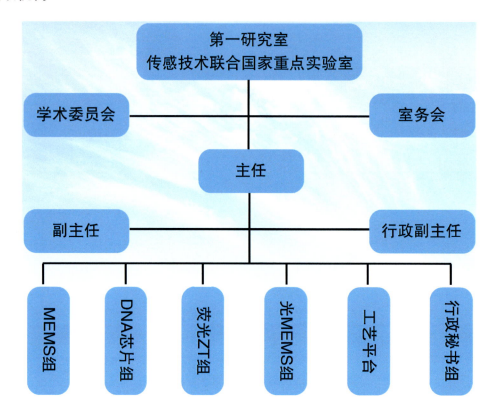

实验室建设

"十三五"期间,实验室面向国家各种安全领域的重要需求,在液体爆炸物检测、痕量重金属分析、水质在线监测、MEMS气相色谱便携式气体检测等微系统技术方面有所突破;同时,实验室先后同先进半导体、中电49所、中电23所、华为、上海工研院以及全球著名芯片企业联发科等多家企业以多种形式开展合作,在MEMS传感器技术推动产业化和重要应用方面取得了一定的进展,在我国传感技术领域的应用基础研究方面发挥了引领骨干作用。

实验室在微纳制造技术和新型传感器研究方面已经具有一定的国际影响,在多种MEMS传感器、微纳加工与自组装技术、生化检测与分析系统、纳米敏感材料与效应等研究方面,处于国际先进和国内领先水平。在著名学术刊物如 Advance Materials、Biosensors&Bioelectronics 和 Sensors andActuators 等和本领域的国际顶级学术会议如 IEEE MEMS、Transducers 等发表了一批高水平的论文及若干邀请报告。实验室在国内外学术活动中发挥了积极的作用,有多名专家在国内外重要学术组织中任职。

实验室南方基地目前主要的固定研究人员近50人,其中研究员12名。实验室拥有一批优秀专家,如科技部的首席科学家、国家杰出青年基金获得者和"百人计划"终评优秀获得者等。

新型传感器与智能控制 教育部 山西省 重点实验室

Key Laboratory of Advanced Transducers and Intelligent Control System
（ShanXi Province & Education Ministry of China）

重点实验室领导

熊诗波教授　　　马福昌教授

姜德生教授　　　王云才教授

实验室第一届学术委员会主任为熊诗波教授（两次国家科技进步二等奖获得者），主任为太原理工大学马福昌教授（2000年国家技术发明二等奖获得者）。

实验室第二届学术委员会主任为中国工程院院士、武汉理工大学姜德生教授，主任为太原理工大学王云才教授。

重点实验室介绍

2006年，新型传感器与智能控制重点实验室通过教育部组织的验收，列入教育部重点实验室序列。

2007年，通过山西省科技厅验收，进入山西省重点实验室序列。

2013年，当选首届山西省重点实验室联盟理事长单位，蝉联至今。

2017年，当选山西省传感器产业联盟首届理事长单位。

实验室现有永久成员和聘期内固定成员53人，研究人员100%具有博士学位，80%的成员年龄在38岁以下。其中国家优秀青年基金获得者2名、山西省青年拔尖人才4名、"青年三晋学者"特聘教授6名、山西省高等学校优秀青年学术带头人17名。

实验室已组成1个科技部重点领域创新团队、5个山西省科技创新重点团队、4个山西省高等学校优秀创新团队和1个山西省研究生教育优秀导师团队。

实验室与多个国家级地区保持密切的学术交流，有10名海外教授受聘山西省"百人计划"特聘专家。

目前实验室建筑总面积6 700平方米，仪器设备总值5 400余万元。

重点实验室进展

实验室秉持"所有研究在未来30年内可以造福人类"的理念，坚持"面向国家重大需求及区域经济发展"的导向，围绕"保密通信与光电检测、光纤与微纳传感、机电装备安全与智能控制"三个方向开展应用基石研究。其中，"感应式数字水位传感器及其系统"获国家技术发明二等奖，"跳汰机多参数自动寻优模糊控制系统"及"带钢轧机运行安全保障和生产环节智能控制"双获国家科技进步二等奖，"纵切割头掘进机振动特性研究"获国家科技进步三等奖。

5年来，实验室共承担各类项目345项，累计科研经费近亿元，其中包括1项国家"863"项目、2项国家自然科学基金重点项目、2项国家自然科学基金优青项目、2项"十三五"国家密切发展基金项目、3项基金委重大科学仪器研制项目和1项科技部国际合作项目等。

5年来，培养博士及硕士研究生730名，发表SCI学术论文613篇，授权国际及国内发明专利155件，出版专著14部。

5年来，实验室多项成果已实现应用与转化，13项成果相继获得省部级奖励。

重点实验室近5年所获代表性奖励

序号	获奖人		奖励名称	奖励类型	合作单位	奖励时间
1	张明江 靳宝全 刘 晓	刘少文 薛晓辉 王云才	新型分布式光纤传感技术及应用	山西省科学技术奖（技术发明类）一等奖	山西省交通科学研究院	2019
2	王云才 张建国 祝世雄	李 璞 王安帮 徐红春	高速物理熵源密码发生器	山西省科学技术奖（技术发明类）一等奖	中国电子科技集团第三十研究所武汉光迅科技股份有限公司	2017
3	王云才 张建国 祝世雄	李 璞 王安帮 徐红春	基于宽带物理熵源的超高速密码产生关键技术	教育部技术发明二等奖	中国电子科技集团第三十研究所武汉光迅科技股份有限公司	2017
4	李 璞 王安帮 梁丽萍	王云才 王文杰	一种Tbps码率全光真随机数发生器	中国专科奖优秀奖		2017
5	田振东 魏建军 宋 斌 梁翼龙	靳宝全 杜亚玲 张宏涛 李劲松	矿井巷道水监测、预警及自动控制系统研究	山西省科技奖（科技进步类）二等奖	山西晋城无烟煤矿业集团有限责任公司山西晋煤集团赵庄煤业有限责任公司	2016

续表

序号	获奖人		奖励名称	奖励类型	合作单位	奖励时间
6	李晓春 张校亮 徐鹏涛 薛斌军	于化忠 张玲玲 王 乐	基于智能手机技术的食品中有害物质快速定量检测系统	全国科技工作者创新创业大赛银奖		2016
7	郭继保 权 龙 武 兵	杨 泽 李 波	系列化无缝钢管热连轧机组及生产线	山西省科学技术奖（科技进步类）二等奖	太原通泽重工有限公司	2015
8	王安帮 王云才 张建忠	张明江 王冰洁 李 璞	宽带混沌激光的产生机理	山西省科学技术奖（自然科学类）二等奖		2014
9	袁文斌 卢文渊 时慧彬 王永进	权 龙 武利生 李新荣 任智勇	现代钢坯修磨机修磨理论、关键技术及其集成应用	山西省科学技术奖（科技进步类）二等奖	太原市恒山机电设备有限公司	2014
10	桑胜波 李朋伟 李 刚	张文栋 胡 杰 H.Witte	基于表面应力的PDMS微薄膜细胞检测生物传感器研究	山西省科学技术奖（自然科学类）三等奖		2013
11	权 龙 武文斌 程 珩	黄家海 熊晓燕 李 斌	电液控制阀及系统创新工作原理和可视化仿真分析方法	山西省科学技术奖（自然科学类）二等奖		2013

重点实验室代表性成果应用与推广

面向通信安全，利用宽带混沌熵源，研制出世界上实时速率最快达 10 Gb/s 的系列随机密码发生器。

面向周界安全监控，利用常规光纤，研发出长距离震动传感器、声音拾音器。

面向建筑及交通设施安全，研发出分布式光纤温度传感器、应变传感器，实现了燃气管网多参量传感预警。

面向煤机装备升级提质，与山西汾西重工合作，共同研发了刮板机用永磁同步变频一体机。

面向冰情与水情检测，研制出冰水情自动检测传感器，参加了第29、第30次南极科学考察，安装于南极中山站。

面向山西省传感产业的发展，在省经信委的支持下，牵头并组建了山西省传感器产业联盟。

三

重大科学技术成果

国家科学技术成果奖

2020 年度国家自然科学奖

名称和等级：2020 年度国家自然科学奖二等奖
获奖项目：特种光电器件的超快激光微纳制备基础研究
获奖单位：吉林大学
完 成 人：孙洪波　　陈岐岱　　张永来　　王海宇　　夏　虹

2020 年度国家技术发明奖

名称和等级：2020 年度国家技术发明奖二等奖
获奖项目：空间全固态激光器技术及应用
获奖单位：中国科学院上海光学精密机械研究所
　　　　　中国科学院半导体研究所
完 成 人：陈卫标　　侯　霞　　马骁宇　　刘　源　　辛国锋

2020 年度国家科技进步奖

名称和等级：2020 年度国家科技进步奖二等奖
获奖项目：宽带移动通信有源数字室内覆盖 Qcell 关键技术及产业化应用
获奖单位：中兴通讯股份有限公司
　　　　　北京邮电大学
完 成 人：王喜瑜　　刘元安　　毕文仲　　滕　伟　　施　嵘
　　　　　别业楠　　崔文会　　刘　芳　　李向阳　　徐法禄

名称和等级：2020 年度国家科技进步奖二等奖
获奖项目：超大容量智能骨干路由器技术创新及产业化
获奖单位：华为技术有限公司
　　　　　中国电信股份有限公司广东研究院
完 成 人：叶锦华　　邓抄军　　胡克文　　蔡　康　　左　萌
　　　　　唐　宏　　朱建波　　黄新宇　　王建波　　王志刚

光纤通信领域主要学会、协会科学技术成果奖

（一）中国通信学会科学技术奖

名称和等级：2020 年度中国通信学会科学技术奖一等奖
获奖项目：同频同时全双工双向通信技术发明
获奖单位：北京大学
　　　　　中兴通讯股份有限公司
　　　　　西安空间无线电技术研究所
完 成 人：焦秉立　　马　猛　　赵志勇　　朱　舸　　段晓辉
　　　　　宗柏青　　李小军　　李　斗　　李晓彤　　田　珅
　　　　　董亚洲　　谭庆贵　　崔亦军　　王　韬　　王建利

名称和等级：2020 年度中国通信学会科学技术奖一等奖
获奖项目：敏捷立体覆盖无线组网技术与应用
获奖单位：北京邮电大学
　　　　　中国电信集团有限公司
　　　　　北京佰才邦技术有限公司
完 成 人：陶小峰　　崔琪楣　　许晓东　　侯廷昭　　孙立新
　　　　　徐　瑨　　周明宇　　谢伟良　　王　强　　张雪菲
　　　　　李　娜

名称和等级：2020 年度中国通信学会科学技术奖一等奖
获奖项目：量子保密通信的安全可靠传输理论与方法
获奖单位：清华大学
　　　　　北京师范大学
　　　　　山西大学
完 成 人：邓富国　　肖连团　　王铁军　　郝　亮　　胡建勇

名称和等级：2020 年度中国通信学会科学技术奖一等奖
获奖项目：自适应控制的宽带无线通信测试关键技术及应用
获奖单位：深圳大学
　　　　　北京邮电大学
　　　　　香港中文大学（深圳）

深圳无线电检测技术研究院
深圳市中承科技有限公司
完 成 人： 全 智　　秦晓琦　　崔曙光　　张 莎　　尉志青
　　　　　冯志勇　　马 嫄　　刘宝珍　　李 鑫

名称和等级：2020 年度中国通信学会科学技术奖一等奖
获奖项目：5G 共建共享关键技术研究与产业化应用
获奖单位：中国电信集团有限公司
　　　　　中国联合网络通信集团有限公司
完 成 人： 邵广禄　　刘桂清　　张 新　　傅 强　　苗守野
　　　　　陈建刚　　田元兵　　李 鹏　　李 菲　　李志军
　　　　　张 鹏　　鲁 娜　　张光辉　　龙青良　　毛聪杰

名称和等级：2020 年度中国通信学会科学技术奖二等奖
获奖项目：工业 PON 系统关键技术与应用创新
获奖单位：中国电信集团有限公司
　　　　　中兴通讯股份有限公司
完 成 人： 张 东　　李明生　　蒋 铭　　刘丹蓉　　王 欣
　　　　　张德智　　贝劲松　　金嘉亮　　程 宁　　孙 慧

名称和等级：2020 年度中国通信学会科学技术奖二等奖
获奖项目：新一代移动通信网络安全关键技术研究及产业化
获奖单位：中兴通讯股份有限公司
　　　　　西安邮电大学
　　　　　中国信息通信研究院
　　　　　中国联通智能城市研究院
　　　　　奥途智能网联汽车创新中心
完 成 人： 游世林　　林兆骥　　陆 平　　崔跃雪　　张博山
　　　　　王继刚　　杨红梅　　夏俊杰　　韩 刚　　林庭武

名称和等级：2020 年度中国通信学会科学技术奖二等奖
获奖项目：中国 5G 频谱策略和兼容解决方案研究
获奖单位：国家无线电监测中心
　　　　　中国移动通信集团有限公司
　　　　　中国卫通集团股份有限公司

中国电信集团有限公司
中国联合网络通信集团有限公司
完 成 人：黄　颖　　王晓冬　　王　坦　　李英华　　鲍　尧
　　　　　何继伟　　王丽君　　李培煜　　周　瑶　　丁家昕

（二）中国电子学会科学技术奖

名称和等级：2020年度中国电子学会科学技术奖一等奖
获奖项目：高速移动复杂场景信道特征及传输理论
获奖单位：北京交通大学
　　　　　深圳市大数据研究院
完 成 人：艾　渤　　钟章队　　崔曙光　　何睿斯　　章嘉懿

名称和等级：2020年度中国电子学会科学技术奖二等奖
获奖项目：面向4G/5G无线接入网大规模、低成本集中化部署研究与应用
获奖单位：中国移动通信集团有限公司
　　　　　中国移动通信集团江苏有限公司
　　　　　中国移动通信集团福建有限公司
　　　　　中国移动通信集团浙江有限公司
　　　　　华为技术有限公司
　　　　　中兴通讯股份有限公司
完 成 人：易芝玲　　崔春风　　段　然　　黄金日　　韩延涛
　　　　　郑　康　　袁雁南　　池刚毅　　罗建迪　　陈　侃

名称和等级：2020年度中国电子学会科学技术奖三等奖
获奖项目：5G云数据中心网络技术创新及规模应用
获奖单位：中国移动通信集团有限公司
　　　　　华为技术有限公司
　　　　　中兴通讯股份有限公司
完 成 人：程伟强　　王瑞雪　　李　继　　滕　滨　　李　晗

（三）中国光学学会光学科技奖

称和等级：2020年度中国光学学会光学科技奖一等奖
获奖项目：半导体微腔激光器的模式调控及应用

获奖单位：中国科学院半导体研究所
完成人：黄永箴　杨跃德　国伟华　肖金龙　杜云

名称和等级：2020 年度中国光学学会光学科技奖一等奖
获奖项目：高功率超快激光器研制及其产业化应用
获奖单位：深圳技术大学
　　　　　大族激光科技产业集团股份有限公司
完成人：吴　旭　徐方华　阳其国　陈业旺　欧阳德钦
　　　　何柏林　金艳丽　姚　瑶　刘敏秋　李春波
　　　　刘　欢

名称和等级：2020 年度中国光学学会光学科技奖二等奖
获奖项目：光纤激光器中的非线性效应及控制
获奖单位：北京邮电大学
　　　　　中国科学院物理研究所
完成人：刘文军　雷　铭　滕　浩　韩海年　魏志义

（四）中国光学工程学会科技创新奖

技术发明奖

名称和等级：2020 年度中国光学工程学会技术发明奖一等奖
获奖项目：高性能分布式布里渊光纤传感技术、仪器及应用
获奖单位：哈尔滨工业大学
　　　　　鞍山睿科光电技术有限公司

名称和等级：2020 年度中国光学工程学会技术发明奖二等奖
获奖项目：高功率光纤隔离器
获奖单位：珠海光库科技股份有限公司

名称和等级：2020 年度中国光学工程学会技术发明奖二等奖
获奖项目：无线光传输特性及多载波相干光通信系统关键技术研究
获奖单位：西安理工大学
　　　　　澳门科技大学
　　　　　江苏海虹电子科技有限公司

名称和等级：2020 年度中国光学工程学会技术发明奖三等奖
获奖项目：新型光纤分布式地震检波关键技术及应用
获奖单位：山东省科学院激光研究所

科技进步奖

名称和等级：2020 年度中国光学工程学会科技进步奖一等奖
获奖项目：超长距大容量深海海底光缆系统关键技术与产业化
获奖单位：江苏亨通海洋光网系统有限公司
　　　　　华为海洋网络有限公司
　　　　　中国移动通信集团设计院有限公司
　　　　　浙江大学
　　　　　江苏亨通光电股份有限公司
　　　　　常熟理工学院

名称和等级：2020 年度中国光学工程学会科技进步奖二等奖
获奖项目：通信用耐极寒光纤及超低损耗、超低温度 OPGW 关键技术及应用
获奖单位：中天科技光纤有限公司中天电力光缆有限公司
　　　　　中天科技精密材料有限公司

名称和等级：2020 年度中国光学工程学会科技进步奖二等奖
获奖项目：大功率掺镱光纤关键技术及产业化
获奖单位：江苏亨通光纤科技有限公司

名称和等级：2020 年度中国光学工程学会科技进步奖二等奖
获奖项目：大直径异形结构光纤研制
获奖单位：武汉长盈通光电技术股份有限公司

名称和等级：2020 年度中国光学工程学会科技进步奖二等奖
获奖项目：ClearCutTM 光纤光栅系列产品的开发与产业化
获奖单位：珠海光库科技有限公司

四

光纤通信科学技术发展

光纤预制棒工艺发展趋势
Development Trend of Optical Fiber Preform Technology

兰小波

兰小波
长飞光纤光缆股份有限公司

> **摘　要**：本文介绍了光纤预制棒主要制备技术的特点，指出预制棒制备工艺的技术难点在于原材料提纯、高精度管材制备以及掺氟管材制造装备，展望了制棒技术的发展趋势：绿色经济、高沉积速率、智能化是发展方向。
>
> **关键词**：预制棒，制备，高精度，均匀性，掺氟，工艺，高速率

1. 引言

光纤预制棒是用于制造光纤的石英玻璃棒，一般直径为几十毫米至几百毫米，是光纤制造工艺中最重要的部分，属于产业链上游产品，在产业链中附加值最高，其利润在产业链中占比约70%。由于技术门槛高，需要较大资本投入。当前商业化光纤预制棒生产工艺已经发展成为"两步法"，第一步为生产芯棒，第二部为在芯棒上附加外包层，制成预制棒。芯棒和外包层的制造工艺主要包括改进的化学气相沉积法（MCVD：Modified Chemical Vapour Deposition）、外部化学气相沉积法（OVD：Outside Chemical Vapour Deposition）、轴向气相沉积法（VAD：Vapour phase Axial Deposition）、等离子体激活化学气相沉积法（PCVD：Plasma activated Chemical Vapour Deposition）。在这四大工艺基础上，通过改变原料和加热方式还衍生出其他制造方法。

"十三五"期间，国内3G/4G建设提振光纤预制棒需求。中国移动大力推进FTTX建设，促使光纤预制棒需求量逐年增加，国内光纤预制棒自给率由2014年的64%上涨至2018年的91%，已基本实现自给自足。在此期间，国内预制棒厂商积极引入预制棒主流工艺技术，主要厂商通常都拥有两种或以上生产工艺。其中长飞公司成为唯一掌握四种主流工艺的厂商。本文就预制棒制造的主流工艺为研究对象，重点探究"十四五"期间预制棒工艺发展趋势，以及主要重、难点攻克方向。

2. 光纤预制棒工艺发展探讨

MCVD工艺为朗讯等公司所采用的方法，是一种以氢氧焰为热源、发生在高纯度

石英玻璃管内进行的气相沉积,其化学反应机理为高温氧化。该工艺是由沉积和成棒两个工艺步骤组成。沉积是获得设计要求的光纤芯折射率分布,成棒是将已沉积好的空心高纯石英玻璃管熔缩成一根实心的光纤预制棒芯棒。MCVD 技术折射率控制较好,便于操作。针对 MCVD 工艺沉积速率低、几何尺寸精度差的缺点,提高了质量,降低了成本,增强了 MCVD 工艺的竞争力。

OVD 是 1970 年美国康宁公司的 Kapron 研发的简捷工艺,其特点是沉积速度快,生产率高,对原料纯度要求较低。OVD 工艺的化学反应机理为火焰水解,即所需的芯玻璃组成是通过氢氧焰或甲烷焰中携带的气态卤化物产生"粉末"逐渐地一层一层沉积而获得。OVD 工艺有沉积和烧结两个具体工艺步骤:先按所设计的光纤折射率分布要求进行多孔玻璃预制棒芯棒的沉积,预制棒生长方向是沿径向由里向外;再将沉积好的预制棒芯棒进行烧结处理,除去残留水分,制得一根透明无水分的光纤预制棒芯棒。OVD 工艺发展经历了从单喷灯沉积到多喷灯同时沉积,由一台设备一次沉积一根棒到一台设备一次沉积多根棒,从而大大提高了生产率,降低了成本。目前主要用以制造包层。

VAD 技术是 1977 年由日本电报电话公司的伊泽立男等人,为避免与康宁公司的 OVD 专利的纠纷所发明的连续工艺。VAD 工艺的化学反应机理与 OVD 工艺相同,也是火焰水解。与 OVD 工艺不同的是,VAD 工艺沉积获得的预制棒的生长方向是由下向上垂直轴向生长的。烧结和沉积是在同一台设备中不同空间同时完成的,即预制棒连续制造。VAD 工艺的最新发展由 20 世纪 70 年代的芯、包同时沉积烧结,到 20 世纪 80 年代先沉积芯棒再套管的两步法,再到 20 世纪 90 年代的粉尘外包层代替套管制成光纤预制棒。

PCVD 是 1975 年由荷兰飞利浦公司的 Koenings 提出的微波工艺,其特点是折射率控制良好,原料利用率高。PCVD 与 MCVD 的工艺相似之处是,它们都是在高纯石英玻璃管内进行气相沉积和高温氧化反应。所不同之处是热源和反应机理,PCVD 工艺用的热源是微波,其反应机理为微波激活气体产生等离子使反应气体电离,电离的反应气体呈带电离子,带电离子重新结合时释放出的热能熔化气态反应物形成透明的石英玻璃沉积薄层。PCVD 制备芯棒的工艺有两个具体步骤,即沉积和成棒。沉积是借助低压等离子使流进高纯石英玻璃衬管内的气态卤化物和氧气在大约 1 000 ℃ 的高温下直接沉积成设计要求的光纤芯玻璃组成;成棒则是将沉积好的石英玻璃管移至成棒用的玻璃车床上,利用氢氧焰或电炉高温作用将该管熔缩成实心的光纤预制棒芯棒。PCVD 工艺的最新发展是采用大直径合成石英玻璃管为沉积衬管。

3. 技术难点分析
3.1 预制棒用管材
预制棒用管材包括套管和衬管。套管用于 RIT 和 RIC 工艺,用来制造光纤的包层部分。主流的套管外径规格从50mm发展到更大外径，目前比较主流的是180～210mm。套管的技术难点在于大尺寸、高精度、高均匀性。套管尺寸越大，越有利于高速连续拉丝，越有利于降低光纤制造成本。当套管外径增大时，其长度也相应增加，对内孔的几何参数、粗糙度、加工难度也大幅度增加。"十三五"期间，国外径200mm规格的套管仍然被国外少数几家公司掌握，目前国内领头企业已经掌握180mm的制备技术。大尺寸套管对几何、材料组成结构的均匀性要求极高，一旦出现不均匀，将会导致光纤的扭转、翘曲、断裂、光纤使用寿命下降等。所以，未来大尺寸、高精度、高均匀性套管是预制棒领域的一大技术难点。但基于OVD工艺，棒的日渐成熟，RIC套棒将逐步被替代。

衬管是管内法必不可少的材料，要求是具有高纯度、高精度、高均匀性的薄壁透明石英玻璃管。为了匹配超大规格预制棒，要求衬管具有相应的直径和长度，而且要满足严苛的同心度、弓曲度、壁厚一致性的要求。为了满足光纤低衰减的需求，要求衬管具有足够优良的纯度和均匀性。衬管属于薄壁管，高纯薄壁管只能通过合成法制备；由于石英玻璃熔体具有高黏度，熔融温度高达1 700℃~2 000℃。所以，高温下衬管的制作只能采用拉伸延长工艺，而且制造条件极度苛刻，薄壁管极易偏壁，稍有偏差就会导致报废。目前国内衬管已由完全依赖进口实现部分国产替代。对于光纤预制棒用衬管的制备，仍然是未来的技术难点。

3.2 八甲基环四硅氧烷（D4）的制备和提纯

目前，国内主要厂家均建立OVD的生产能力，其光纤预制棒用沉积材料，要求易于制造、性能稳定，气化温度在350℃以下，杂质可控，副产物不影响光纤预制棒性能。在多种含硅化合物中，有机硅化合物由于不含卤素，热裂解之后不产生毒性腐蚀性产物。综合评价，八甲基环四硅氧烷（D4）是绿色环保合适的原料。但是，D4中往往会混杂同系物组分杂质和金属元素化合物杂质。光纤外包层用要求水分子含量小于100ppm，金属杂质含量小于50ppb，高沸点大分子量化合物含量小于2ppm，低沸点小分子量化合物含量小于100ppm。因此D4的提纯是未来的技术难点。这方面国内比国外有较大差距，研发和产业化步伐仍需加快。

3.3 开发掺氟石英玻璃制造工艺技术装备

新型的抗弯曲、大有效面积、超低衰减光纤要求折射率剖面结构具有"下陷"结构，这种下陷结构是通过掺氟来实现的。管内法在沉积和烧结过程中掺氟，但是受限于衬管的尺寸，管内掺氟不能制造大尺寸预制棒。因此有必要开发用外部法制造掺氟石英玻璃的技术和装备。而外部法，无论是VAD还是OVD，都需要用到反应腔，如何控制腔体里的含氟原料的气氛、范围、温度、压力、时间就成了工艺技术的难点。因此，开发外部法掺氟石英玻璃装备是研发和产业化的难点。

4. 发展趋势分析

4.1 更高沉积速率

低成本高性能是制造业永恒的主题。光纤制造业为了降低成本，一直在追求更高的沉积速率。MCVD 装置的沉积速率达到 2g/min，PCVD 装置的沉积速率达到 2.5~5g/min，多喷灯 OVD 高速沉积装置的沉积速率可达 100~200g/min，VAD 装置的沉积速率可达 10~20g/min。

各种沉积方法各有优缺点，没有哪一种能够完全取代其他方式。追求更有效率的组合方式、更高的沉积速率、更高的整体性价比是未来的一个发展趋势。

4.2 循环经济，绿色环保

《中国制造 2025》作为我国实施的制造强国战略，明确提出了"创新驱动、质量为先、绿色发展、结构优化、人才为本"的基本方针，强调坚持把可持续发展作为建设制造强国的重要着力点，走生态文明的发展道路。

长飞光纤潜江有限公司在国内率先实现 OMCTS 制棒应用，实现了 OVD 沉积无氯环保工艺，践行了绿色制造方针，打造了循环经济。长飞科技园毗邻江汉盐化工业园，预制棒生产原料来自江汉油田盐化总厂离子膜烧碱工艺生产的氢气、氯气、烧碱，预制棒生产副产物返回盐化总厂循环利用，实现了传统工业废气废液的循环利用和废弃物零排放。

4.3 智能化

长飞光纤潜江有限公司推进智能制造，以数据化、自动化为指导思想，实现工艺流程高效节能。采用先进制造技术和自动化技术，提升了光纤预制棒生产阶段信息化管控、物流仓储自动化、实施系统集成中央管理，实现光纤预制棒生产制造全过程可视化管理，产品信息全流程信息自动采集可追溯，建设成高度自动化的智能制造车间。

5. 结束语

各类工艺各有优缺点，相互之间不能完全替代，而是可以互为补充。VAD+OVD 技术可提高光纤预制棒制造效率，有效降低生产成本。MCVD 制造效率低，当前仅用于制造特种光纤。PCVD 因其具备折射率分布控制更精确以及加工灵活性更大的优势，更符合市场发展需要，成为 5G 周期主流光纤预制棒制造技术。

近年来，国内光纤价格仍然在低位波动，但是光纤预制棒的需求将长期存在且稳步增长，预制棒制造技术的进步使制造成本不断降低。光纤预制棒的技术发展趋势是大尺寸、高速率、绿色环保、智能化。高速率的多种工艺配合，将走出一条绿色发展、结构优化的可持续发展道路。

参考文献

[1] 黄本华,洪留明,王正江,冯术娟. 浅谈我国光纤预制棒产业的现状与发展[J]. 光纤与电缆及其应用技术, 2013（03）.

[2] CRU's Optical Fiber &.Fiber optic Cable Monitor. 2019.

[3] 黄本华,洪留明,王正江,冯术娟. 浅谈我国光纤预制棒产业的现状与发展[J]. 光纤与电缆及其应用技术, 2013（03）

[4] 罗双云,邱玲,白丽娜. 一种提高八甲基环四硅氧烷收率的生产方法［P］. 江西：CN104497035A,2015-04-08.

[5] 谢文龙,田国才,王友兵,肖华. 环保型光纤预制棒制造工艺的研究［J］. 现代传输,2017（03）:71-74.

[6] ChOI J, LEE T K, PARK S G, et al. Formation of Optical Fiber Preform Using Octamethylcyclotetrasiloxane[J]. Korean Journal of Materials Research, 2018, 28（1）: 6-11.

作者简历

兰小波，长飞光纤光缆股份有限公司集团创新中心总经理，在光纤、光纤连接器等方面颇有研究并拥有多项发明专利，有多篇论文在国内外著名期刊发表。

C+L波段超大容量通信单模光纤的研究
Research on C + L Super-capacity communication Single-mode Fiber

陈 伟

陈 伟 张功会 李永通 罗 干

江苏亨通光纤科技有限公司

摘 要：针对大容量通信对光纤传输带宽提升的迫切需求，本文提出了拓展L波段通信的基本路径，研究了不同截止波长、不同波导结构的产品、涂覆材料等对G.652.D光纤在C波段和L波段上衰减性能的影响。试验分析表明，优化波导结构、调整截止波长可以适当优化G.652.D光纤在C和L波段的衰减平坦特性，降低C波段与L波段的衰减系数差值，这有助于对现有G.652.D光纤产品进行技术迭代，如将该C+L波分复用大容量光纤进行推广应用，将大大有利于光纤通信系统的未来扩容与升级，对于提升光纤通信系统的容量具有前瞻性的重要价值。

关键词：大容量通信，C波段，L波段，衰减平坦，C+L波分复用

1. 引言

随着数据流量与信息消费对网络传输容量和传输速度要求的提高，光纤通信正向着超大容量、超高速率、超长距离的技术进行迭代与演进。作为光信号传输主要介质的光纤材料在系统中发挥着核心作用，光纤是大容量高速率光纤通信技术发展的关键传输载体。DWDM密集波分复用技术的诞生大大提高了光纤的通信容量，而采用该技术去提升光纤的通信容量可以从3个途径进行[1]：第一是增加光纤的波分复用的信道数目，第二是提高单个信道的传输速率，第三是提高光谱效率。由于受光纤材料特性和光学设备性能限制，目前单纯地提高单个信道的传输速率已愈发困难，因此提高光纤通信容量的有效办法就是提高光纤的波分复用的信道数目。由于受光纤自身的色散性能和通信光源谱宽的制约，依靠降低信道间隔的方法来提高信道数也越来越有限[2]，增加波分复用的信道数目可以通过拓宽光纤的有效波段的宽度来实现[3]。

随着5G通信技术的逐渐成熟及推广应用，光纤通信技术已经向超大容量通信方向不断发展[4]，工业和信息化部已明确提出要加强超宽带创新能力建设。本文主要以G.652.D单模光纤作为主要研究对象，重点探究光纤截止波长、不同产品类型、涂料类型等对光纤在C波段与L波段上衰减性能的影响。

2. 单模光纤在 C+L 波段的衰减特性

从目前通信用 G.652.D 单模光纤的波长 - 衰减损耗示意图（图 1），可以看出 G.652.D 单模光纤在 L 波段（1 565nm~1 625nm）的衰减系数有明显的升高趋势，且斜率随着波长增大而呈现逐渐上升的趋势。

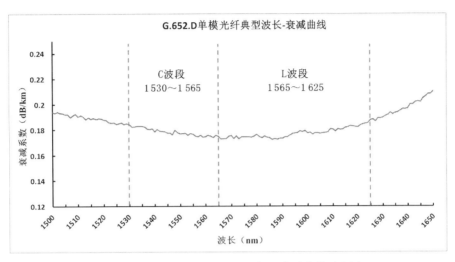

图 1　G.652.D 单模光纤典型波长 - 衰减曲线示意图

为拓宽现有单模光纤的通信带宽与传输容量能力，需要在保持 C 波段的低损耗外，再开发在 L 波段同样具备与 C 波段衰减水平相当的光纤新产品（C+L 光纤），从而为实现超宽带大容量通信提供基础支撑。这就需要根据 G.652.D 单模光纤在 C 波段及 L 波段上的衰减特性，探索新一代 C+L 波段衰减损耗平坦光纤。

C+L 波段光纤产品典型谱损曲线（该光纤属于 G.652 类光纤）如图 2 所示。由图 2 可看出，C+L 波段大容量通信光纤产品的 C+L 波段衰减具有在 L 波段衰减升高相对平缓的特性。

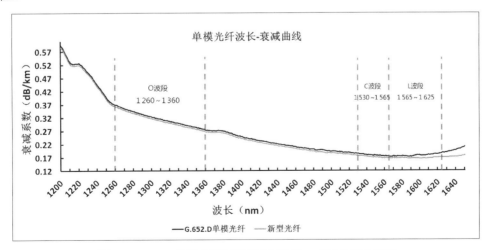

图 2　G.652.D 单模光纤与新型光纤波长 - 衰减曲线示意图

通过研究大量 G.652.D 光纤的波长-衰减曲线特性,从统计学理论初步界定 C+L 波段大容量光纤产品范围。根据最小值统计结果(如图 3),本试验被测光纤批量样品统计最小衰减窗口均值为 1 570.2nm,最小值衰减波长的中位数为 1 573nm。按上下四分位数为 1 569nm～1 579nm 的范围,因此建议以 1 570nm 窗口衰减值为基准,C 波段和 L 波段各波长衰减的最小值与 1 570nm 窗口衰减值水平相当,可以初步探索并逐渐评估出 C+L 波段大容量通信光纤产品的技术标准。

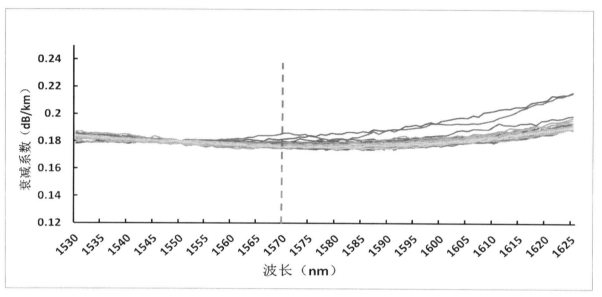

图 3　G.652.D 单模光纤 C 波段与 L 波段波长 - 衰减曲线

3. 不同因素对光纤 C 波段和 L 波段的影响

本文研究了不同光纤参数、原材料类型、产品类型等因素对 G.652.D 光纤在 C 波段和 L 波段在性能的影响。

3.1 光纤截止波长参数对 C 波段和 L 波段的影响分析

3.1.1 光纤截止波长对 C 波段衰减的影响

按照光纤截止波长数据间隔 20nm 为标准选取部分 G.652.D 光纤进行 C 波段波长 - 衰减测试(图 4),对比分析 C 波段衰减数据极差(即 C 波段各波长衰减系数最大值与最小值差值,$\triangle \alpha_C$)及 C 波段中衰减系数最大值与 1550nm 波长衰减差值($\triangle \alpha_{C-1550}$),结果显示:不同截止波长下,C 波段衰减系数随着波长的增加逐渐降低;当 G.652.D 光纤截止波长为 1300nm 时,光纤 C 波段的 $\triangle \alpha_C$ 和 $\triangle \alpha_{C-1550}$ 均相对较小,分别为 0.0068dB/km 和 0.0042dB/km;但从数据上看,各截止波长衰减极差变化相对较小,一般在 0.001dB/km 左右。

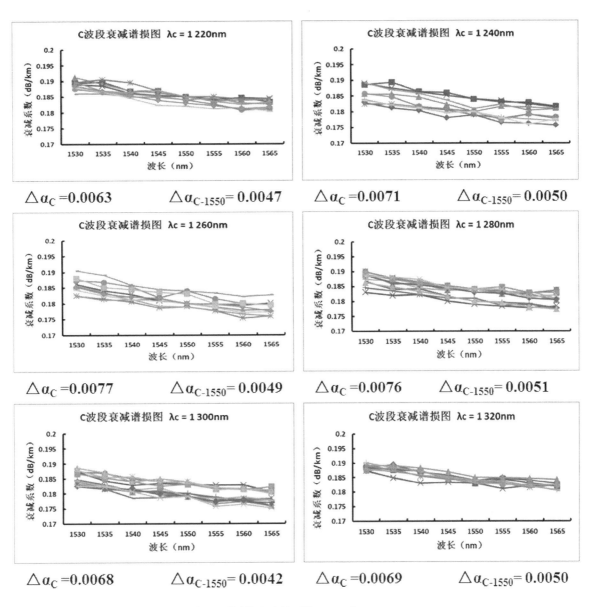

图 4 不同截止波长下的 $\triangle \alpha_C$ 和 $\triangle \alpha_{C-1550}$

3.1.2 光纤截止波长对 L 波段衰减的影响

按照截止波长数据间隔 20nm 为标准选取部分 G.652.D 光纤进行 L 波段波长 - 衰减测试（图5），对比分析 L 波段衰减数据极差（即 L 波段各波长衰减系数最大值与最小值差值，$\triangle \alpha_L$）及 L 波段中衰减系数最大值与 1 550nm 波长衰减系数差值（$\triangle \alpha_{L-1550}$），结果显示：不同截止波长下，L 波段衰减系数随着波长的增加逐渐升高；当 G.652.D 光纤截止波长为 1 260nm 时，光纤 L 波段的 $\triangle \alpha_L$ 和 $\triangle \alpha_{L-1550}$ 均相对较小，分别为 0.0148dB/km 和 0.0113dB/km；但相比 C 波段衰减极差 $\triangle \alpha_C$ 和 $\triangle \alpha_{C-1550}$ 而言，L 波段衰减极差 $\triangle \alpha_L$ 和 $\triangle \alpha_{L-1550}$ 均有约 50% 增幅。

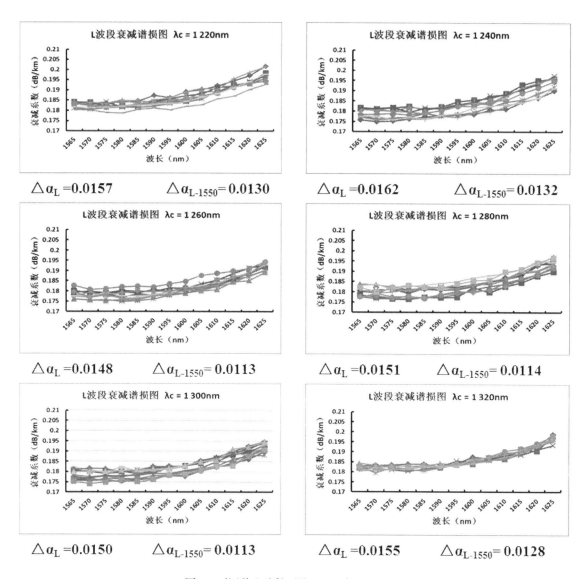

图 5 不同截止波长下的 $\triangle \alpha_L$ 和 $\triangle \alpha_{L-1550}$

3.1.3 C 波段和 L 波段衰减与最低衰减差值分析

按照截止波长数据间隔 20nm 为标准选取部分 G.652.D 光纤进行 C 波段和 L 波段波长 - 衰减测试（图 6），从数据可以看出，C 波段最大衰减系数在 1 530nm 波长处，而 L 波段最大衰减系数在 1 625nm 波长处；对比分析 C 波段和 L 波段中 1 530nm 和 1 625nm 波长相对 1 570nm 的衰减差值（分别用 $\triangle \alpha_{1530}$ 和 $\triangle \alpha_{1625}$ 表示），可以分别代表 C 波段最大值和 L 波段最大值与 1 570nm 处衰减系数的差值。结果显示：不同截止波长下，C 波段和 L 波段整体衰减系数随着波长的增加呈先降低后升高的趋势，且波长衰减系数在 L 波段升高的趋势较 C 波段更快；当光纤截止波长 $\lambda c=1\,300$nm 时，G.652.D 光纤 C 波段和 L 波段相对 1 570nm 处衰减差值出现最小值，分别为 0.0097dB/km 和 0.0143dB/km。两者仍有一定差距，需要进一步优化光纤结构及生产工艺。

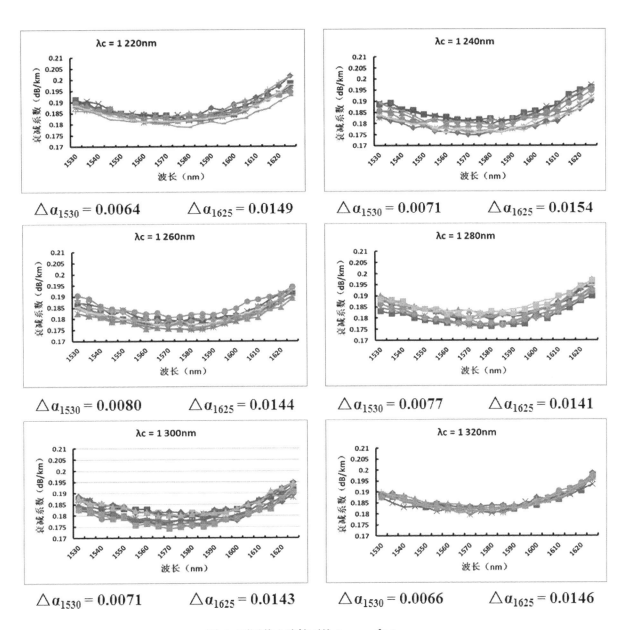

图 6　不同截止波长下的 $\triangle \alpha_{1520}$ 和 $\triangle \alpha_{1625}$

3.2 不同涂覆材料对光纤 C 波段和 L 波段的影响

选取使用不同模量涂覆材料生产的光纤进行测试（图 7），其中涂料 1 为常规涂覆材料（内涂特定模量约 1.2～1.4MPa），涂料 2 为抗微弯改善涂覆材料（内涂特定模量约 0.5～1.2MPa）。从图 7 数据可以看出：在差值平均值上，涂料 1 与涂料 2 在 C 波段和 L 波段上的平均值相差不大；但在 C 波段和 L 波段衰减系数最大值上，涂料 2 相对涂料 1 的波长衰减系数有所降低。说明内涂特定模量较小的涂覆材料对光纤在 C+L 波段衰减情况具有一定的改善效果。

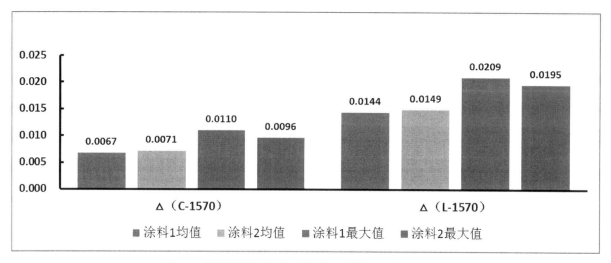

图7 不同模量涂覆材料对光纤C波段和L波段的影响

3.3 不同产品类型的光纤C波段和L波段的影响

选取不同类型的光纤产品（G.652.D 光纤和 G.654.E 光纤）进行测试（图8），结果显示，不同厂商的 G.652.D 光纤曲线基本保持一致，而 G.654 光纤在 L 波段翘起更快：G.654.E 光纤在 1610nm 以后斜率明显增大（相同波长下每增加 10nm 波长，G.654.E 光纤衰减值较 G.652.D 光纤衰减增幅高 0.0012dB/km）。

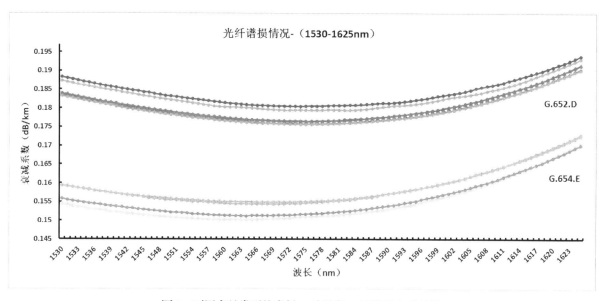

图8 不同产品类型的光纤C波段和L波段的衰减特性

3.4 不同厂商的光纤C波段和L波段的基本情况

课题组对比了不同厂商生产的相同类型光纤的数据（图9），在相同截止波长情况下，不同厂商光纤在相同C+L波段表现出的衰减及变化情况有所不同，这可能与各厂商光纤结构设计及相关工艺存在差异有关。因此，如何评估不同厂商之间的波段表现差异性，仍需要进一步深入探索。

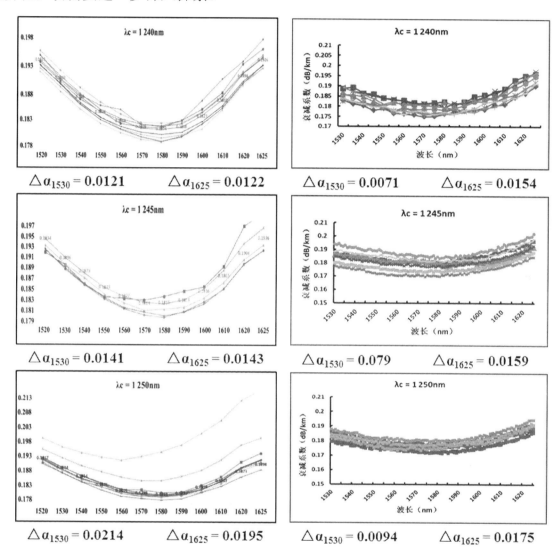

图9 不同厂商光纤C波段和L波段衰减系数情况

4. 结论

本文提出了拓展L波段通信的基本路径，研究了不同截止波长、不同波导结构的产品、涂覆材料等对G.652.D光纤在C波段和L波段上衰减性能的影响。试验分析表明，优化波导结构、调整截止波长可以适当优化G.652.D光纤在C和L波段的衰减平坦特性，降低C波段与L波段的衰减系数差值，这有助于对现有G.652.D光纤产品进行技术迭代；如将该C+L波分复用大容量光纤进行推广应用，将大大有利于光纤通信系统的未来扩容与升级，对于提升光纤通信系统的容量具有前瞻性的重要价值。

参考文献

[1] 余少华，何炜. 光纤通信技术发展综述[J]. 中国科学：信息科学，2020，50（09）：1361—1376.

[2] 刘博，李丽楠. 大容量光传输系统发展现状[J]. 科技导报，2016，34（16）：20—33.

[3] 吕向东，梁雪瑞，喻千尘，马卫东.光通信技术研究现状及发展趋势[J].电信科学，2019，35（2）：70—78.

[4] 谈仲纬，吕超. 光纤通信技术发展现状与展望[J]. 中国工程科学，2020，22（3）：100—107.

作者简介

陈伟，博士、教授级高工，享受国务院政府特殊津贴，江苏亨通光纤科技有限公司总经理。作为课题负责人先后承担或主持国家强基工程 1 项、国家"973"计划 2 项、国家"863"计划 3 项，拥有授权发明专利 36 项、PCT2 项，参与制定国家标准 4 项、行业标准 6 项、军标 7 项，发表学术论文 30 余篇。

张功会，硕士，江苏亨通光纤科技有限公司研发模块经理。从事超低损耗光纤、超弯曲不敏感光纤、超大容量通信用新型光纤等产品的研究和应用，先后承担了 10 余项国家和省市科技项目，累计申请专利 22 项，制定企业标准 8 项，参与发表国内外科技论文 12 篇。

张功会

李永通，硕士，江苏亨通光纤科技有限公司研发工程师。主要研究方向为新型通信光纤的研发与应用，尤其是超低损耗光纤及超大容量通信用新型光纤的研究开发。参与多项国家和省部级科技项目，发表多篇科技论文，申报发明专利 4 项。

李永通

罗干，硕士，江苏亨通光纤科技有限公司研发工程师。主要研究方向为超低损耗大有效面积光纤及超大容量通信用新型光纤的研发、光纤的可靠性测试研究等。参与多项国家和省部级科技项目，发表多篇科技论文，累计申请专利 30 余项。

罗 干

高环境稳定性空心光子带隙光纤的制造工艺研究与性能分析
Fabrication and performance analysis of hollow photonic band gap fiber with high environmental stability

杜 城

杜 城[1] 李 伟[1] 罗文勇[1] 高福宇[2] 柯一礼[3] 邵 帅[3]
1. 烽火通信科技股份有限公司
2. 北京航空航天大学仪器科学与光电工程学院
3. 锐光信通科技有限公司

摘 要：空心光子带隙光纤（Air-Core Photonic-Bandgap Fiber, PBF）是基于包层空气孔结构在石英玻璃柱状体中形成周期性结构，且纤芯为空气孔的光子晶体光纤。由于光子带隙光纤独特的材质与结构，其克尔效应、瑞利背向散射效应、法拉第效应和舒珀效应在其空气芯结构中比常规光纤石英芯区材料中低，尤其在高精度光纤陀螺较长光路应用条件下，能够使系统实现较高的性能与稳定性。

文章提出了一种适用于光纤陀螺仪的中空光子带隙光纤结构，并基于专属装备改进与技术创新迭代，研究形成了高结构完整性的光子带隙光纤研制工艺，使烽火实现了损耗小于20dB/km的光子带隙光纤的自主研发；并在此基础上开展了光子带隙光纤光学特性随径向压力及轴向拉力作用的变化特性研究，选择了契合中空带隙光子晶体光纤的绕环工艺，对应光子晶体光纤环经系统验证，静态精度达 0.4°/h (10s)，表明采用该结构空心光子带隙光纤研制的光纤陀螺具备良好的环境稳定性。本研究为极端环境下的光纤传感提供了理想的敏感光纤。

关键字：光子晶体光纤，光纤陀螺，中空带隙，高稳定性

1. 引言

惯性导航技术具有自主性好、信息全面、实时连续及抗干扰能力强的优点，已成为海陆空天各类运动载体导航、姿态控制和定位定向等传感的核心技术，而陀螺则是惯性导航系统的核心器件。在目前可选的陀螺种类中，光纤陀螺最具发展潜力，已经成为我国大部分卫星和飞行器的主流选择。光纤陀螺内部结构无活动部件，理论上具

有高精度、高可靠性、长寿命等优点，但在辐照、温度和磁场环境下性能劣化和可靠性降低的问题使得其优点无法发挥，成为严重制约陀螺应用的"瓶颈"，急需突破。究其原因，是因为目前光纤陀螺采用石英基保偏光纤，纤芯和包层掺杂 Ge、B、P 等元素，由于元素自身及掺杂均匀性导致光纤对辐照、温度和磁场敏感，从而使光纤在外界环境作用下损耗增大、吸收/透射谱以及双折射等光学性能变化和机械强度降低，导致光纤陀螺精度劣化和使用寿命下降，甚至失效。采取金属屏蔽、温控等被动防护措施能够在一定程度上减缓、降低环境对陀螺性能的影响，但抑制效果有限且会增加体积、重量、功耗、成本。提高光纤环境适应性是提高光纤陀螺性能最根本的技术途径，是突破陀螺深空应用"瓶颈"的核心和基础，空芯光子带隙光纤为解决上述问题提供了可能。

空芯光子带隙光纤是近年来提出的一种新型特种光纤，具有基于光子带隙效应的导光机制与传输特性。它的纤芯是空气孔，包层是多层周期性排列的空气孔阵，光被限制在纤芯空气孔中进行传输（而传统光纤的光波模是在实心的石英纤芯中传输的），因此克尔效应、瑞利背向散射效应、法拉第效应和 Shupe 效应远低于传统光纤。因此，利用空芯光子带隙光纤作为光纤陀螺的敏感光纤，能有效降低辐射、温度和磁场等外界环境变化对陀螺性能的影响，从根源上提高光纤陀螺的环境适应性。

本文根据本单位的技术特点，针对目前空芯光纤结构和制备存在的问题，通过建立空芯光子带隙光纤有限元模型，从光子带隙特性、损耗特性和偏振特性进行多维度分析。文章提出了一种适用于光纤陀螺的空心光子带隙光纤结构设计，并介绍了一种原创性的单步法制备空芯带隙光子晶体光纤的工艺方法。在此基础上，开展了光子带隙光纤预制棒的不同处理对光纤衰减的影响的研究，并通过系统性的工艺验证，成功制备出契合光纤陀螺绕制需求的高环境稳定性空心光子带隙光纤，光纤衰减小于 20dB/km。研究团队采用该空心带隙光子晶体光纤，进行了 300 米脱骨架光纤环绕制工艺研究与优化，实现了基于该光子带隙光纤环装备的光纤陀螺的性能验证。

2. 空芯带隙光纤结构设计

目前商用光子带隙光纤损耗大且存在严重的交叉耦合[1]，无法满足光纤陀螺的需求，需针对光子带隙光纤结构进行设计。光子带隙光纤中出现严重的偏振交叉耦合，其根本原因是由于拉制和设计的不完善，导致此类光纤的中空纤芯存在残余椭圆度。该椭圆度导致了光子带隙光纤中存在两个正交的偏振模式，并且折射率不同，从而产生了双折射，而该椭圆的不均匀导致了强烈的偏振交叉耦合。为了减小光子带隙光纤的偏振交叉耦合，可以尽可能减小光纤纤芯椭圆度，以保证六重对称性。本论文参考其他科研团队的研究成果[2]，并结合大量数据的模拟计算，优化了模拟的带隙光纤的设计结构，如图1所示。

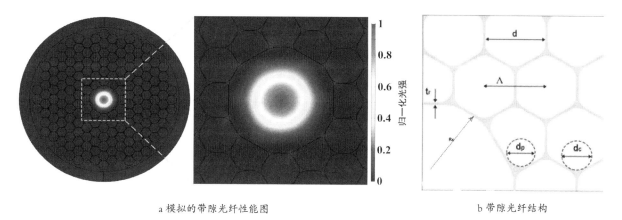

a 模拟的带隙光纤性能图　　　　　　　　b 带隙光纤结构

图 1　结构示意图

根据上述结果，综合对光子带隙光纤的光子带隙设计、损耗特性及偏振特性研究，确定了光纤结构参数设计结果，如表 1 所示；对应光子带隙光纤制备工艺研究，将以此设计参数作为结构目标。

表 1　优化设计得到的光子带隙光纤几何参数

几何参数	t_r	Λ	d_c	d_p	R_c	d	涂覆层直径
数值（μm）	0.116	4	2.21	0.459	5.82	3.892	240~260

3. 空芯光纤预制棒制备工艺
3.1 毛细管的制备

传统的方法如图 2 所示采用两步法，制备毛细管后堆积成预制棒拉成中间体，再进行套管制备光纤；如此一来拉制光纤时光纤在预制棒的外径较细（一般≤15mm），因此单位长度能够拉制的长度有限，且光纤轴向均匀性也受到了较大的限制，将导致各批次中间体存在差异性，各批次光纤的性能也参差不齐，不适合于广泛的生产运用。

本文通过工艺装备优化与匹配工艺研究，在常规两步法的基础上进行工艺改进。采用原创性的新型一步法制备空芯带隙光纤，通过专属定位平台及匹配的在线固化工艺技术，能够实现毛细管精确定位与同步洁净，且在全部结构定位完成后在定位平台进行辅助材料的固化，以实现同样采用毛细管堆积方法达成空芯带隙光纤预制棒的制备。

因毛细管的均匀性直接影响带隙光纤预制棒的性能，制备过程中采用德国 HERAEUS 生产的 F300 管材作为母管进行毛细管的拉制，其原始尺寸为 50mm×2.5mm（外径 × 壁厚）。为了确保毛细管制备过程中所有毛细管在原始的占空比基础上不会有过大变化，经过大量的实验优化，最终选择拉制功率 48%，所得毛细管占空比跟母管

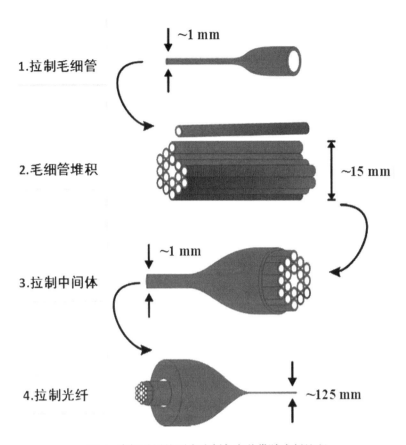

图 2　常规采用的两步法制备空芯带隙光纤流程

无差别，并且毛细管的外径均匀性偏差可控制在 5% 以内。

3.2 预制棒堆积预处理

图 3a 是最终采用制备的各种尺寸的毛细管堆积的空芯带隙光纤的预制棒，各毛细管尺寸见图 3b。

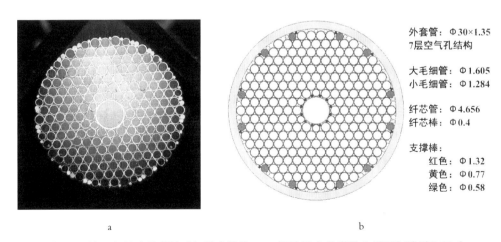

图 3　a. 堆积好的空芯带隙毛细管束结构　b. 设计的空芯带隙光纤预制棒详细尺寸

由于在毛细管制备、切割、堆积过程中不可避免存在毛细管表面或者内壁划伤，并且毛细管在清洗过程中表面会引入大量的羟基，而目前通常认为带隙光纤内孔壁的粗糙度以及预制棒的羟基含量，是带隙光纤衰减较大的重要原因之一。

研究团队在毛细管堆积好后，将其整体套入外径35mm内径26.3mm的套管中，对毛细管束进行了内外壁粗糙度以及表面羟基集团进一步的工艺处理。具体的处理方式是将预制棒整体放置在可移动的氢氧焰上，保持氢氧焰中心温度在1 200℃，氢氧焰灯的移动速度10cm/min，堆积好的预制棒持续通入流量为50sccm的氯气；氢氧焰灯如此来回移动处理30min，对两根同样材料制备的预制棒进行工艺对比试验，其中一根进行上述处理，一根不进行处理。如图4所示，对两根预制棒里面取出的毛细管进行原子力显微镜测试，可以明显观测到相关处理工艺能够显著改善毛细管内外壁的粗糙度和表层依附的羟基集团[3]。

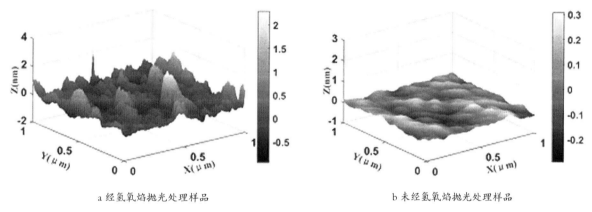

a 经氢氧焰抛光处理样品　　　　　b 未经氢氧焰抛光处理样品

图4　毛细管粗糙度测试结果

4. 空芯光子带隙光纤拉制与测试

研究团队采用新型一步法拉制空芯带隙光纤，因而光纤的拉制过程不涉及具体的气压控制，光纤的拉制相对于常规文献报道的更简单[5]。在实际拉制带隙结构调整过程中，须关注光纤直径、拉丝速度、功率及拉纤张力等参数，其变化关系如图5所示。可见影响带隙结构完整性保持的诸多拉丝工艺因素中，张力与光纤直径的关系微弱，与速度关系相对明显，与拉丝功率相关性较大[4]。

在开展相关因素研究基础上，实际光纤拉制过程中，采取实时截取光纤端面测量其结构尺寸来调整光纤的拉制工艺参数，经过系统性优化后，光纤结构达到设计尺寸时的工艺条件为：拉丝功率17.4kw，拉丝速度178.5m/min。

实验制备空芯带隙光纤的截面图如图6所示。对所拉制的光子带隙光纤进行了测试，其透射谱如图7所示，光纤最低损耗约为20dB/km，并且将测试的衰减图谱跟设计图谱进行了比较，光纤的衰减曲线较好地符合了原始的设计。

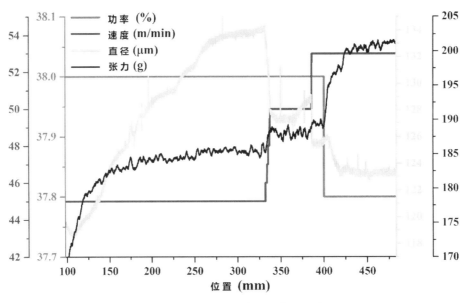

图5 光纤拉制过程中参数变化曲线

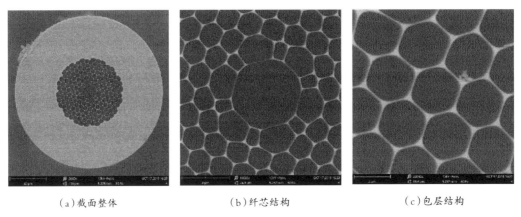

（a）截面整体　　　　　　（b）纤芯结构　　　　　　（c）包层结构

图6 光子带隙光纤结构

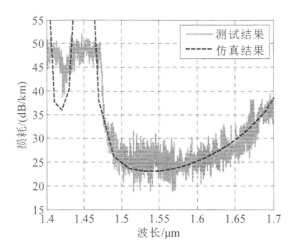

图7 光子带隙光纤透射谱测试

同时我们也对图 4 b 中未进行抛光处理的带隙光纤预制棒进行了拉制实验，光纤拉制实验条件采用跟上文同样的参数，成功拉制出了结构较为完美的带隙光纤；同样对光纤的端面进行了电镜测试以及损耗测试，测试发现光纤的结合机构尺寸几乎毫无差异，但光纤的损耗如图 8，在 1 550nm 附近却增长到了 40dB/km。

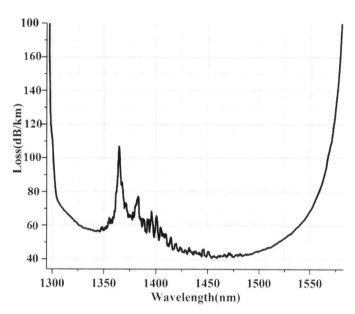

图 8　未做抛光处理预制棒拉制光纤的透射谱

5. 空芯光子带隙光纤环绕制与性能验证

基于传统光纤绕环技术，团队开展了外应力对光子带隙光纤光传输特性的影响研究，并选择合适的绕环张力、绕制速度、胶体材料匹配等，实现了基于带隙光纤的光纤环绕制。

通过测试光纤环圈的损耗、传输窗口、温度等特性来衡量绕制效果，并进行了系统层面的光纤陀螺性能对标研究，对应基于本研究制成的空心带隙光纤制作的光纤陀螺的静态精度指标为 0.4°/h（10s），如图 9 所示。

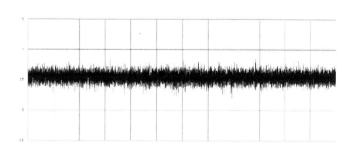

图 9　空心光子带隙光纤环静态测试曲线

6. 结论

本文从高环境稳定性空心光子带隙光纤结构设计出发，通过采用全新的制备方法简化了带隙光纤的制备工艺，制备了 7 芯陀螺用空芯带隙光子晶体光纤，并且搭建了空芯带隙光纤预制棒的定型平台与抛光处理平台，实现了契合光纤陀螺应用需求的低衰减高环境稳定性空心光子带隙光纤研制的目标，且对研制的空心带隙光纤应用特性进行了验证研究，能够实现较好的系统应用性能，为我国自主研制性能优良的空芯带隙光纤打下了良好的工艺研究基础，并且为我国空芯带隙光子晶体光纤陀螺的发展提供了核心和原材料器件，在航空航天、军用惯导、汽车导航、船用通导等诸多领域拥有广泛应用前景。

参考文献

[1] 戴娟. 光子带隙型光子晶体光纤及其应用的研究[D]. 北京邮电大学, 2009.
[2] 程胜飞. 空芯光子晶体光纤的制备研究[D]. 华中科技大学, 2012.
[3] 李彦, 王旭, 徐小斌, 等. 空芯带隙型光子晶体光纤残余双折射特性研究[J]. 半导体光电, 2016, 37（2）: 207—212.
[4] 王立文. 新型宽带光子晶体光纤的设计与制作研究[D]. 北京交通大学, 2013.
[5] J. C. KNIGHT, T. A. BIRKS, P. S. RUSSELL, D. M. ATHINH. All-silica single-mode optical fiber with photonic crystal cladding[J]. Optics Letters, 1996, 21（19）:1547—1549.

作者简介

杜城，高级工程师，锐光信通科技有限公司总经理，兼任烽火通信科技股份有限公司线缆产出线光纤产品线副总监。参加或主持国家项目 10 余项，包括预先研究项目、工信部工业转型 2025 项目、科技部重点研发专项、国家"973"计划项目、军口"863"计划项目、重点自然科学基金项目等。申请特种光纤相关发明专利 19 项，其中国际专利（PCT）3 项。在国内外核心刊物上发表学术论文 10 余篇，组织起草《双包层铒镱共掺光纤》国家标准，并参与 2 项国家标准和 2 项行业标准的起草。曾获中国通信学会科学技术奖一等奖、湖北省技术发明二等奖、总装备部颁发的军队科技进步一等奖、中国电子学会科技发明二等奖、中国优秀专利奖等奖项及武汉市东湖高新第九批"3551 光谷人才"资助。

李 伟

李伟，高级工程师。主要负责前沿管子晶体光纤的技术开发工作，负责研发的保偏光子晶体光纤达到世界先进水平，并在天舟一号上进行了世界首次太空应用。参加或主持国家项目多项，包括预先研究项目、工信部工业转型 2025 项目、科技部重点研发专项；以第一作者授权发明专利 5 项。曾获中国通信学会科学技术奖一等奖、湖北省技术发明二等奖。

罗文勇

罗文勇，正高级工程师，烽火通信科技股份有限公司线缆产出线研发中心总经理，为武汉黄鹤英才（科技专项）。从事光纤新技术研究15年，相继开发出色散补偿光纤、宽带多模光纤、保偏光纤、系列光子晶体光纤等新型光纤。以第一发明人申请发明专利20余项，主持或作为核心人员参与"973""863"等国家课题20余项。曾获中国专利奖、国家科技进步二等奖、中国通信学会科学技术一等奖、湖北省科技进步一等奖、湖北省技术发明二等奖等。现研究方向为新型光纤光缆技术。

高福宇

高福宇，北京航空航天大学仪器科学与光电工程学院"卓越百人"博士后。长期从事光纤陀螺、光子晶体光纤技术研究，突破了光子晶体光纤设计、研制与应用的关键技术，研制细径保偏光子晶体光纤、低损耗空芯光子晶体光纤、反谐振原子导引光纤等。作为核心人员参与了国家自然基金面上基金与重点基金、国防预研、民用航天等项目研究。

柯一礼

柯一礼，中国信息通信科技集团下属锐光信通科技有限公司技术总监，高级工程师。曾获中国通信学会科学技术一等奖、湖北省技术发明二等奖、中国专利优秀奖等奖项及第十一批"3551光谷人才"资助。从事10余年光纤新产品与新工艺的研究与开发工作，发表各类期刊论文10余篇，参与/主持科技部重点研发专项、重大仪器专项、工信部工业转型升级项目等国家、省市纵向项目10余项，申请国家发明专利40余项，其中PCT专利（授权）2项。主持/参与起草光纤类国标2项、行标3项。

邵 帅

邵帅，锐光信通科技有限公司销售总监。主要负责保偏光纤、掺稀土光纤、光子晶体光纤、掺铒光纤等特种光纤销售工作。从事过光缆工艺、质量、市场、特种光纤销售等相关工作。参与《一种多波段使用的保偏光纤》《一种熊猫型保偏光纤》等10余项专利。带领的销售团队在光纤传感领域、激光领域均取得良好销售成绩。

塑料光纤的研究进展与工业智能化应用
Research progress and industrial intelligent application of plastic optical fiber

储九荣

储九荣　孔德鹏　张海龙　袁　苑　张用志　李乐民　刘中一

四川汇源塑料光纤有限公司

> **摘　要**：塑料光纤因无电磁干扰和辐射、抗干扰能力极强、可靠性和保密性强，光缆具有轻质、柔软、易耦合等特点，被广泛应用于数据通信、工业控制、消费电子、传感器及装饰照明等领域。本文重点介绍了连续反应共挤热扩散法制备GI-POF的工艺；为利用太赫兹波的特性，对用于传输太赫兹波的光子晶体光纤也做了深入研究；此外介绍了塑料光纤通信链路的研究进展和在工业智能化中的应用。
>
> **关键字**：塑料光纤，GI-POF，太赫兹，微结构光纤，通信链路，工业智能化

1. 前言

塑料光纤（Plastic Optical Fiber，POF）也称作聚合物光纤（Polymer Optical Fiber），是以高折射率的高分子光学透明材料作为纤芯，以低折射率的高分子光学透明材料作为包层。POF无电磁干扰和辐射、抗干扰能力极强、可靠性和保密性强，具有轻质、柔软、芯径大易耦合等特点，被广泛应用于工业控制、消费电子和传感器、汽车工业、装饰照明等领域。

梯度型塑料光纤（Graded-Index Plastic Optical Fiber，GI-POF）采用从纤芯到包层折射率逐渐降低的梯度折射率分布，减小了模式色散，解决了阶跃型塑料光纤（SI-POF）带宽低的问题，信号传输带宽在100m范围内可传输2.5Gbit/s。光子晶体光纤有着较大的设计自由度和与传统光纤相比优越的传输特性。光子晶体理论也被充分利用到太赫兹技术中，特别是基于二维光子晶体机理的太赫兹光子晶体光纤，成为太赫兹技术中的一个重要研究方向。

光收发器是塑料光纤通信链路的重要组成部分，由于塑料光纤在工业控制领域的大量应用，四川汇源塑料光纤公司对低速工控光收发器做了重点研究生产，并实现了

2. 塑料光纤及器件的研究进展

2.1 GI-POF 的研究

GI-POF 的结构和传输模式[1]，如图 1 所示，其芯层折射率在光纤中心为最大 n_1，向外沿径向方向逐渐减小，直到包层处折射率为 n_2，折射率剖面分布曲线呈抛物线。理论证明这样的折射率分布可使光纤色散降低到最小，原因是：虽然不同模式（不同频率和波长）的光线以不同的路径在纤芯内传播，但因为光纤的折射率不是一个常数，所以不同模式的光线的传输速度也各不相同。沿光纤轴线传输的光线 1 速度最慢（这里的折射率 n_1 最大，传输速度 c/n_1 最小，c 为真空中光速），但传输的距离最短；光线 3 到达终点的传输距离最长，但其传输速度较快（光线路径上的折射率 n 较小，传输速度 c/n 较快）。最终不同模式的光线到达终点的时间几乎相同，输出光的脉冲展宽不大。当信号传输速率为 2.5Git/s 时，信号传输距离可达 100 m，信息传输容量比 SI-POF 大 100~200 倍，这样既保持了塑料光纤纤芯大的优势，又解决了带宽低的问题。

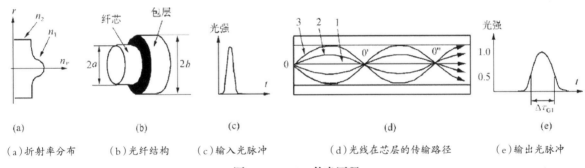

(a) 折射率分布　(b) 光纤结构　(c) 输入光脉冲　(d) 光线在芯层的传输路径　(e) 输出光脉冲

图 1　GI-POF 传光原理

作为 GI-POF 的研究重点——制造工艺研究，应该着重研究解决的问题有：（1）设法降低衰减；（2）精确地控制折射率分布；（3）提高高温、高湿的稳定性；（4）改善弯曲损耗等。

目前，GI-POF 的主要制造工艺有两类：预制棒拉丝工艺和共挤出工艺。预制棒拉丝工艺借鉴了石英光纤的制备工艺，是研究比较成熟的制造工艺；共挤出工艺是一种连续高效的制造工艺，是发展的新热点，也是本文研究的重点。

共挤出工艺是一种连续制造 GI-POF 的工艺，采用连续反应共挤热扩散法[2]，四川汇源塑料光纤公司在实际研究过程中的工艺流程如图 2 所示。

连续反应共挤热扩散法的原料包括主单体甲基丙烯酸甲酯、惰性掺杂剂溴苯、增柔改性剂、引发剂以及链转移剂，各原材料首先需要 1- 提纯，主单体纯度≥99.99%，

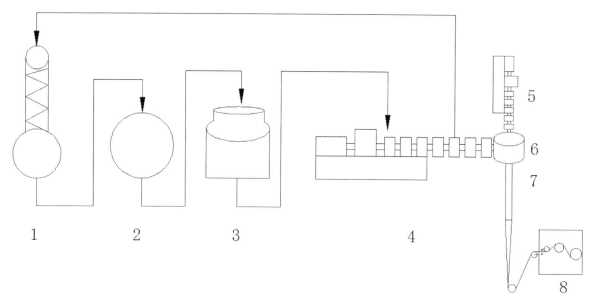

1—原料单体提纯　2—配料混合　3—本体聚合　4—芯层连续反应挤出机　5—包层挤出机
6—双层共挤模具　7—热扩散成型区　8—牵引收线机（含测径仪）

图 2　共挤出工艺流程

其他芯层材料分别提纯，提纯方法为常规的减压蒸馏、过滤等，以除去杂质、提高纯度。提纯后的单体按质量百分浓度进行 2-配料混合，各组分配比为：惰性掺杂剂 3%～20%、增柔改性剂 2%～20%、引发剂 0～0.4%、链转移剂 0～0.6%，主单体余量。混合后的配料输送到一个预聚灌进行 3-本体聚合，本体聚合过程中，预聚灌的温度可以设置 60~160℃，使其预聚转化率达到 10%～50%；之后通过管路输送到 4-芯层连续反应挤出机，继续提高转化率达到 80%～90%，并在连续反应挤出机中脱单挤出。挤出的熔融物与另一台 5-包层挤出机挤出的包层材料在 6-共挤模具中汇合，共挤出形成圆截面的聚合物。聚合物从双层共挤模具出来后，通过一个温度控制 7-热扩散成型区，双层聚合物的外径逐步由大变小，同时折率由内至外逐步随温度扩散，最后通过 8-牵引收线机牵引卷绕上盘，完成生产。热扩散成型区的温度控制在 160~200℃，停留时间 10~20min，以保证掺杂剂扩散所需要的时间。由于挤出物中心惰性掺杂剂浓度最高，根据热扩散的原理，高折射率的掺杂剂小分子从高浓度区向低浓度区扩散，直至光纤冷却，扩散过程停止。通过扩散，掺杂剂浓度形成梯度型分布，如采用 6% 溴苯，可得到中心折射率 n 最大为 1.50 的聚合物，随着掺杂剂在挤出物中沿同心圆截面的径向由内到外的扩散，使原先单一的包层材料聚甲基丙烯酸甲酯 PMMA（折射率 1.49）出现溴苯浓度沿径向从 6% 减为 0，而对应的折射率由 1.50 减为 1.49，并形成均匀的梯度型分布，接近二次抛物线分布。另外，可以把光纤放入大于 80℃ 的烘箱中恒温加热一定时间，进一步加强掺杂剂的扩散，优化折射率梯度分布，使其更接近二次抛物线分布，使带宽更大，达到1GHz·100m。连续反应共挤热扩散法的整个生产过程采用密闭管路系统，最大限度地减少了杂质的进入，提高聚合物的透光率；而通过对转化率、掺杂剂的扩散率、扩散区的温度和长度等因素的调整，能够改变最后得到的掺杂剂浓度梯度，从而获得理想的折射率梯度分布曲线，利于提高光纤的带宽；通过连续稳定生产，可生产出损耗小于0.2dB/m、带宽高于1GHz·100m的GI-POF。

2.2 太赫兹聚合物光子晶体光纤

太赫兹（Terahertz, THz）波是一种频段介于微波和远红外波间（约0.1~10 THz）的电磁波，有高带宽、低能量、相干性等特性，应用潜力巨大。研制高品质太赫兹光纤有助于实现太赫兹系统的轻量化、小型化，推动太赫兹技术的发展。太赫兹光纤的传输损耗主要来自材料吸收，而聚合物材料如高密度聚乙烯（High-density Polyethylene, HDPE）、聚四氟乙烯（Polytetrafluoroethylene, PTFE）、环烯烃聚合物（Cycio Olefins Polymer, COP）/共聚物（Cyclicolefin Copolymer, COC）等在太赫兹波段有高透明特性，是太赫兹光纤的首选基材；光子晶体光纤（Photonic Crystal Fiber, PCF，也叫微结构光纤/多孔光纤）有较大的设计自由度和与传统光纤相比优越的传输特性，故将聚合物光子晶体光纤作为太赫兹波导可实现太赫兹波的有效传输。

THz PCF按结构分为实芯（Solid-core）、多孔芯（Porous-core）和空芯（Hollow-core）三大类，其导光机理各不相同。对前两类光纤来说：（1）若纤芯等效折射率大于包层，导光机理基于全内反射（Total Internal Reflection, TIR）；（2）若纤芯等效折射率小于包层，导光机理基于光子带隙（Photonic Bandgap, PBG）。对空芯PCF，导光机理为PBG或抗共振（Anti-resonances, AR）。

THz PCF的开拓者H. Han等人在21世纪初制造的以HDPE为基材的实芯PCF传输损耗<2.2 dB/cm（0.1~3 THz）[3]，实芯PCF传输损耗可通过低吸收材料的选取降低，但可选种类有限，实芯PCF固有的高传输损耗使其逐渐淡出研究视野。表1为THz PCF近10年研究情况。多孔芯PCF由于纤芯中空气孔的引入减少了传输区域材料，传输损耗降低[4-7, 9-11]。此外可看出对多孔芯PCF，TIR-PCF与PBG-PCF相比传输带宽更宽，因为TIR-PCF是利用高低折射率差形成的全内反射效应导光，包层气孔排列要求宽松，造成其高带宽属性。而PBG-PCF只能传输带隙范围内特定频率的光，包层中光子禁带的形成对气孔排列要求非常严格，导致其窄带宽。更进一步地，研究人员通过特殊设计将THz波限制在空气芯中传输，减少波与材料的相互作用，再次降低了传输损耗[8, 12-14]，空芯PCF的传输损耗与多孔芯相比降低了一个数量级；此外，空芯AR-PCF的带宽较空芯PBG-PCF宽，因为对空芯AR-PCF，满足谐振条件的光会被谐振出纤芯，其他不满足谐振条件的光被纤芯-包层界面反射回纤芯，从而实现光在空芯中的有效传输，而反谐振频谱很宽，造成其高带宽特性。

表1 THz PCF 近 10 年研究情况

剖面结构	传输机理	材料	纤芯直径（um）	带宽（THz）	传输损耗（cm⁻¹）	说明	年份
	PBG	COC	600	0.7~1.4	<0.4	芯中引入多孔，损耗降低	2011[4]
	PBG	COC	800	0.75~1.05	<0.25	采用钻拉工艺实现了近乎完美的孔结构	2012[5]
	TIR	COC	—	0.4~1.5	<0.2	高占空比的设计进一步降低了传输损耗	2013[6]
	TIR	COC	810	0.5~1.5	0.05~0.3	将 THz 波限制在亚波长直径的多孔芯中传输	2013[7]
	PBG	COC	—	1.4~1.6	0.03~0.1	>80% 的能量限制在空气芯中传输	2014[8]
	TIR	PE	—	0.3~1.5	0.025~0.15	引入梯度折射率分布，低损耗的同时降低了模间色散	2015[9]
	TIR	COC	360	0.6~1.5	0.0342	低损耗的同时实现了近零平坦色散	2017[10]
	TIR	COC	432	0.35~1	0.062	引入支撑壁从而构成梯度折射率悬浮芯结构，实现了近零平坦色散	2019[11]
	PBG	COP	—	2.51~2.71	0.0089	THz 波被很好地限制在空芯中，传输损耗大幅度降低	2020[12]
	AR	Clear V4 树脂	300*513	0.29~0.42	<0.0023	部分负曲率	2020[13]
	AR	COC	700	0.2~1	0.009 (0.82 THz)	完全负曲率，带宽进一步提升，同时保持低传输损耗	2021[14]

2.3 POF 光收发器的研究

POF 光收发器是塑料光纤通信链路的重要组成部分，根据应用领域和传输速率划分，可分为低速工控收发器和高速网络通信收发器。

低速工控收发器传输速率为 1~50MBd，650nm 光收发器是市场用量最大的光收发器，传输距离要求在 100m 以内。主要厂商有四川汇源、AVAGO、TOSHIBA、INFINEON、FIRECOMMS 等公司。

近年来，随着智能电力抄表系统的应用需求，日本滨松、爱尔兰 Firecomms、四川汇源相继开发了 520nm 的绿光收发模块，解决了 100m 以上、300m 以内塑料光纤传输距离的需求。

在低速工控收发器方面，5M、10M 国产 POF 光收发器在接收灵敏度和传输距离方面均已达到国际同类产品的先进水平，打破了国外长期垄断的局面。四川汇源收发器与低损耗的塑料光纤光缆配合使用，10MBd 650nm 传输距离可达 150m，10MBd 520nm 传输距离可达 300m；10MBd 650nm 和 520nm 光收发器与 PCF 光缆配合使用，链路传输距离可达到 1 000m。

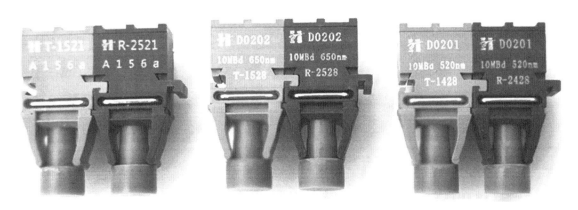

图 3　四川汇源产 HY-1521/2521、HY-1528/2528、HY-1428/2428 光收发器

高速网络通信收发器传输速率为 125Mbps～1.25Gbps，主要厂商有 TOSHIBA、AVAGO、FIRECOMMS、东莞一普。由于高速塑料光纤收发器在局域网通信中的应用量小，并且在芯片设计开发过程中需要投入大量资金，短期内难以产生良好的经济效益，因此国内设计开发高速塑料光纤收发器的企业相对后劲不足。

随着 5G 通信技术、车载网络、工业物联网技术、智能家居的应用发展需求，光收发器将向小型化、低成本、低功耗、高速率、高可靠性与高稳定性的方向发展。国产化或国产替代的机遇给我们打造生态营造了一个好的氛围，同时我们也要通过技术突破和应用创新来把握新兴市场的机遇。

3. 塑料光纤通信链路在工业智能化中的应用

3.1 电力信息智能抄表系统

目前电力信息智能抄表的主要方式有低压电力载波、RS485 总线通讯、微功率无线通讯技术等，但这些抄表方式的实时性和可靠性不理想。塑料光纤是一种可用于通信线路的新型线缆，具有实时性好、可靠性高、耦合效率高、容量大、重量轻、不受电磁干扰、防雷电、柔韧性好、无需熔接等优异性能，其实时抄表的及时率和准确率可达到 100%[15]。

塑料光纤在电力信息智能抄表系统的应用一般采用全光通信方案，其主回路双芯塑料光纤闭环、次回路单芯塑料光纤串联，方案结构如图 4 所示：需要新增 POF 采集器，更换集中器三相模块为塑料光纤集中器模块，更换电表模块为塑料光纤单相模块，这些仪器模块内置 POF 光收发器，以双芯闭环塑料光纤连接集中器和采集器，以单芯塑料光纤连接采集器和连接表箱所有电表。采集器、表模块具有自动中继功能，支持两级塑料光纤的故障定位、电表档案自动生成纠错、主回路光纤支持单点失效保护（任意一点光纤失效，不影响抄表功能），次回路支持任意两点光纤连接的故障指示。

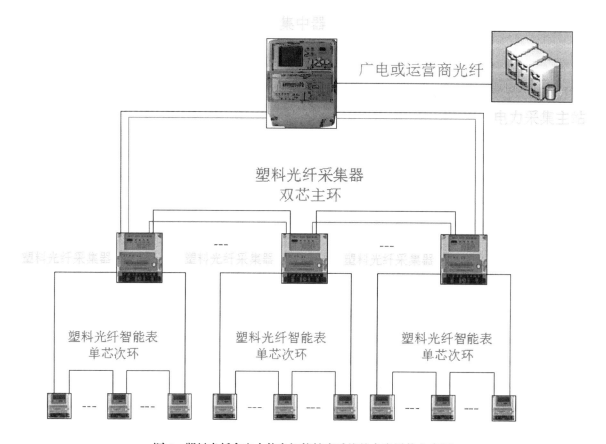

图 4 塑料光纤在电力信息智能抄表系统的全光通信方案图

自2012年以来，中国电科院用电所在北京、广东、四川、重庆、广西、陕西等省进行基于塑料光纤的电力信息智能抄表试点应用，运行至今，抄收稳定、可靠、快速，一次抄收成功率均为100 %，取得了很好的运行效果；而贵阳供电局的试点工程[16]，以最高0.6s/次的采集频率进行了100万次不间断通讯测试，100%完全成功。如此高的采集频次及通讯成功率是低压电力载波、RS485总线通讯、微功率无线通讯技术所不能比的。

任务名称	电表编号		通信参数		测试次数	成功次数	失败次数	执行进度	成功比率	任务状态	↓|↑
读取正向有功总电能	000000000015										
读取正向有功总电能	000000000001	0	DEFAULT	.	1000000	1000000	0	100%	100%	执行完毕	0|0
读取正向有功总电能	000000000002	0	DEFAULT	.	1000000	1000000	0	100%	100%	执行完毕	0|0
读取正向有功总电能	000000000003	0	DEFAULT	.	1000000	1000000	0	100%	100%	执行完毕	0|0
读取正向有功总电能	000000000004	0	DEFAULT	.	1000000	1000000	0	100%	100%	执行完毕	0|0
读取正向有功总电能	000000000005	0	DEFAULT	.	1000000	1000000	0	100%	100%	执行完毕	0|0
读取正向有功总电能	000000000006	0	DEFAULT	.	1000000	1000000	0	100%	100%	执行完毕	0|0
读取正向有功总电能	000000000007	0	DEFAULT	.	1000000	1000000	0	100%	100%	执行完毕	0|0
读取正向有功总电能	000000000008	0	DEFAULT	.	1000000	1000000	0	100%	100%	执行完毕	0|0
读取正向有功总电能	000000000009	0	DEFAULT	.	1000000	1000000	0	100%	100%	执行完毕	0|0
读取正向有功总电能	000000000010	0	DEFAULT	.	1000000	1000000	0	100%	100%	执行完毕	0|0
读取正向有功总电能	000000000011	0	DEFAULT	.	1000000	1000000	0	100%	100%	执行完毕	0|0
读取正向有功总电能	000000000012	0	DEFAULT	.	1000000	1000000	0	100%	100%	执行完毕	0|0
读取正向有功总电能	000000000013	0	DEFAULT	.	1000000	1000000	0	100%	100%	执行完毕	0|0
读取正向有功总电能	000000000014	0	DEFAULT	.	1000000	1000000	0	100%	100%	执行完毕	0|0
读取正向有功总电能	000000000015	0	DEFAULT	.	1000000	1000000	0	100%	100%	执行完毕	0|0

图5　电力信息智能抄表测试情况

塑料光纤应用于电力信息抄表系统是具有创新性的示范项目，适应国家“低碳、节能、环保”的产业发展方向。

3.2 高压电力电子设备中的应用

塑料光纤连接的发射器与接收器之间没有直接的电连接，这有助于减轻地环路噪声问题，并且可隔离各种电压，以防止相互干扰。塑料光纤的另一特点是不产生附加辐射，对电磁干扰（EMI）不敏感，这将防止光纤干扰临近的导线，并防止临近导线的感应或耦合噪声干扰。因此POF通信链路相对于铜线应用于工业控制系统中具有明显的优势，尤其在高压变频器、高压SVG等高压电力电子设备中应用较多。

图6是典型高压变频器系统[17]，其系统两个主要部分是控制系统和主电路。控制系统包括主控系统、AD采样系统、保护系统和监控系统等，其中主控系统是整个系统的核心；主电路主要由集成门及换流晶闸管（IGCT）的逆变单元构成。光纤通信系统是各子系统之间的纽带，它同保护系统和AD采样系统一样跨越强、弱电区域。在变频器中，PC上位机是人机交互的主要平台，它可以通过光纤通信系统实现对整个变频器

系统的控制；监控系统主要用于对系统的实时监视、显示数据，保证系统的正常工作；主控系统采用多 DSP 结构，是整个系统的控制核心；内部接口系统主要负责接收并处理 AD 采样系统传送过来的数字信号，以及根据主控系统中 DSP 的计算结果，结合自身处理结果，发出 PWM 光脉冲控制主电路的 IGCT；用户 I/O 系统收集并传送各种保护信号，监视驱动电源和直流母线上的短路情况，控制主回路电源的开合等；AD 采样系统负责数据采集并转换成模拟信号，把相关的数字信号经过光纤通信系统发送到内部接口系统；保护系统通过测量故障点获得数据，在发生故障时将故障数据通过光纤通信系统发送至用户 I/O 系统处理，及时采取保护措施。因此，在该变频器中，光纤通信系统是其中很重要的组成部分，系统中的信号都通过光纤通信系统进行传输，包括子系统之间的通讯、IGCT 的驱动以及各种保护信号的传输，这样不仅保证 IGCT 驱动信号和各种保护信号的快速准确传输，而且有效抑制各子系统之间由于强电磁环境造成的通讯干扰。

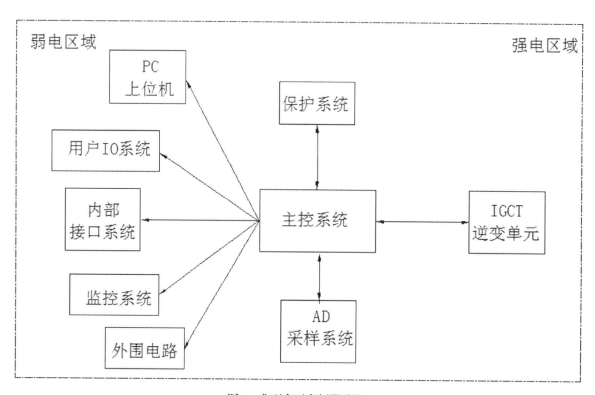

图 6 典型高压变频器系统

高压电力电子设备的控制开关除 IGCT 外，另一种常用控制开关是绝缘栅双极晶体管（IGBT）。在以 IGBT 为控制开关的案例中，塑料光纤通信链路——POF 跳线和 POF 光收发器在控制高电压和电流开关设备中，提供了可靠的控制和信号反馈。

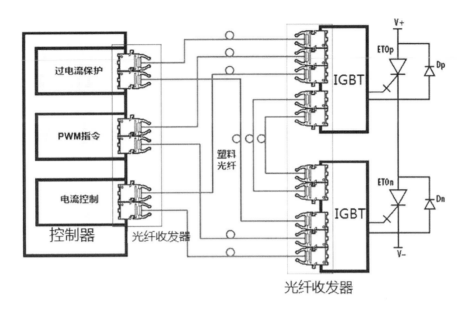

图7　POF 通信链路在 IGBT 中的应用

3.3 汽车多媒体系统中的应用

早在 1998 年，由 BMW、Daimler Chrysler、Harman/Becker 和 OASIS Silicon Systems 建立了 MOST（媒体定向系统传输）标准。MOST 标准针对塑料光纤传输介质而优化，基于光纤的网络能够支持 24.8Mbps 的数据速率，与以前的铜缆相比具有减轻重量和减小电磁干扰（EMI）的优势，专门用于满足要求严格的车载环境。MOST 标准采用环形拓扑结构，各个控制单元之间通过塑料光纤相互连接而形成一个封闭环路，因此每个控制单元拥有两根塑料光纤，一根用于发射器，一根用于接收器，音频、视频信息在环形总线上循环，并由每个节点（控制单元）读取和转发，其应用如图8所示。

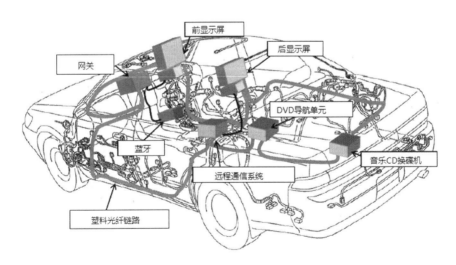

图8　基于塑料光纤的 MOST 标准拓扑结构图

汽车用塑料光纤通信链路由MOST专用塑料光缆配以符合MOST标准的插针、壳体、壳体盖、防尘帽、波纹管等组成，其常用汽车用塑料光纤连接线型号规格如图9所示。

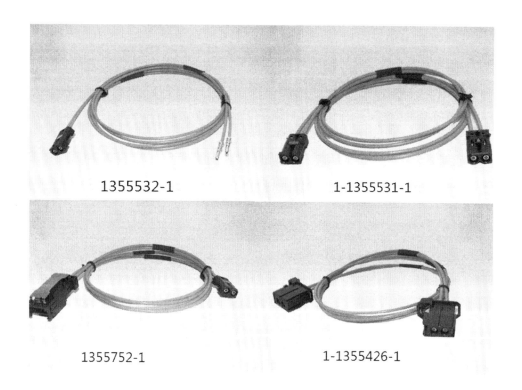

图9　常用汽车用塑料光纤连接线及器件

2017年，IEEE发布IEEE 803.3bv"以太网补充标准：1000Mbps POF光纤的物理层规范和管理参数"，为塑料光纤在千兆领域应用奠定基础。塑料光纤在汽车、工业以及家庭网络连接等短距离应用领域被认为有广泛的市场前景。IEEE指出，塑料光纤在汽车等领域的市场应用近年来不断增长，在一些对电磁环境要求严格的场合诸如工业自动化等领域，塑料光纤也有很大的应用前景。

西班牙塑料光纤通信芯片和模块开发商KDPOF在2020年2月份慕尼黑汽车以太网大会期间，展示了其25Gbps POF汽车用塑料光纤网络连接方案。该公司指出，凭借其EMC特性光纤将是最好的车内网络传输媒介，包括车内的控制模块互联、自动驾驶架构、驾驶员辅助系统、ADAS传感器互联等，未来这一方案有望写入IEEE 802.3的多G比特汽车用光PHY标准。2021年3月，KDPOF宣布推出新型集成光纤收发器（FOT）KD9351，可进一步降低千兆（1Gb/s）车载光学网络的成本。KD9351是一款将发射和接受光电子器件整合至一个组件，尺寸小，可支持100Mb/s甚至1Gb/s的光纤收发器。

基于塑料光纤通信链路的总线系统在汽车应用中有许多优点：POF光缆重量轻，以低成本获得高数据传输速率，抗电磁干扰且传输安全性强，无光纤间串扰，完全电绝缘，无接地回路，操作/连接容易，系统成本低。随着信息娱乐网路和ADAS系统日益增长的需求，塑料光纤通信链路的优势和技术进步，提供了一个可以满足汽车网络不断变化需求的高扩展性和灵活性解决方案。

4. 结束语

基于POF轻质、柔软、易耦合、抗干扰、可靠性和保密性强等特点，作为光纤通讯及光纤广泛用途中的特定补充，塑料光纤也将迎来新的机会：工业控制、消费电子和传感器、汽车工业、装饰照明等领域，随着研究的深入和技术的进步，新的应用和产品不断涌现，POF在整个光纤领域将发挥更加重要和独特的作用，也将具有更广阔的市场应用前景。

参考文献

[1] 郭毅，李庆春，信春玲.梯度折射率分布聚合物光纤制备工艺的进展[J]，中国塑料，2005（05），17~22.

[2] 储九荣，等.连续反应共挤热扩散法制备梯度型塑料光纤的方法[P]，中国专利：200910059259.2,2009-09-30.

[3] HAN H, PARK H, CHO M, et al. Terahertz pulse propagation in a plastic photonic crystal fiber[J]. Applied Physics Letters, 2002, 80（15）: 2634-2636.

[4] NIELSEN K, RASMUSSEN H K, JEPSEN P U, et al. Porous-core honeycomb bandgap THz fiber[J]. Optics letters, 2011, 36（5）: 666-668.

[5] BAO H, NIELSEN K, RASMUSSEN H K, et al. Fabrication and characterization of porous -core honeycomb bandgap THz fibers[J]. Optics Express, 2012, 20（28）: 29507-29517.

[6] 王豆豆，王丽莉.低损耗传输太赫兹波的Topas多孔纤维设计[J]. 红外与激光工程, 2013, 42（9）: 2409-02413.

[7] 马天，孔德鹏，姬江军，等. 环烯烃共聚物多孔太赫兹纤维的设计与特性模拟[J]. 红外与激光工程, 2013, 42（3）: 632-636.

[8] 王豆豆，王丽莉，张涛，等. 低损耗高双折射太赫兹TOPAS光子带隙光纤[J]. 光子学报, 2014, 43（6）: 0606002.

[9] MA TIAN, MARKOV A, WANG LILI, SKOROBOGATIY. Graded index porous optical fibers – dispersion management in terahertz range[J]. Optics Express, 2015, 23（6）: 7856—7869.

[10] ISLAM M S, SULTANA J, ATAI J, et al.. Design and characterization of a low-loss, dispersion-flattened photonic crystal fiber for terahertz wave propagation[J]. Optik, 2017（145）: 398—406.

[11] MEI Sen, KONG De-peng, WANG Li-li, et al. Suspended graded-index porous core POF for ultra-flat near-zero dispersion terahertz transmission[J]. Optical Fiber Technology, 2019（52）:101946.

[12] YAN DEXIAN, MENG MIAO, LI JIUSHENG, WANG LI. Proposal for a symmetrical petal core terahertz waveguide for terahertz wave guidance[J]. Journal of Physics D: Applied Physics, 2020（53）：275101.

[13] 穆启元，祝远锋，薛璐，等. 部分负曲率太赫兹空芯波导研究[J]. 光子学报，2020，49（9）：0923001.

[14] YANG ShUAI, ShENG XINZHI, ZHAO GUOZHONG, et al. 3D Printed Effective Single-Mode Terahertz Antiresonant Hollow Core Fiber[J]. IEEE ACCESS, 2021（9）：29599—29608.

[15] 郝为民.加强塑料光纤技术宣传开拓电力信息传输应用[J].电气应用，2015年增刊，2~3.

[16] 陈波.基于塑料光纤的集抄方案研究[J].工业控制计算机，2019,32（3）:159—160.

[17] 崔志良，赵争鸣，等.高压大容量变频器中光纤通信系统研究[J]. 电工电能新技术，2005,24（4）：72—76.

作者简介

储九荣，博士后，正高级工程师，塑料光纤制备与应用国家地方联合工程实验室主任，四川汇源塑料光纤公司总经理。从事塑料光纤及器件研究20余年，成功研发的低损耗塑料光纤、650nm工控级光收发器件，填补了国内空白，替代进口。承担制订了"通信用塑料光纤"国家通信行业标准，申请发明专利10余项、实用新型专利30余项。先后获得四川省青年科技奖，中国科协、科技部、国家发改委联合评定的"技术标兵"以及成都市"优秀共产党员""五一劳动奖章""人才培养计划""第十批有突出贡献的优秀专家"等荣誉称号。

孔德鹏

孔德鹏，博士，副研究员，硕士生导师。2008年参加工作，先后任中科院西安光机所瞬态光学与光子技术国家重点实验室信息光子学研究室副主任（主持工作）、光子功能材料与器件研究室副主任、特种聚合物光纤方向学科带头人，中国生物物理学会太赫兹生物物理分会委员及集体会员负责人。为美国光学学会（OSA）会员、中国光学学会高级会员、中科院青促会会员。长期致力于特种聚合物光纤和光纤器件方面的研究，主要包含聚合物太赫兹波导纤维、聚合物传像光纤、聚合物光纤面板、聚合物闪烁材料等。在 Optics Letters、Journal of Lightwave Technology、Applied Materials Today、ACS Applied Nano Materials 等 SCI 期刊上发表学术论文30余篇。主持某委"H863"计划项目、国家自然科学基金等国家项目，并为多项国家任务提供关键技术支撑。

张海龙

张海龙，高级工程师。2001年参加工作，任四川汇源塑料光纤有限公司技术研发部经理、副总经理。长期从事低损耗塑料光纤理论、材料与生产技术及应用开发研究，有4项科研项目通过四川省科技厅鉴定，其中"可具色条标识的耐热塑料光纤光缆研制"项目获得成都市科学技术进步奖二等奖和崇州市科学技术进步奖一等奖。累计申请发明专利（实用新型）30项，发表论文10余篇。2020年获成都市"劳动模范"和崇州市"优秀人才"等荣誉称号。

袁苑，女，2015年获得西北大学理学学士学位，目前就读于中国科学院大学，在中国科学院西安光学精密机械研究所攻读博士学位。主要从事轨道角动量光纤通信与太赫兹波导方面的研究。

袁　苑

张用志，工程师。2001年参加工作，任四川汇源塑料光纤有限公司光模块事业部经理。主要研究方向为塑料光纤光收发器的应用开发和质量控制。

张用志

李乐民，中国工程院院士，电子科技大学宽带光纤传输与通信系统技术国家重点实验室教授。为中国通信学会理事、学术工作委员会委员，四川省科学技术顾问团成员，国家教委科技委信息部成员，《通信学报》编辑委员会委员，第六、第七、第八届全国人大代表。1980年4月被评为四川省劳动模范，1989年被评为全国先进工作者，1997年11月当选为中国工程院院士。共发表论文160余篇，出版专著1部，完成10余项重大科研任务，获国家级、省部级奖16项。

李乐民

刘中一，硕士，高级工程师，四川汇源塑料光纤有限公司董事长。为光纤光缆行业知名技术专家与企业家，研发的"SZ绞型光纤带光缆"曾获"国家新产品奖"及国家知识产权局与世界知识产权局联合颁发的"中国专利金奖"。他领导的企业获得国家科技部认定的高新技术企业、四川省"小巨人计划"企业、四川省企业技术中心、成都市46家工业重点优势企业、成都市工业50强、四川名牌产品称号、四川省及成都市科技进步奖等多项荣誉。他研发的通信光缆、电力光缆、带状光缆等产品累计实现销售50亿元以上。

刘中一

硅基光子器件研究进展与发展趋势
Progress and development trend of silicon photonic devices

杨建义

杨建义　张肇阳　叶立傲　刘笑之　苏梁灏　王曰海
浙江大学信息与电子工程学院微电子集成系统研究所
浙江大学现代光学仪器国家重点实验室

摘　要：硅基光子器件因其可实现低成本、高集成度、低功耗和低噪声的片上光学系统，在领域内产生了一场深刻的变革。本文回顾了过去的几年中硅基集成光子基本器件的研究进展，这些工作为大规模、高性能、可实现复杂功能的集成光学系统奠定了基础。

关键字：硅基光子学，光子集成回路，集成光子器件

1. 引言

光子作为新的信息载体成为学术界工业界的关注焦点，其中硅材料的良好特性和CMOS工艺兼容的优势使得硅基光子技术在实现低成本、高传输速率、低功耗的光子集成回路方面具有明显优势。通过近20年高速发展，硅基光子技术从功能器件到集成芯片、从制备技术到封装测试等逐步积累完善，已经开始进入应用。当然，持续指数发展的数字经济对信息技术的需求，使得硅基光子技术必须保持不断提升，以支撑未来应用的需要。

本文主要从功能器件的角度，结合研究进展情况，来分析硅基光子学的发展趋势；这些功能器件包括片上异质集成光源、硅基光学调制器、锗硅探测器、波分复用器、光量子集成、片上非线性等。

2. 硅基集成光子器件
2.1 片上异质集成光源

硅材料的间接带隙结构和晶体中心反演对称性无法实现高效的受激辐射，限制了硅基光电子有源和无源器件的集成化；近年来一系列量子点激光器的突破性工作，展示了量子点激光器在未来科学和商业应用中的前景。2019年加州大学圣巴巴拉分校Jonathan Klamkin课题组实现了硅衬底上直接外延生长的1 550nm电泵浦激光器，室温

下最大连续输出功率为 18mW[1]。同年加州大学圣巴巴拉分校 John E. Bowers 课题组实现了硅衬底直接生长的量子点可调激光器，边缘模式抑制比 >45dB，室温下波长可调范围 16nm，输出功率 >2.7mW[2]。

2.2 硅基光调制器

高速硅基光学调制器由于其低成本、低功耗、集成度高，同时有 CMOS 工艺兼容等特点在工业界和学术界都受到了广泛关注，被广泛应用于数据中心、微波光子、5G 回传等场景。为了满足急剧增长的数据通信带宽需求，基于载流子耗尽型马赫-曾德尔调制器、载流子耗尽型微环调制器、电吸收调制器、铌酸锂薄膜调制器等工作不断涌现，高阶调制格式及相干光探测技术的使用进一步提高了频谱利用率。

载流子耗尽型马赫-曾德尔调制器受制于有限的调制效率导致的模拟带宽和驱动功率间的相互约束，主要采用高阶调制格式加速光通信链路。2020 年 NeoPhotonics 采用载流子耗尽型纯硅 IQ 调制器实现了单波长 120Gbaud QPSK 和 100Gbaud 32-QAM 通信 [3]；同年，McGill 大学 David V. Plant 课题组基于光电共封装多段马赫-曾德尔调制器，采用 80Gbaud PAM-8 首次实现了单波长 240Gbit/s 数据传输，调制器功耗为 73fJ/bit[4]。

载流子耗尽型微环调制器基于谐振腔效应具有更小的器件尺寸及更高的能量效率。2020 年 Intel 展示了具备片上集成光源及共封装 28nm CMOS 驱动的单波长 112Gbit/s PAM4 微环调制器 [5]；同年国家信息光电子中心展示了 67GHz 带宽的硅基微环调制器，$V\pi L$ 仅为 0.8Vcm，同时实现了单波长 200Gbit/s PAM4 光通信链路 [6]。

锗硅电吸收调制器基于 Franz-Keldysh 效应实现信号调制，其较小的尺寸带来了更小器件电容和更低功耗。2020 年贝尔实验室基于锗硅电吸收 IQ 调制器，分别实现了 50Gbaud 16QAM 和 100Gbaud SP-QPSK 信号产生 [7]。当然，电吸收调制器存在适用波长太窄的问题。

铌酸锂材料作为一种低损耗具备强 Pockels 效应的电光材料，被广泛用于光通信系统中。传统的铌酸锂调制器，其波导由体材料扩散掺杂形成，较弱的光场限制难以降低器件尺寸。近年来薄膜铌酸锂调制器逐渐成为高速光调制器实现的又一选项。2018 年哈佛大学报道了 3dB 带宽为 100GHz 的铌酸锂薄膜调制器，其半波驱动电压为 4.4V，波导传输损耗为 0.2dB/cm，器件插入损耗小于 0.5dB[8]。2019 年，中山大学基于硅与铌酸锂混合集成工艺，实现了 3dB 带宽大于 70GHz 的混合集成硅上铌酸锂调制器（如图 1 所示），并实现了 100Gbit/s OOK 及 112Gbit/s PAM-4 信号调制 [9]。

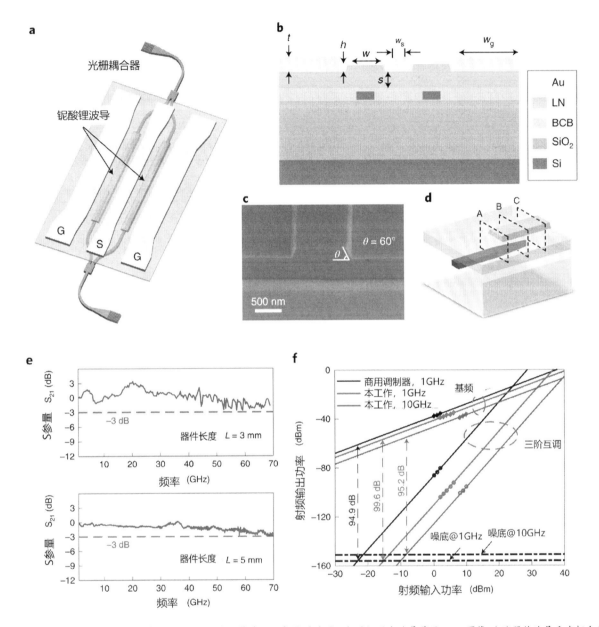

(a)器件整体结构示意图,(b)硅/铌酸锂混合波导截面示意图,(c)硅/铌酸锂混合波导截面SEM图像,(d)器件波导垂直耦合结构,(e)长度分别为3 mm及5 mm的调制器带宽(s_{21}参量),(f)不同频率下器件与商用调制器基频与三阶交调对比

图1 硅基铌酸锂薄膜电光调制器[9]

2.3 锗硅探测器

高速硅锗波导光电二极管是硅基光电子学平台的关键器件,被广泛应用于大容量数据通信、微波光子学等场景,但是器件电学集成参数限制了锗硅探测器的工作带宽。2016年比利时微电子研究中心展示了带宽达67GHz的硅锗波导光电探测器,其1 550nm响应度为0.74A/W,工作暗电流<4nA[10]。2021年华中科技大学张新亮团队

通过综合优化器件寄生参数,在不牺牲响应度与暗电流性能的前提下,实现了高达80GHz带宽的锗硅探测器,如图2所示,响应度为0.89A/W,工作暗电流为6.4nA[11]。

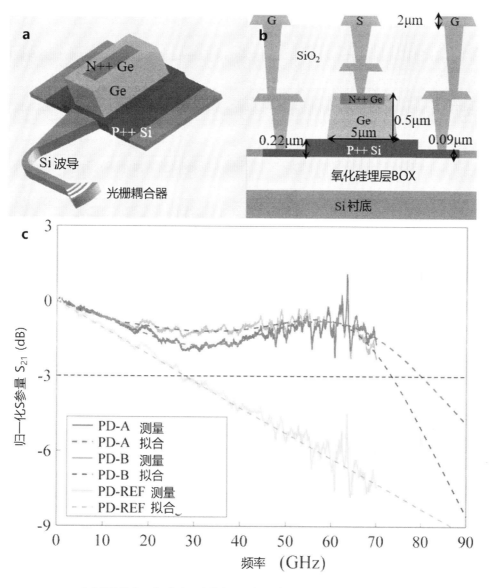

(a)器件结构示意,(b)器件横截面示意图,(c)器件频率响应测试结果

图2　高速锗硅探测器[11]

2.4 波分复用器件

在光通信系统中将携带着不同信息的多波长光信号在同一波导中传播能够倍增传输容量,因此复用/解复用器是波分复用系统中重要的核心器件。在硅基光电子学中实现波分复用的方法主要有阵列波导光栅(Array waveguide grating,AWG)、阶梯衍射光栅(Echelle Diffraction Grating,EDG)、级联马赫-曾德滤波器(Mach-Zehnder lattice filters，MZI-LFs)、微环谐振器（Micro-ring interferometers MRI）等。

2017年，浙江大学何建军团队提出一种AWG像差改进方法，使得其边缘通道光谱响应相对于传统设计得到了显著改善[12]。MZI-LFs由多级马赫-曾德滤波器级联而成，有限的损耗来自波导侧壁散射等因素，易于实现具有平坦通道的高效波分复用器，此外各级波导上的热电极为补偿MZI-LFs中心波长漂移提供了更大的灵活性和自由度。2021年浙江大学戴道锌团队基于MZI提出了一种低串扰和制造公差容忍度好的四通道CWDM滤波器，在工作波长范围内，插入损耗小于1.2dB，串扰小于-22dB，宽度误差容差为70nm[13]。2017年何建军团队基于SOI平台实现了65输入129输出的EDG，如图3所示，测量损耗-2dB，串扰低于-20dB[14]。

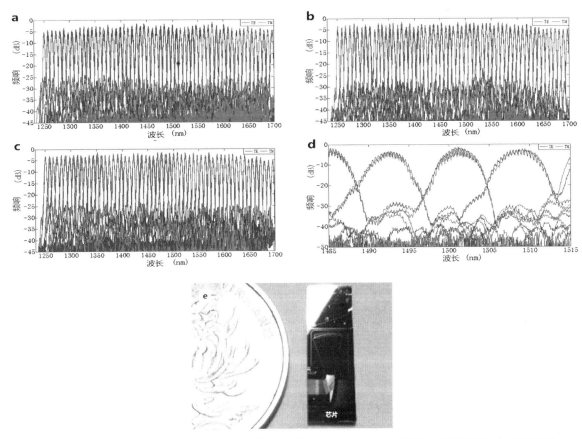

（a）通道1输入测试光谱，（b）通道33输入测试光谱，（c）通道65输入测试光谱，（d）局部光谱偏振特性，（e）芯片照片

图3　65输入129输出EDG芯片[14]

2.5 片上非线性

非线性光学是现代光学的一个分支，研究介质在强相干光作用下产生的非线性现象及其应用。全光信号处理因其高速、带宽、低损耗、抗电磁干扰能力强等优点而受到广泛关注。三阶非线性光学过程是全光信号产生和处理的基础，无需将光信号转换

为电信号即可实现超高的处理速度。

硅基材料的二阶非线性光学响应较小,因为硅基中心对称,缺乏反演对称,阻碍了二次谐波产生(SHG)。2021 年 2 月,美国国家标准与技术研究院(NIST)的卡蒂克·斯里尼瓦桑(Kartik Srinivasan)等人在 Si3N4 平台上,设计了利用强有效 x(2)非线性和共振增强的器件,实现了毫瓦级功率的二次谐波产生(SHG)输出[15]。

硅材料在近红外波段的强双光子吸收限制了其三阶 Kerr 非线性性能。2021 年 6 月,斯威本科技大学的 Yuning Zhang 等人将二维层状氧化石墨烯薄膜集成在硅纳米线波导上,同传统硅纳米线相比,有效非线性参数和非线性优值(FOM)分别提高了 52 倍和 79 倍[16]。

2021 年 5 月,普林斯顿的 Chaoran Huang 课题组将基于微环谐振器(MRR)辅助马赫-曾德干涉仪(MZI)的集成器件用于非线性光信号处理如全光阈值和无时钟脉冲雕刻,并将其用于光学互连和光子神经网络中的系统级应用。图 4 给出了器件光路结构和芯片照片,可见片上光学非线性具有极大的应用潜力[17]。

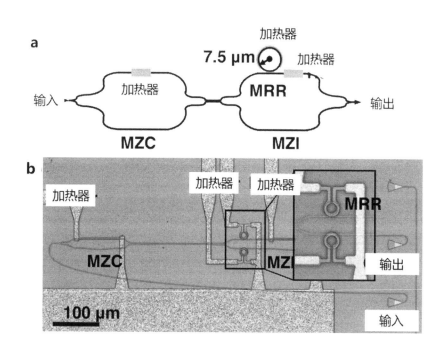

图 4 非线性光学器件结构图和光学显微镜照片[17]

2.6 硅基光量子集成

硅基光量子集成技术的发展有望实现量子态制备、量子信息处理和量子态探测这 3 个量子过程的单片集成,在量子通信、量子计算和量子模拟等领域具有极大潜力。从 2008 年少数几个集成器件的 2 光子非可编程光量子回路(图 1a)[18],到 2018 年 671 个集成器件的 16 光子可编程光量子回路(图 1b)[19],硅基光量子芯片的集成度得到了显著提升。2021年加拿大Xanadu公司的J. M. Arrazola和V. Bergholm团队在氮化硅平台上设计并制备了一款可编程光量子计算原型芯片（图1c）[20]，该芯片包含泵浦光分束、压缩光产生、滤波、可编程线性干涉仪网络4个部分，可生成4对双模压缩真空态光子对、并可对其作任意的四维幺正变换。经实验验证，该芯片可用于解决高斯-玻色采样、分子的振动光谱和图相似性问题，并且该芯片集成度易扩展到数百个光子和光学模式，未来有望通过硅基光量子芯片解决经典计算机难以解决的问题。

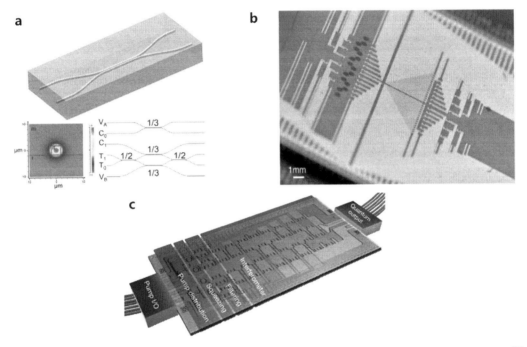

(a) 首个在二氧化硅平台上制备的2光子CNOT门芯片[18]，(b) 671个硅基光子器件单片集成的可编程光量子硅芯片[19]，(c) 可编程、易扩展的光量子氮化硅芯片[20]

图5 硅基光量子集成芯片

3. 结束语

因其利用现有CMOS制造和封装技术进行大批量和低成本制造的潜力，硅光子学已在城域和短距离高速数据传输应用场景中得到了广泛应用。围绕应用需求，硅基光子在器件技术方面保持快速发展。在硅基光源方面，人们依然在努力挑战片上集成技术，量子点技术会是主要方向，目前已经取得一定成果。在硅基光调制器方面，随着调制速率的进一步提升，片上铌酸锂正被视为未来高速调制的主要解决方案。此外，III-V族半导体材料尤其是磷化铟，近年来通过异质集成方法将包括激光器、放大器、电吸收和电光调制器和高功率光电探测器等器件制备到SOI晶片[21]，扩展了硅基光子集成套件方案，这也是硅基光子学发展的又一趋势。

参考文献

[1] ShI B, ZhAO H, WANG L, et al. Continuous-wave electrically pumped 1550 nm lasers epitaxially grown on on-axis （001） silicon [J]. Optica, 2019, 6（12）: 1507—1514.

[2] WAN Y, ZhANG S, NORMAN J C, et al. Tunable quantum dot lasers grown directly on silicon [J]. Optica, 2019, 6（11）: 1394—1400.

[3] ZhOU J, WANG J, ZHANG Q. Silicon Photonics for 100Gbaud; proceedings of the Optical Fiber Communication Conference （OFC） 2020, San Diego, California, F 2020/03/08, 2020 [C]. Optical Society of America.

[4] JACQUES M, XING Z, SAMANI A, et al. 240 Gbit/s Silicon Photonic Mach-Zehnder Modulator Enabled by Two 2.3-Vpp Drivers [J]. Journal of Lightwave Technology, 2020, 38（11）: 2877—2885.

[5] LI H, BALAMURUGAN G, SAKIB M, et al. A 112 Gb/s PAM4 Silicon Photonics Transmitter With Microring Modulator and CMOS Driver [J]. Journal of Lightwave Technology, 2020, 38（1）: 131—138.

[6] ZHANG Y, ZHANG H, LI M, et al. 200 Gbit/s Optical PAM4 Modulation Based on Silicon Microring Modulator; proceedings of the 2020 European Conference on Optical Communications （ECOC）, F 6-10 Dec. 2020, 2020 [C].

[7] MELIKYAN A, KANEDA N, KIM K, et al. Differential Drive I/Q Modulator Based on Silicon Photonic Electro-Absorption Modulators [J]. Journal of Lightwave Technology, 2020, 38（11）: 2872—2876.

[8] WANG C, ZHANG M, CHEN X, et al. Integrated lithium niobate electro-optic modulators operating at CMOS-compatible voltages [J]. Nature, 2018, 562（7725）: 101—104.

[9] HE M, XU M, REN Y, et al. High-performance hybrid silicon and lithium niobate Mach–Zehnder modulators for 100 Gbit s−1 and beyond [J]. Nature Photonics, 2019, 13（5）: 359—364.

[10] ChEN H, VERHEYEN P, DE HEYN P, et al. -1 V bias 67 GHz bandwidth Si-contacted germanium waveguide p-i-n photodetector for optical links at 56 Gbps and beyond [J]. Opt Express, 2016, 24（5）: 4622—4631.

[11] ShI Y, ZHOU D, YU Y, et al. 80 GHz germanium waveguide photodiode enabled by parasitic parameter engineering [J]. Photonics Research, 2021, 9（4）: 605—609.

[12] ZOU J, LE Z, HU J, et al. Performance improvement for silicon-based arrayed waveguide grating router [J]. Opt Express, 2017, 25（9）: 9963—9973.

[13] XU H, DAI D, SHI Y. Low-crosstalk and fabrication-tolerant four-channel CWDM filter based on dispersion-engineered Mach-Zehnder interferometers [J]. Opt Express, 2021, 29（13）: 20617—20631.

[14] YANG M, LI M, HE J. Polarization insensitive arrayed-input spectrometer chip based on silicon-on-insulator echelle grating [J]. Chin Opt Lett, 2017, 15（8）: 081301.

[15] LU X, MOILLE G, RAO A, et al. Efficient photoinduced second-harmonic generation in silicon nitride photonics [J]. Nature Photonics, 2021, 15（2）: 131—136.

[16] ZHANG Y, WU J, QU Y, et al. Optimizing the Kerr nonlinear optical performance of silicon waveguides integrated with 2D graphene oxide films [J]. Journal of Lightwave Technology, 2021: 1.

[17] HUANG C, JHA A, LIMA T F d, et al. On-Chip Programmable Nonlinear Optical Signal Processor and Its Applications [J]. IEEE Journal of Selected Topics in Quantum Electronics, 2021, 27（2）: 1—11.

[18] POLITI A, CRYAN M J, RARITH J G, et al. Silica-on-Silicon Waveguide Quantum Circuits [J]. Science, 2008, 320（5876）: 646.

[19] WANG J, PAESANI S, DING Y, et al. Multidimensional quantum entanglement with large-scale integrated optics [J]. Science, 2018, 360（6386）: 285.

[20] ARRAZOLA J M, BERGHOLM V, BRÁDLER K, et al. Quantum circuits with many photons on a programmable nanophotonic chip [J]. Nature, 2021, 591（7848）: 54—60.

[21] DAVENPORT M L, SKENDŽIĆ S, VOLET N, et al. Heterogeneous Silicon/III–V Semiconductor Optical Amplifiers [J]. IEEE Journal of Selected Topics in Quantum Electronics, 2016, 22（6）: 78—88.

作者简介

杨建义，浙江大学信息与电子工程学院院长、教授。主要研究方向为集成光电子、智能感知与信息传输。曾主持多个"973""863"、国家自然科学基金项目，相关研究成果曾获国家技术发明奖二等奖、北京市科学技术一等奖和浙江省科技二等奖等。已发表 SCI 收录论文 100 余篇，拥有授权专利 20 余项。

张肇阳，浙江大学信息与电子工程学院博士研究生。主要研究方向为硅基集成光电子、光互连、低相干检测及片上光学相控阵系统。

张肇阳

叶立傲，浙江大学信息与电子工程学院博士研究生。主要研究方向为硅基集成光电子、片上光量子信息处理。

叶立傲

刘笑之，浙江大学信息与电子工程学院硕士研究生。主要研究方向为硅基非线性光学及光学神经网络。

刘笑之

苏梁灏

苏梁灏,浙江大学信息与电子工程学院硕士研究生。主要研究方向为分布式光纤传感信号处理及光学神经网络。

王曰海

王曰海,浙江大学信息与电子工程学院副研究员。从事信息与通信工程领域的教学与科研工作多年,主要研究方向为多媒体智能处理、机器视觉、光信号处理,在相关领域发表论文20余篇,出版专著1部。

新基建下的光通信发展趋势
Development Trends of Optical Communications for New Digital Infrastructure Construction

唐雄燕

唐雄燕
中国联通研究院

> **摘　要**：以 5G、工业互联网、数据中心、人工智能等为代表的"新基建"将驱动信息通信网络升级换代，并给光通信创造新的更大的发展机遇。本文分析了新基建背景下的光通信发展驱动力，阐述了光通信发展的高速化、泛在化、智能化、服务化、场景化、开放性等重要趋势，并展望了未来 5～10 年光通信应用领域不断延伸、赋能千行百业数字化转型的广阔前景。
> **关键字**：新基建，光通信，5G，双千兆，全光底座，FTTH，光业务网，数字化转型

1. 引言

近年来数字经济蓬勃发展，2020 年我国数字经济规模达到 39.2 万亿元，占 GDP 比重为 38.6%，数字经济已成为中国经济增长的关键驱动力。我国"十四五"规划明确提出要加快数字化发展，推进数字产业化和产业数字化，推动数字经济和实体经济深度融合。"新基建"作为支撑经济社会数字化转型的基础设施，是发展数字经济的重要引擎。近年国家出台了一系列推动"新基建"发展的政策，也给光通信发展增添了新动能。在 2021 年 3 月国家工信部印发的《"双千兆"网络协同发展行动计划（2021—2023年）》中，提出用 3 年时间，基本建成全面覆盖城市地区和有条件乡镇的"双千兆"网络基础设施，实现固定和移动网络普遍具备"千兆到户"能力；同时明确了提升骨干传输网络承载能力、优化数据中心互联（DCI）能力和协同推进 5G 承载网络建设等重要任务。在 2021 年 5 月国家发改委印发的《全国一体化大数据中心协同创新体系算力枢纽实施方案》中，明确提出加快网络互联互通，国家枢纽节点之间进一步打通网络传输通道，加快实施"东数西算"工程，提升跨区域算力调度水平，建设数据中心集群之间、以及集群和主要城市之间的高速数据传输网络，优化通信网络结构，扩展网络通信带

宽，减少数据绕转时延。在 2021 年 7 月国家工信部印发的《新型数据中心发展三年行动计划（2021—2023 年）》中，部署了网络质量升级行动，包括提升新型数据中心网络支撑能力、优化区域新型数据中心互联能力和推动边缘数据中心互联组网。

新基建的实施将驱动信息通信网络的升级换代，进一步加速数字经济发展。"双千兆"行动计划、"东数西算"工程和新型数据中心发展行动计划等一系列国家政策的发布，给光通信发展创造了新的更大机遇。本文从服务新基建和推进信息通信行业创新转型的视角，对未来 5 年光通信发展的重要趋势进行分析和展望。

2. 光通信发展趋势

光通信作为支撑信息通信业务发展和经济社会数字化转型的基础，必将顺应业务需求的新变革而获得发展新动能。5G 建设是我国"新基建"的龙头，已成为未来几年信息通信行业的焦点，对经济社会发展和科技竞争有着重大影响。同时，以光纤千兆接入为代表的固网 5G（F5G）也在不断进步，与移动 5G 共同构筑起泛在宽带基础设施，支撑数字经济发展。

2.1 构建高品质传送承载，助力 5G 发展

截至 2021 年 6 月，我国 5G 基站数已近百万，但发展空间依然巨大，"十四五"期间 5G 必将成为我国通信建设投资的主体。5G 网络不仅承载个人用户通信需求，更重要的是将支撑和赋能千行百业数字化转型，高品质的 5G 服务离不开高品质的 5G 承载网络。前传网络成为 5G 网络建设的重要组成部分，也面临多方面挑战。5G 无线接入网将延续 C-RAN 池组化和云化部署，且集中化比例将更高。5G 共建共享能显著降低 5G 网络建设和运维成本，高效实现网络覆盖，快速形成网络服务能力，但同时对前传资源和建设运维提出了更高要求，尤其是要求更多的光纤光缆资源和更强的网络管理维护能力。5G 前传需要采用 WDM 技术，通过不同波长共享光纤资源，提高纤芯利用率，从而缓解光纤资源消耗。但是具体采用何种 WDM 技术，是目前业界研究和讨论的热点。成本与可维护性是两大关键决策要素，需统筹考虑网络初始建设成本和全生命周期维护成本。业内目前存在 CWDM、LAN-WDM、MWDM 和可调谐 DWDM（G.698.4）等多种前传 WDM 方案，方案分散给产业链带来一定困扰，也不利于利用规模优势快速降低成本，后续要根据业务需求和产业成熟度，兼顾短期和长远，进一步聚焦技术方案，凝聚产业共识。对于 5G 回传网络，三层 IP 技术是基础，SR、IPv6、FlexE 硬切片、确定性网络成为 5G 回传网络的技术关键，且 IP 技术与传统光网络技术在理念和技术上互相参考和借鉴，SRv6 是未来承载网技术重要方向。

2.2 提升传送与接入速率，打造超高速全光底座

对更高速率、更大容量、更长距离的追求是光通信发展的永恒动力。一是不断通过扩展光纤传输频谱、增加波道数来提升容量，从传统 C 波段向 C+L 波段、并进一步向全波段拓展，充分提升光纤频谱利用率，逼近和突破单模光纤容量瓶颈。二是不断

提升单波传输速率,在100G WDM广泛部署基础上,基于保持无电中继距离和建网方式不变的要求,200G WDM成为长途干线传输的现实选择。对于传输距离较短、且容量快速增长的城域网,可逐步引入400G/800G WDM及更高速率。中国联通2021年已在山东现网上完成了多厂家点到点和简单环形组网下的Nx800G WDM系统试点。三是部署兼具大有效面积和低损耗特性的新型G.654.E光纤,可显著提升200G/400G骨干线路无电中继传输距离,降低总体建设成本。中国联通联合产业链积极推进G.654.E光纤标准化和产业化,取得了可喜进展,目前国内外多个光纤公司均已可规模提供G.654.E光纤产品,国内外多个运营商均已开始G.654.E光纤光缆商用部署。

随着传输速率不断增长,对节点交叉能力的要求也越来越高。大容量电交叉的功耗问题愈加突出,全光组网受到更大重视,基于OTN/WDM/ROADM/OXC技术的智能光电混合组网成为组网趋势。采用波长选择开关、光背板等技术的全光交叉设备OXC,可以实现站内零连纤、即插即用、灵活调度、平滑扩容、超大容量波长调度,从而大幅节约机房空间和功耗。利用波长级光层路由、子波长级电层调度、光电协同组网,再加上SDN和WSON的智能控制功能,将大大提升光网络效率、品质和服务能力。

在追求高速传输和组网的同时,如何降低设备成本也成为重要考量因素。低成本是推进WDM光网络技术下沉、延伸至成本敏感的网络边缘的关键;尤其是对于城域边缘接入层及县乡网络环境,迫切需要引入低成本100G WDM技术和低维度边缘ROADM技术(以4维和9维为主),实现简洁灵活动态组网。

在全光接入网全面建成、固定宽带接入速率普遍提升到100M的今天,千兆接入成为FTTH宽带用户发展的新趋势,也是国家"双千兆行动计划"的目标。2020年,中国联通推出了包括千兆5G、千兆WiFi和千兆FTTH的"三千兆"业务,服务经济社会数字化转型。10G PON是当前光纤接入主流技术手段,为顺应用户接入速率进一步提升的要求和使PON在5G小基站接入中发挥作用,产业链正在共同推动50G PON标准化和技术成熟。

2.3 增强光网络智能化,迈向自动驾驶光网络

智能光网络实践开始于基于传统网管和分布式控制技术的自动交换光网络(ASON)。近年来SDN快速发展为网络智能化提供了有力手段,软件定义光网络(SDON)推动智能光网络迈上新台阶,实现了传送与控制分离基础上的集中控制。智能光网络从ASON到SDON的演进,推进了光网络扩展性、灵活性、开放性等方面的显着提升。

随着人工智能(AI)发展,引入AI技术将能够进一步增强光网络智能化。ASON/WSON/SDON的控制平面,是光网络智能化的主要加载平台。可以在网元、网络控制器和云端引入AI,实现多级智能协同,构建智慧光网大脑,提升网络运营效率。通过智能化管控调度、网络动态实时感知和预防性运维,可以显著提高光网络状态和性能感知能力、网络资源管控与故障管理能力,实现业务自动化、资源自动化和维护自动化，最大化提升用户体验；并通过构建光网络数字孪生，实现光网络全生命周期的智能化管理，最终向自动驾驶光网络（ADON）迈进。

2.4 发展光业务网，服务企业上云和产业互联

长期以来，光传送网主要是作为支撑运营商电话与数据业务的基础网络而存在，是运营商业务网的配套。但随着云服务和产业互联网的发展，政企专线业务快速增长，光传送网作为直接服务于客户的专线业务网络的作用凸显。我们将基于光传送网的资源出租（专线，VPN/切片）网络定义为光业务网。基于传输网络承载专线的光业务网在业务隔离性、安全性、低时延、低抖动、高可靠等方面具有天然优势。为更好地满足企业上云和高品质政企专线业务需求，光业务网需要不断提升络服务的灵活性和敏捷性。SDN技术可以有效提升光网络服务能力，实现快速业务开通、灵活调整带宽和用户自助服务。当前主要通过运营商自主研制OTN协同器加设备厂商提供的管控系统，实现多厂商组网环境下的自动业务编排和协同，在边缘接入和简单组网中会引入运营商自主研制的管控系统。中国联通2019年建成的基于SDOTN的全球政企精品网是典型的新一代光业务网，能够面向政企客户量身定制高带宽（10M-100G）、高可靠、高安全、高私密性的专属智能专线产品。

产业互联网发展对网络确定性、可靠性和高质量的要求加大，光业务网的重要性更加凸显。为适应光网络对各类带宽业务的灵活高效承载需求，产业界正在共同推动基于2Mbit/s颗粒度的光业务单元（OSU）技术的标准化和产业化，以便实现低速业务高效承载，并提供全光底座切片解决方案。同时为进一步增强光网络弹性，还需要发展面向全光业务网的新型智能控制协议来适应超大连接和云光一体服务的新要求。

在接入侧，推动光纤到园区（FTTC）、到桌面（FTTD）、到机器（FTTM），发展工业PON，打造全光工厂。除了增强PON的宽带接入能力外，还应探索实现OLT和ONT的内嵌计算能力开放，与云侧生态协同，实现视频优化、视频监控回传、工业IoT等应用场景的最优化入云。

2.5 推动光网络开放与解耦，激发产业活力

网络开放和解耦成为促进产业创新、降低建网成本的重要趋势。长期以来，光网络设备体系较为封闭，通常都是由传统设备商研发和集成，不利于产业生态繁荣和开放创新。在云服务商推动下，数据中心光互联（DCI）率先采用了开放光网络技术，包括ONF的ODTN项目、Facebook主导的TIP项目和AT&T主导的OpenROADM项目等，都在致力于推进光网络的开放解耦；在海底光缆通信领域，也在不断推进Open Cable模式的标准化和应用，ITU在2020年发布了面向陆地终端和水下部分解耦的G.977.1标准。

光网络开放和解耦便于更快地引入新技术和促进产业竞争，增强产业活力，降低网络成本，同时有助于增强运营商和用户对网络的控制，加速业务和服务创新，也顺应了网络云化大趋势。中国联通已完成接入型OTN管控部署，实现多供应商OTN-

CPE开放组网，同时已商用模块化WDM设备。中国电信在2021年也已开始商用部署开放解耦的数据中心光互联波分产品。未来光网络将朝着更大范围的开放发展，逐步构建开放光网络产业生态。

3. 总结与展望

随着信息通信网络向高速、高频、高性价比的方向发展，长期以来支撑ICT行业进步的摩尔定律遇到瓶颈，传统电子技术开始面临距离、功耗等可持续发展问题。未来5～10年，为提升电子器件的高速处理能力并降低功耗，光与电技术将从各自独立走向光电一体，带来芯片出光、光电合封等新产品形态。光通信技术将从传统通信进一步向各个领域渗透，如：为提升数通设备高速端口的传输距离，将引入相干光通信技术；为实现家庭千兆品质覆盖，光接入将从家庭FTTH延伸到房间FTTR；为实现万物智联，光接入将延伸到机器。

光通信进一步发展离不开光电子和光纤等基础技术的进步，硅光技术为降低器件成本提供了重要手段，已显示出良好的市场前景。作为新一代传输媒介技术，空分复用（SDM）光纤已成为了当前研究热点，有望为光通信开辟新的发展空间。

在空、天、地一体化通信和建设海洋强国战略中，光通信同样发挥着不可替代的作用。除了光纤通信，无线光通信也有很大的发展潜力，如：为实现低轨卫星之间的100Gbps高速数据传输，可以采用激光通信替代微波通信；为满足水下移动设备的通信需求，可以采用穿透力更高的可见光通信替代无线通信。

2021年是中国"十四五"规划开局之年，面对新的产业发展机遇和国际竞争形势，更需要产业链各个环节协同创新，推动我国光通信科技的自立自强，为数字经济腾飞打造自主可控的全光底座，在赋能千行百业、千家万户高质量联接的同时，实现光通信产业自身的高质量发展。

参考文献

[1] 中国信通院.中国数字经济发展白皮书.2021年4月.
[2] 工业与信息化部."双千兆"网络协同发展行动计划（2021—2023年）.2021年3月.
[3] 国家发展改革委员会等.全国一体化大数据中心协同创新体系算力枢纽实施方案.2021年5月.
[4] 工业与信息化部.新型数据中心发展三年行动计划（2021—2023年）.2021年7月.
[5] Recommendation ITU-T G.977.1, Transverse compatible dense wavelength division multiplexing applications for repeatered optical fibre submarine cable systems[S], 2020年10月.

作者简介

唐雄燕，工学博士，教授级高级工程师。任中国联通研究院副院长、首席科学家，中国联通科技委网络专业主任委员，为"新世纪百千万人才工程"国家级人选。兼任北京邮电大学教授、博士生导师，工业和信息化部通信科技委委员，北京通信学会副理事长，中国通信学会理事兼信息通信网络技术委员会副主任，中国光学工程学会常务理事兼光通信与信息网络专家委员会主任，国际开放网络基金会ONF董事。拥有20余年的电信新技术新业务研发与技术管理经验，主要专业领域为宽带通信、光纤传输、互联网、物联网与新一代网络等。

ROADM全光网的应用与研究进展
Recent progress of ROADM all-optical network: application and research

胡卫生

胡卫生

上海交通大学

摘　要：可重构光分插复用（ROADM）是全光网的核心节点技术，支持各种拓扑结构的大容量、大范围的动态光联网。ROADM全光网技术成为国家和省市骨干光网络的战略性选择。自2017年以来，中国三大运营商采用国内三大光通信设备商的ROADM设备，先后建成和运营了近10个国家骨干和多个省市骨干全光网。本文以ROADM为中心，介绍ROADM全光网的应用现状与进一步思考，分析了ROADM的发展趋势，包括波长选择开关（WSS）的叠加和多维集成、全互联光背板、多功能全光节点等，讨论了新型全光网技术的研究展望，包括空分复用光纤及主要功能器件、多粒度全光节点等。

关键词：全光网，可重构光分插复用，空分复用，全光节点

1. 引言

随着数据中心、智能物联、固移融合、云网协同时代的来临，作为全球信息基础设施的光网络不仅需要具备承载更大的容量和覆盖，还需要具备更低的时延和抖动、更敏捷的调度和供给，以及更健壮的生存和可用性。在光传送网层面引入ROADM（可重构光分插复用器）和OXC（光交叉连接）等新一代全光网技术，从而使光通信系统的传输、传送、交换与调度等功能都在光域实现，已成为全光网发展的战略性选择。本文拟从全光网的应用现状、发展趋势、研究展望3个方面进行介绍。

2. 应用现状

在全球光纤骨干网中，普遍采用100Gb/s及以上速率的数字相干光通信系统，骨干互联网的路由器和交换机的接口速率也普遍达到或超过100Gb/s，ROADM全光节点成为现代光纤通信网络的核心节点技术的必然选择。ROADM相当于在全球信息高速公路的"光域立交桥"，实现波长的一跳直达，在物理层就实现高速光信号的直通、

上下路和动态调度，可以显著降低时延和抖动、简化联接和运营、节省能耗和成本。

近年来，ROADM全光网在全球得到一定规模的应用部署，中国三大运营商和三大设备商成为全球ROADM全光网应用的先行者和领导者。据报道，自2017年起，中国电信陆续在国干的6个区域部署了ROADM全光网，包括长江中下游、华南、华北、西南、西北、东北等区域，并在上海电信市干、广东电信省干、江苏电信省干、四川电信省干等也都部署了ROADM全光网。中国联通则建成京津冀ROADM全光网示范工程，覆盖京津冀等7个省市区，并建成北京联通市干。中国移动则在甘肃等省干部署ROADM全光网。

中国ROADM全光网全部采用了国产ROADM设备。华为ROADM设备属于OptiX OSN 9800 P系列，采用OXC光背板技术，将传统ROADM方案中多个独立的单板集成在一起，简化光层连接，实现P比特级别的交叉容量和多达32维的光交叉调度能力。中兴推出的大容量OTN交叉设备—ZXONE 8700系列，具备光电混合交叉、智能调度的功能，光层支持2-20维ROADM，支持N×M型WSS（波长选择开关），支持方向无关、波长无关、冲突无关，可实现波长端到端的自动配置。烽火FONST 6000系列设备是超大容量智能传送平台，提供ROADM，Tb/s级别统一交换，全业务颗粒100M~100Gbps任意速率接入交换，超大容量全光背板超宽连接，支持40维，可扩展至2560T（C+L波段），全光互联，免架内光纤连接。总之，以上ROADM设备都具备先进的全光联网功能、优异的光电处理性能和显著的运营竞争优势。

实践表明，ROADM全光网的应用开启了骨干网从电节点向全光节点，从点到点链路到光层网状组网的战略性升级，不仅从根本上突破了骨干网络节点容量的电瓶颈，也标志着光网络从光纤广覆盖向全光自动连接迈进。与此同时，随着边缘数据中心业务的大量应用和云网协同架构的普及推广，ROADM全光网也必将从骨干网延伸至城域网乃至接入网，向着更加广域化、智能化、扩展性和开放性的方向迭代和演进。

从当前ROADM全光网的应用情况来看，仍然面临着需要进一步思考的实际应用问题。首先，连接业务的实际需求远远大于规划时的预测量，远超网络规划能力，如何更加精准预测和高效扩容成为业界思考的问题。当前ROADM全光网国干分区域建设，光域传输半径不能一次性覆盖全国，如何进一步延展高速信号的光纤传输半径成为学界思考的问题。不同运营商采用不同设备商的ROADM全光网，通常只能在单一管理域内实现调度，如何实现全网端到端控制，实现不同厂商的互联互通成为行业思考的问题。ROADM全光网节点庞大，涉及光电协同管控，恢复时间如何达到业务级别要求成为一大挑战。如何控制成本，将ROADM全光网推向更大的范围，推向省市城域乃至接入网成为又一大挑战。随着以上问题和挑战的解决，ROADM全光网必将进入一个更广阔的应用阶段。

3. 发展趋势

3.1 波长选择开关（WSS）

WSS 是 ROADM 系统的核心光模块，普遍采用纯相位型 LCOS（硅基液晶）器件，实现较低的插入损耗，具有高端口数目，支持灵活栅格，成为业界的主流选择。LCOS 器件是由硅基电路背板和液晶光学元件组成的混合光电芯片，可以实现空间光调制的作用。通常 WSS 按照 1×N 规格配置，将输入端口接收到的任意波长信道组合切换至任意输出端口。早期 WSS 支持 1×9 规格配置，近年来 1×20 和 1×32 规格成为业界主流选择。为了提高器件集成度，将多个 1×N WSS 共同封装在一个模块中也成为近些年来业界发展的趋势。目前，将 2 个 WSS 封装在一个 WSS 模块中已经成为业界主流选择，也有将 4 个 WSS、甚至 24 个 WSS 封装在一个模块中的技术方案。多年来，光通信系统长期运行在掺铒光纤放大器（EDFA）工作的 C 波段中，早期 WSS 也只支持 C 波段中的 4THz 频谱范围。近些年来，光通信系统开始向 C+ 甚至 C+L 波段扩展，于是，扩展至 4.8-6.0THz 频谱覆盖范围的 WSS 成为业界的主流；最新发展的 WSS 则可以同时支持 C+L 波段，频谱覆盖范围接近 10THz。

3.2 光交叉连接（OXC）

一个多维度（方向）ROADM 系统通常由多个 WSS 配对级联组成。从 ROADM 设备机架看，全光节点由全光背板、光群路板和光支路板三大部分组成。光群路板完成光信号在群路方向的交叉重构、直通和光功率均衡，集成光层 WSS 和 EDFA 功能。光支路板完成本地波长上下，集成光层复用/解复用和光开关功能，实现光电信号的适配、处理和转发。随着 WSS 端口数的提升，高维度 ROADM 系统的内部光纤连接数量急剧增长，需要采用全光背板技术。全光背板采用集成式连接的方式实现系统级光交叉（OXC），极大地简化了板卡和模块间的光纤连接的复杂性，实现无光纤化互联。OXC 作为新一代全光交叉平台，具备大维度无阻塞交换能力，具有极高的交叉连接容量，赋予 OXC 新的功能和形态，简化了 ROADM 系统运维，引领 ROADM 转型和变革。

3.3 无阻塞交换（CDC-ROADM）

作为"光域立交桥"，ROADM 具备全方位的无阻塞交换能力，在群路侧具备任意方向任意波长的交换和调度，在支路侧具备波长无关、方向无关、冲突无关的任意上下路能力，称为 CDC-ROADM。

群路侧一般采用多组成对的 WSS 互联而构成。WSS 具备任意波长选择的基本功能，还可以具备功率均衡、带宽调整等高级功能。有些全光节点采用多组分光器和 WSS 互联而构成，节省 WSS 部件和成本，不足之处在于分光损耗较大，不利于降低串扰。支路侧一般可以采用多播开关（MCS）或者波长交叉连接器（WXC）。一个 M×N MCS 由 M 个 1×N 分光器和 N 个 N×1 光开关配对级联组成，早在 1998 年就提出了具有组播功能的光开关结构单元和集成连接方式。不过，MCS 会带来更高的光功率损耗，并且随着端口数量的增加而增加，目前 MCS 支持的合适的上下行端口数目一般小于8。WXC使用多个WSS器件取代分光器和光开关,WSS的插入损耗并不会像分光器那样随着端口数目的提升而增加,解决了MCS方式中由插入损耗带来的扩展性问题,但会带来更高的器件成本。

WSS既可以用于线路侧,也可以用于支路侧,它将所需要的任意波长分配至目标上下行端口对应的光开关。基于WSS组合的WXC称为M×N WSS,采用WSS阵列,目前业界领先的WXC可以支持8个ROADM传输维度和24个上下路端口。另外,在光学设计过程中,WXC中的光开关可以集成至WSS的光路中,进一步提升系统集成度。随着ROADM系统对WSS集成度要求的提升,可以将更多的WSS器件集成至单个光学系统中。

LCOS器件的应用为WSS和ROADM带来了更灵活的功能。基于LCOS器件的WSS能够以6.125GHz甚至更小的精度调节其滤波通带宽度,提升了传输和传送网的频谱利用效率,增强了传输和传送网的多粒度带宽配置,适合于应用10G、40G、100G、400G甚至800G等多速率多波长业务。此外,基于LCOS技术的WSS可以通过全息光场控制的方式将一个输入波长信道同时分配至两个输出端口,且能量分配比例可调,实现多播功能。

4. 研究展望

由于受到光纤非线性噪声、光器件频谱带宽和光放大器增益带宽等因素的限制,单芯单模光纤日益逼近香农公式所限定的物理极限。当前,采用高阶调制、波分复用和数字相干检测的单芯单模光纤传输系统容量达到100Tb/s水平,传输容量距离乘积超过100Pb/s·km。根据香农公式,光纤容量的增长取决于信噪比(SNR)、可用带宽(B)和可用通道数(N),表示为:

$$C = N \times B \times \log_2(1 + SNR) \qquad (1)$$

根据公式,在提高信噪比日益逼近单通道光信号香农限而增长越来越困难的情形下,拓宽光纤的通信带宽(B)和拓展光纤的空分复用维度(N)是更加行之有效的两个途径。本节将简要介绍和展望此两个途径的研究情况。

4.1 新型光纤

当前,标准单模光纤(型号G.652)主要在1 310 nm(O波段)和1 530~1 625 nm(C波段)两个波段运行,干线系统由于需要EDFA光放大而集中在1 550 nm窗口,接入系统可以采用O和C波段分别提供单纤双向上下行传输。位于1 310 nm和1 550 nm之间的1 400 nm波段由于水峰(OH根离子)的存在,在早期的光通信系统中未得到应用。针对消除水峰而发展的低水峰光纤或零水峰光纤,结构上和G.652无异。但是,它采用一种新的光纤生产制造技术,尽可能地消除OH根离子在1 383nn附近的"水吸收峰",使光纤损耗完全由玻璃的本征损耗决定,从而在1 280~1 665 nm的全部波长范围内都可以用于光通信，覆盖了 O、E、S、C、L、U 等 6 个波段，也称为全波光纤或真波光纤。

为了进一步增加光纤的传输通道数量，在单芯单模光纤的基础上发展起新型空分复用光纤（SDM）。主要有 3 种增加传输通道数量的方式：一是多芯光纤（MCF），即在光纤包层内合理排布多个纤芯；二是少模光纤（FMF），根据光波本征矢量模式叠加方式的不同，细分为线偏振（LP）模式和轨道角动量（OAM）模式；三是多芯和少模两个维度相结合的少模多芯光纤（FM-MCF）。

SDM 不同物理通道之间的导波通常存在或强或弱的能量耦合。以多芯光纤为例，分为弱耦合和强耦合多芯光纤。弱耦合多芯光纤的芯间距一般大于 30μm，每个单模纤芯可以作为独立的物理通道传输信号。如果纤芯间距逐渐缩小、纤芯密度增大，弱耦合多芯光纤将演变成强耦合多芯光纤，将增加芯间的能量耦合，从而导致超模的产生，可以将其视为多模光纤的一种形式。在高相对空间效率和低串扰之间存在平衡。为了更有效地降低 MCF 的芯间串扰，人们提出了折射率沟槽结构辅助、折射率孔结构辅助、相邻纤芯折射率差、相邻纤芯反向传输等方法，都能够更有效地抑制芯间串扰。

FMF 是指在同一个纤芯中传输多个模式。理想情况下，模式传播相互正交，模式之间不会发生能量耦合。然而实际应用中，光纤的随机弯曲和扭转以及器件引入等因素使得不同模式之间的正交性被破坏，进而导致不同模式发生耦合。其中，同一个线性偏振模中的简并模传播常数比较相近、耦合更强，而不同模式之间的耦合相对来说比较弱。为了避免光纤传输中模式间的串扰，人们提出了一些特殊构造的 FMF，如椭圆芯、双环或多环结构等方法，来提高光纤中各模式之间的有效折射率差，减轻模式间的耦合。

4.2 新型全光节点结构

如果说新型光纤是"新路"，那么，新型全光节点便是"新桥"。"新桥"在"新路"的物理基础上演进和变革。可以从两个方面分析：一是在全光节点中增加空分复用的功能和维度，二是增加光信号的粒度和种类，既包括 ROADM 中的光纤和波长粒度，还包括纤芯和模式等粒度。于是，人们提出了一些新型的全光节点结构，包括单纯处理纤芯或模式粒度的结构，也包括同时处理纤芯、模式和波长等多粒度的结构。通常，可以按照粒度的大小依次进行相应粒度的解复用、光交换、上下路、变换、复用等功能，这就需要研究各种新型的纤芯、模式、波长等粒度的复用器／解复用、光交换、光变换、光均衡等功能型器件。

4.3 新型功能器件

在多芯光纤和单芯光纤之间，由于几何排布和结构尺寸的差异，需要一个光学耦合器件，称为扇入扇出（FIFO）器件。其制作方法主要有熔融拉锥法、光纤束法、自由空间光法和三维集成波导法等 4 种类型。（1）熔融拉锥法是指将多根除去涂覆层的光纤靠拢并在高温下熔融，同时向两端拉伸，最终在高温熔融区形成双锥体结构，通过控制光纤的扭转角度或拉伸长度实现设定的光耦合或分光功能,通过优化设计光纤的折射率分布和拉锥工艺,可以将插损和串扰分别控制到 1db 和 -60dB 以下,带宽达 300nm 以上。(2)光纤束法是指先将多个单芯光纤的外径通过刻蚀、定制或其他方法,将之消减到与 MCF 的芯间距相等,然后再将多个单芯光纤按照 MCF 相同的几何排布和结构尺寸固定,再将端面抛光,最后将光纤束与 MCF 熔接或通过物理对接等方式形成 FIFO 器件,可以将插损和串扰分别控制到 1dB 和 -50dB 以下。(3)自由空间光法是指利用体光学方法,即利用透镜、准直器、棱镜和调整架等体光学元件调节并优化 MCF 与多个单芯光纤的耦合,最后将光路固定形成 FIFO 器件,主要优点是 MCF 中每个芯与各个单芯光纤的对接可以独立调节。(4)三维集成波导法是在玻璃、聚合物、平面光波导、硅基或氮化硅等各种平台上,通过不同波导结构将 MCF 各个芯的光导出到多个单芯光纤的器件,主要优点是通过波导工艺实现 FIFO 器件的一次成型,装配精度高,不易受芯数的限制,可扩展性好。

FMF 光纤纤芯中的不同模式之间的转换通过模式选择耦合器(MSC)完成,而将不同的模式送入同一根 FMF 则通过模式复用器来实现。目前,主要有自由空间光、硅基集成平面波导、全光纤等 3 种方法。其中,自由空间光方法主要利用相位板和空间光调制器等光学器件来实现模式转换与复用;硅基集成平面波导器件通过对芯片或平面波导的结构与材料进行设计来实现模式转换与复用;全光纤型模式转换与复用器可以几乎无损或低损耗地接入到光纤通信系统中,在插入损耗、模式相关损耗、工作带宽、器件尺寸等方面,全光纤型的光子灯笼都展现出明显的优势,成为模式复用的首选。

近年来,人们报道了多种基于超表面概念的光学功能器件,如超透镜、光学分束器、偏振控制器、模式复用器和光学功能全息片等。超表面是指按照周期性排列的二维亚波长共振结构,它能够控制光波的相位、振幅和偏振等光学特性。与传统的光学器件相比,超表面光器件具有结构紧凑和亚波长分辨的优点。在自由空间光方法中也可采用超表面光学元件,可以减小光学系统的空间和降低复杂度。另外,在集成工艺中,人们还引入 3D 激光直写方法,主要是利用激光与物质发生相互作用的非物理接触和高效的精细材料去除工艺,用于加工多种丰富结构和材料系统的 3D 微纳光学结构,如光子引线等,展现出很大的潜力。

4.4 新型光纤放大器

与单芯单模光纤通信系统一样,SDM 系统的中继节点也需要采用具有较大增益和较小噪声指数的光纤放大器。不同之处在于,SDM 系统中,不同通道信号光的损耗和增益不同,其通道功率差将随着传输距离的增加而逐步累积,造成光纤通信系统的传输损伤。少模光纤传输系统中,导模的模场分布不同导致大的模式增益差,不同模式下的泵浦效率亦存在差异。因此,SDM 光纤放大器既要考虑多芯情况下不同纤芯内传输信号的增益均衡,又要考虑少模情况下不同模式的增益均衡,只有严格控制不同信道中各信号光的增益差，才能保持长距离传输过程的增益均衡。

多芯掺铒光纤放大器（MC-EDFA）实现信号光增益均衡的关键在于精确控制各纤芯的泵浦光功率。根据泵浦方式的不同，可分为纤芯泵浦与包层泵浦两大类，以及两种泵浦方式相结合的混合泵浦方式。纤芯泵浦的信号光与泵浦光经波分复用器共同进入单模光纤，通过 FIFO 器件实现 MCF 与多根单模光纤的复用连接，利用掺铒光纤实现信号光的放大，通常需要与多芯光纤纤芯数量相同的泵浦光源。包层泵浦通常采用包层侧面泵浦的方式，以熔融拉伸形成锥形过渡区为例，泵浦光由多模光纤经双包层光纤的侧面进入内包层，再耦合到各个纤芯内，实现信号光放大，主要优点是只需单个泵浦源且集成度较高。结合两者的优点，可将纤芯泵浦和包层泵浦两种方式相结合，即采用混合泵浦方式控制各个纤芯的泵浦光功率，一方面可增强均匀泵浦下单个纤芯的增益可控性，另一方面能够有效提高泵浦效率。单芯少模掺铒光纤放大器（FM-EDFA）中，不同信号光模式间的增益状况与少模掺铒光纤的交叠积分因子息息相关，通过优化交叠积分因子的差值可实现不同模式间的增益均衡。

5. 结束语

ROADM 全光网技术以高速数字相干光纤传输的"信息高速公路"为基础，引入波长选择开关和可重构光波交换，实现波长粒度的灵活交叉连接、动态上下路调度、快速光层故障恢复等，成为光网络部署的战略性选择，为国家骨干网和省市骨干网带来了带宽、容量、时延、生存性、运维等方面的显著提升。为了进一步提高 ROADM 的集成度和建设运营成本，工业界发展了全光互联的光背板、多维 WSS 叠加和集成等新技术。为了支持空分复用光传输系统，学术界研究了空分复用功能器件、光纤放大和多粒度交换结构等新技术。

致谢：本文参考了若干中英文文献，不及一一列出，在此对所有文献作者表示感谢！

作者简介

胡卫生，博士，上海交通大学电子信息与电气工程学院教授，先后担任区域光纤通信网与新型光通信系统国家重点实验室主任和电子工程系党总支书记。为国家"863"计划高性能宽带信息网总体组专家、国家自然科学基金委信息学科评审组专家等。担任 *Optics Express*、*Lightwave Technology* 等编委。享受国务院政府特殊津贴，曾主持国家杰出青年科学基金项目，入选"百千万"人才工程国家级人选，为全国优秀博士学位论文指导教师、教育部创新团队负责人等。参研成果获国家科学技术进步二等奖 2 项、上海市科学技术进步一等奖 1 项。从事光通信研究与教学 20 余年，发表论文 500 余篇，申请国家发明专利 50 余项。

800G+数据中心光互联技术发展趋势
Trend of Optical Transmission for 800G+ Data Center Interconnect

诸葛群碧

诸葛群碧　胡卫生
上海交通大学电子工程系

> **摘　要**：随着人工智能、云计算等技术的发展，数据中心通信流量迎来持续的爆发式增长。为满足这一需求，数据中心光互连需要达到单模块800Gb/s及以上的传输速率。本文主要介绍了目前直调直检系统进一步提升传输速率面临的挑战和低成本相干技术的发展现状，以及光电协同封装这一新型封装形式对未来数据中心光互连发展的影响。
>
> **关键字**：数据中心光互连，光模块，直调直检，相干探测，光电协同封装

1. 引言

随着人工智能、云计算等技术的持续发展，数据中心流量呈现持续的快速增长趋势，对大带宽和低延迟的需求推动了数据中心光互连市场的发展。华为在2020年发布了业界首款800G可调超高速光模块，支持200G～800G速率灵活调节，单纤容量达到48T，比业界方案高出40%[1]。在2021年的OFC中，亨通洛克利展示了基于EML的800G QSFP-DD800 DR8光模块，采用内置驱动器的7nm DSP和COB结构来实现，模块总功耗约为16W[2]。为了满足未来更大的流量增长，关于下一代的数据中心光模块技术研究正在如火如荼地进行，IEEE计划在2023年左右推出1.6TbE的Ethernet标准。直调直检（IMDD）系统受到色散、多径干涉等因素限制，进一步提高速率面临很大挑战；相干系统因为高频谱效率和良好的损伤补偿能力等优点逐渐展现出在数据中心互连场景中的优势，通过进一步降低相干模块的成本和功耗，相干技术有希望下沉到短距互连场景。在收发机方面，光电芯片协同提升，集成一体化将推动光模块速率的快速升级。本文对比分析了直调直检系统在进一步提升速率上面临的挑战和相干系统的优势，并主要介绍了目前低成本相干技术的研究进展和光电芯片协同封装这一新型封装技术。

2. 直调直检和相干系统发展现状

目前，在几百到上万公里的长距离光通信场景中，数字相干光通信系统已经实现了商用和部署；但在几公里左右的数据中心内部互连场景中，直调直检系统以其成本低、功耗小的优势，仍然占据主体地位；在介于两者之间的几十公里左右的城域数据中心光互连场景中，根据具体的不同需求，相干和直调直检系统都具有商业化部署的潜力。数据中心互连场景对光模块的要求随着通信速率的提升而不断提高，近15年来直调直检光模块不断地进行了技术更新。以Google的数据中心光互连技术为例[3]，第一代10Gbps小尺寸可插拔模块SFP采用NRZ调制格式；第二代和第三代在此基础上通过增加通道数和通道速率来实现传输速率的增长；第四代OSFP则改用更高阶的PAM4调制格式，波特率保持在25GBaud，光通道数增加到8个，使数据传输速率达到400Gbps；第五代OSFP在第四代基础上保持PAM4调制格式，波特率变为50GBaud，通道数仍为8个，达到800Gbps的传输速率。根据发展趋势，通过进一步提高波特率、增加通道数或者使用更高阶的调制格式，预计在2023年左右将实现1.6Tbps的单模块速率。

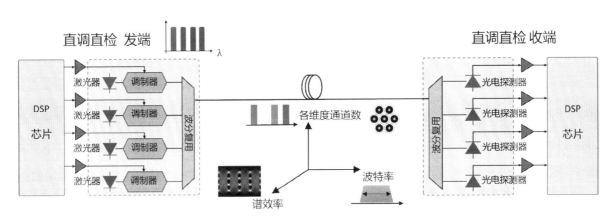

图1 直调直检系统架构图

图1展示了直调直检系统的架构和提高传输速率的不同维度。尽管高阶调制格式、波特率和通道数的增加使直调直检系统的通信速率得到了提高，系统传输速率的继续提升会受到色散和多径干涉（MPI）等因素的限制，代价越来越大。由于直调直检系统无法进行色散补偿，所以随着传输速率的提高，系统受色散的影响越来越大：波特率提升一倍，色散容忍度将下降为原来的四分之一。因此，高速直调直检系统的传输距离将十分有限，如速率提高到1.6Tbps，系统将只能在2km以内的范围正常工作[4]。除此之外，直调直检系统受到多径干涉的影响，使用更高阶调制格式的功率代价更大，不利于传输速率的提高。考虑到色散和多径干涉等问题对直调直检系统的限制，业界开始考虑相干技术应用于中短距数据中心光互连的可能性。

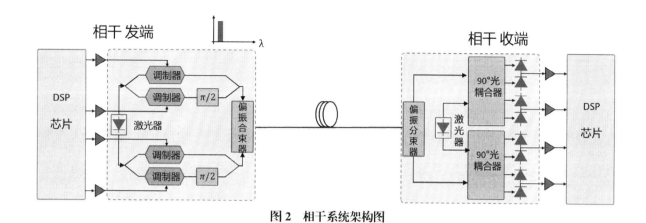

图 2 相干系统架构图

图 2 展示了相干系统的架构图，相较于 IMDD，相干探测具有以下优点：（1）更高的接收机高灵敏度：相干 QAM 调制比直调直检的 PAM 接受光灵敏度高 14dB 左右[3]；（2）更高的频谱效率：相干系统充分利用了光信号在光纤里的 4 个维度，即幅度、相位和两个偏振，而 IMDD 只利用幅度一个维度；（3）可以有效补偿各种线性损伤，比如色散导致的码间串扰。这些优点使相干系统可以达到远高于 IMDD 的单波传输速率，并且随着数字信号处理技术和集成光子学的发展，相干光模块的成本和功耗也在快速下降。文章[3]中总结了近 10 年来相干和 IMDD 收发机每 Gbps 功耗和线性密度（以 mm/Gbps 表示）的变化情况。结果表明，相干模块的功耗大幅下降，由 2010 年的 4W/Gbps 下降到了 2020 年的 0.03W/Gbps 左右；而 IMDD 模块的功耗仅从约 0.06W/Gbps 下降到 0.02W/Gbps；两者的功耗在 400G 的 OSFP 已经基本相同，未来相干和 IMDD 模块的功耗差距有可能继续减小。相干模块的成本也有类似的变化曲线，相干模块的线性密度从 2010 年的 5mm/Gbps 下降到了 2020 年的 0.04mm/Gbps 左右；而 IMDD 模块的线性密度仅从约 0.5mm/Gbps 下降到 0.02mm/Gbps 左右。从相干技术的优点和成本、功耗的下降趋势来看，中短距数据中心的互连有望采用相干技术。

3. 低成本相干技术

尽管相干系统的成本和功耗随着工艺的进步已经有了明显的下降，但在对成本、功耗较为敏感的短距数据中心互连场景中，相干系统和 IMDD 系统相比仍然没有明显的优势。

限制相干技术成本和功耗继续下降的因素主要有以下两个方面（如图 3 所示）：在器件方面，用于相干系统的激光器要求线宽窄、频偏稳定，需要通过温控技术实现，这使得激光器成本相较于 IMDD 系统更高；相干模块中的射频驱动器无法基于 ASIC 集成，这也进一步增加了器件成本；此外还有高采样率的 DAC 和 ADC 也限制了成本的下降；相干发射机中调制器的调制损耗很大，这导致了相干模块的链路预算降低。在 DSP 算法方面，传统的相干系统中包括色散补偿、时钟恢复、频偏补偿、载波相位恢复、均衡和 FEC 解码等算法，这些复杂的算法导致了 DSP 的功耗占比很高。对 DSP 算法进行一定的简化来降低系统功耗也是推动相干系统下沉到数据中心互连的一个关键方向。目前，业界也在积极探索简化的低成本低功耗相干系统架构。

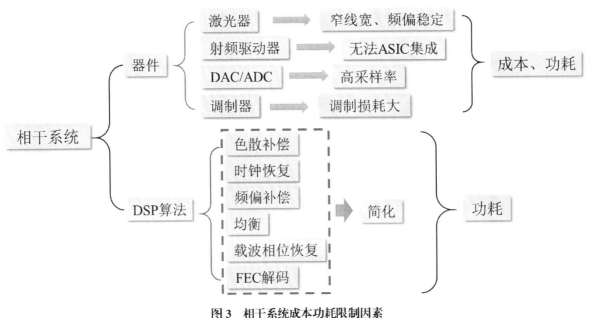

图 3　相干系统成本功耗限制因素

3.1 模拟相干架构

考虑到 DSP 在相干接收机中占用了大量的功耗，美国斯坦福大学研究组提出了基于模拟电路的相干接收架构[5]，该架构使用模拟电路代替 DSP 实现偏振解复用、载波恢复等信号处理。偏振解复用由多个光学移相器组合实现，通过低频电路控制。载波恢复通过光/电锁相环（高频模拟电路）来实现，主要由 3 个部分组成：相位估计器、环路滤波器和振荡器。据估计，在 90 nm 的 CMOS 中，偏振解复用和高速模拟电路的功耗接近 4W。在文章[6]中，加利福尼亚大学研究组使用 50GBaud 的 QPSK 调制信号分析证明了模拟相干检测达到 5～10 pJ/bit 的功耗是有可能的，并且能够增加未分配的链路预算，有潜力实现新的网络设计。

3.2 零差自相干架构

使用模拟相干架构代替 DSP 减小了接收机的功耗，业界也正从器件成本角度对相干系统进行优化。华中科技大学研究组和华为优化了自相干系统，将来自同一激光器的调制信号和未经调制的载波信号通过全双工光纤的不同通道发送到接收端，并利用接收的载波信号作为本振进行相干检测[7]。相较于标准相干架构，自相干架构对激光源的要求明显降低，可以采用线宽较大、没有波长锁定功能的激光器，比如低成本 DFB。他们利用线宽高达 1.5 MHz 的低成本 DFB 激光器实现了实时 600G DP-64QAM

的双向传输零差相干探测系统。此外，这个结构可以简化 DSP 中的载波恢复和时钟恢复，因为本振和信号一同从发送端传输而来，所以在理想情况下，本振和信号有相同的中心频率和参考相位，可以减小激光器相位噪声的影响，消除频偏影响。尽管如此，自相干架构仍然面临一些挑战，比如载波传输过程中偏振态改变导致解偏振时的功率衰减、实际载波和信号传输路径不同造成的相位延迟等问题。

4. 新型封装形式

传统的可插拔光模块在进入 800G+ 传输时代后遇到了技术瓶颈，功耗、散热、尺寸成了限制因素。为了降低系统级功耗，支持更高密度、更高容量的光链路，业界提出了数据中心交换机内部光接口和电接口的协同封装（CPO）。光电协同封装模块的中心是一个核心数字芯片，周围环绕着光模块芯片，这些芯片与交换机端口连接从而形成多芯片模块，这样的封装形式可以减少连接长度、降低损耗，并提高集成度[8]。比如，在共同封装系统中引入外部光源可以极大地促进基于本振激光器的相干检测，因为具有低相位噪声和精确控制频率的光源可以作为一个或多个光收发器的光源，分摊其成本。

目前还没有关于光电协同封装的全球性标准，最近成立的标准化小组旨在填补这一空白，比如由 Facebook 和微软支持的共同封装光学协作发布了 3.2T 联合封装光模块的产品需求文档[9]，描述了构建 8x400G 光模块的要求，旨在提高网络交换机密度和电源效率，文档中定义了联合封装光模块的两种变体，一种支持 400GBASE-DR4（总共 32 个收发光纤对），另一种支持 400GBASE-FR4（8 个收发光纤对）；OIF 共同封装框架 IA 项目提出了外部小型可插拔激光器模块，定义一种新的外形尺寸，优化封装激光器以支持共同封装的光学模块[10]；COBO 共同封装光学工作组讨论了硅光联合封装和制造技术，诸如并行光纤组装和兼容聚合物界面方法等[11]。完整的光电协同封装标准还包括电信号接口、光模块管理接口、光纤耦合形式等在内的重要内容，需要进一步规范化。

5. 总结

随着数据中心流量的持续快速增长，光模块的速率需要进一步提升。直调直检系统受到色散、多径干涉等因素的限制，在 800G+ 时代传输距离受到极大限制。在 2 公里及以上的数据中心互连场景中，相干系统有希望投入应用，但成本和功耗还需要进一步降低来实现其商用化。此外，光电协同封装的出现可能替代可插拔光模块从而成为未来新型的封装形式，但目前尚未制定合理的技术标准，仍有一系列技术挑战和产业链挑战需要面对。

参考文献

[1] HUAWEI. 800G tunable ultra high speed optical module[R/OL]. （2021） [2021-07-08]. https://www.huawei.com/cn/news/2020/2/800g-tunable-ultra-high-speed-optical-module.

[2] Hengtong Rockley Technology. 800G QSFP-DD800 DR8 Optical Transceiver[R/OL]. （2021） [2021-07-08]. https://www.ofcconference.org/en-us/home/virtual-exhibit/2021/hengtong-rockley-technology-co-,-ltd/.

[3] ZhOU, XIANG, RYOHEI URATA, HONG LIU. Beyond 1 Tb/s intra-data center interconnect technology: IM-DD OR coherent?. Journal of Lightwave Technology, 2020, 38（2）: 475—484.

[4] XIE, ChONGJIN, JINGCHI ChENG. Coherent Optics for Data Center Networks. 2020 IEEE Photonics Society Summer Topicals Meeting Series （SUM）. IEEE, 2020.

[5] JOSE KRAUSE PERIN, ANUJIT SHASTRI, JOSEPH M. KAHN. Coherent Data Center Links [J]. Lightwave Technol, 2021（39）: 730—741.

[6] TAKAKO HIROKAWA, et al. Analog Coherent Detection for Energy Efficient Intra-Data Center Links at 200 Gbps Per Wavelength [J]. Lightwave Technol, 2021（39）: 520—531.

[7] GUI, TAO, et al. Real-Time Demonstration of Homodyne Coherent Bidirectional Transmission for Next-Generation Data Center Interconnects [J]. Journal of Lightwave Technology, 2021,39（4）: 1231—1238.

[8] SPYROPOULOU, MARIA, et al. The path to 1Tb/s and beyond datacenter interconnect networks: technologies, components, and subsystems. Metro and Data Center Optical Networks and Short-Reach Links IV. Vol. 11712. International Society for Optics and Photonics, 2021.

[9] Co-Packaged Optics Collaboration. 3.2 Tb/s Copackaged Optics Optical Module Product Requirements Document[R/OL]. （2021） [2021-07-08]. http://www.copackagedoptics.com.

[10] OIF Co-packaging Framework IA Project. External Laser Small Form-Factor Pluggable （ELSFP） Module [R/OL]. （2021） [2021-07-08]. https://www.oiforum.com/technical-work/current-work/#ELSFP.

[11] COBO co-packaged optics working group. Efficient Manufacturing for Photonics/Electronics Co-Packaging [R/OL]. （2021） [2021-07-08]. https://www.onboardoptics.org/presentations.

作者简介

诸葛群碧，博士，上海交通大学电子工程系副教授，博士生导师。2009年获浙江大学光电系学士学位，2012年和2015年分别获加拿大麦吉尔大学硕士和博士学位，2018年入职上海交通大学。主要研究方向为核心骨干网光通信、数据中心光互联和光无线融合等。在国际一流期刊和会议上发表论文160余篇。主持和参与多项科技部重点研发计划和自然科学基金。入选2020年《麻省理工科技评论》中国区"35岁以下科技创新35人"，指导学生获得2020年OFC康宁杰出学生论文奖等。

胡卫生

胡卫生,上海交通大学特聘教授,鹏城实验室双聘教授。历任区域光纤通信网与新型光通信系统国家重点实验室主任,国家"863"计划高性能宽带信息网总体组专家,国家自然科学基金委信息学科评审组专家,*Optics Express*、*Lightwave Technology* 编委。享受国务院政府特殊津贴,曾主持国家杰出青年科学基金项目,入选"百千万"人才工程国家级人选,为全国优秀博士学位论文指导教师、教育部创新团队负责人等。参研成果获国家科学技术进步二等奖2项、上海市科学技术进步一等奖1项。

面向6G的可见光通信关键技术
Key technologies of visible light communication for 6G

迟 楠

迟 楠　王 杰
复旦大学通信科学与工程系电磁波信息科学教育部重点实验室

> **摘　要**：未来6G将覆盖集星间、空中、水下和陆地网络为一体的综合网络，为满足超高通信速率的要求，有必要探索新的频谱源以突破当下频谱资源稀缺的瓶颈。可见光通信采用400～800THz的频段进行通信，具备实现高速通信的能力，是解决以上问题的极具前景的可行方案。本文具体介绍了可见光通信领域的关键器件和关键技术，并重点对人工智能在非线性补偿、调制方式识别、相位估计、信道估计等可见光通信研究方向中的应用进行了探讨。结合人工智能的可见光通信技术有望成为未来超高速、智能化的6G时代的重要组成部分。
>
> **关键字**：可见光通信，6G，人工智能，非线性补偿，调制方式识别

1. 引言

随着5G逐渐商用，针对6G的研究迈出了新步伐。6G移动网络有望提供超快速度、更大容量和超低延迟，以支持新兴应用的可能性。通信技术的迅猛发展使得研究人员意识到目前的频段可能不足以满足日益增长的需求，例如一个未压缩的超高清视频可能达到24 Gb/s，一些3D视频可能达到100 Gb/s。因此未来6G可能会利用比前几代更高的频谱，以提高数据速率，预计比5G快100～1 000倍[1]。探索新的频谱源是解决目前频谱资源稀缺问题的重要研究方向。

可见光通信（Visible Light Communication, VLC）是一种利用频段为400～800THz的可见光进行信息传输的无线通信技术，具有频谱资源丰富、频段无需授权、高传输速率和不受电磁干扰等优势[2]。可见光通信技术主要采用常见的发光二极管（Light Emitting Diode, LED）作为发射光源，使得日常生活中常见的LED兼具照明和通信的功能，在未来室内通信中将扮演重要角色，有效节约成本的同时实现高速通信。车联网作为"万物互联"发展的关键一环，利用车灯实现车与车通信有望成为可见光通信技

术中率先实现的范例。此外，在星间、空中和水下等通信领域中，传统的无线通信速率较低，制约了以上领域的进一步发展，将可见光通信作为传统无线通信技术的补充，可以满足高传输速率的要求。因此，可见光通信是适合于上述 6G 场景的可行有效的解决方案，如图 1 所示。

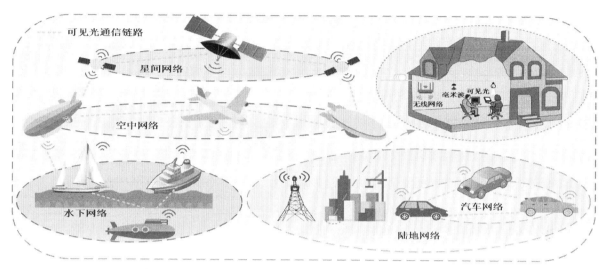

图 1 可见光通信在星间、空中、水下、室内和汽车网络中的应用

本文基于可见光通信最新研究进展，首先对可见光通信中的关键器件和关键技术进行了介绍，接着重点探讨了人工智能在可见光通信中的应用。

2. 可见光通信中的关键器件与技术

对可见光通信技术的研究主要集中于关键器件和关键技术两方面，如图 2 所示。关键器件主要涉及位于发射端和接收端的实现光与电相互转换的器件，这些器件本身对可见光通信系统的性能具有重要影响。同时，通过采用先进调制技术、复用技术、均衡技术和 MIMO 技术等关键技术可以进一步改善 VLC 系统的性能。

2.1 关键器件

可见光通信种的关键器件主要包括位于发射端的发射器件和位于接收端的光探测器。常见的发射器件包括发光二极管（LED）、激光二极管（Laser Diode，LD）和超辐射激光二极管（Super-Luminescent Diode，SLD），其中，LED 在可见光通信中应用最为广泛。LED 是 21 世纪极具发展潜力的绿色光源，具有生产成本低、功耗低、寿命长和对人眼安全等优势，成为可见光通信中的主要发射光源。商业白光 LED 主要分为两种，一种是由红绿蓝（RGB）三种颜色混合产生白光，另一种是利用蓝光激发黄绿色荧光粉产生白光。第一种 RGB 混合型 LED 具有较高的光谱带宽，有利于提高传输速率，但其造价较高。第二种 LED 存在黄绿色荧光粉响应速度慢的问题，导致其调制带宽很低，一般只有几十 MHz，但这种 LED 成本很低，常被用作可见光通信系统的主要发射光源。LD 所产生的光相干性高，不存在效率跌落（droop effect），且其 3dB 调制带宽大于 1GHz，采用 LD 作为发射光源的 VLC 系统很容易实现远距离和高速通信。然而 LD 的发展仍然存在局限性，由于 LD 本身发散角很小，所以基于 LD 的 VLC 系统需要将 LD 和接收器严格对准才能保证系统的性能。并且激光对人眼有害，不适合日常中照明，其相干性会产生散斑效应等。SLD 是一种新型光源，它结合了 LED 和 LD 的部分特性，具有相干性弱、光谱宽、方向性好、对人眼安全等特点。2016 年新研制的 InGaN 基 SLD 可产生高功率蓝光，其调制带宽高达 800 MHz，有望成为未来可见光通信系统的发光器件。

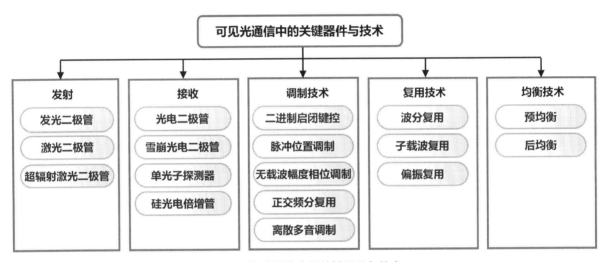

图 2　可见光通信中的关键器件与技术

在可见光通信系统接收端，需要实现光电转换的探测器来接收信号。一般对光电探测器的基本要求是响应度高、响应速度快、噪声低、线性关系强和工作寿命长等。常用的光电探测器有 PIN 光电二极管和雪崩光电二极管（Avalanche Photon Diode, APD）。PIN 光电二极管成本低，技术成熟，在可见光通信中应用最为广泛。相比于 PIN 光电二极管，APD 具有更高的响应灵敏度和更宽的响应带宽，但其成本较高，且需要很高的偏置电压，故应用相对较少。为了提升基于 PIN 的接收性能，2015 年，复旦大学的研究人员提出了 3×3 的集成 PIN 阵列[3]，单个 PIN 带宽小于 25MHz，在可见光通信实验中实现了 1.2Gb/s 的传输速率，并证明性能优于单个 PIN 光电二极管。将上述可见光通信常见的光发射器和探测器的基本特点进行总结，如表 1 所示。此外，研究人员提出了一些新型的探测器件，如单光子探测器（Single-Photon Avalanche Diode, SPAD）和硅光电倍增管（Silicon Photo Multiplier, SiPM），因其超高的灵敏度，可用于探测极微弱的光信号。

表 1　可见光通信中关键器件的特点

器件	位置	优点	缺点
发光二极管	发射端	成本低；功耗低；寿命长；对人眼安全	3dB 带宽 < 100 MHz
激光二极管	发射端	相干性高；无效率跌落；3dB 带宽 > 1GHz	散斑效应；对人眼有危害
超辐射激光二极管	发射端	效率高；对人眼安全；方向性好；3 dB 带宽为 400 MHz～800 MHz	没有可靠性评估模型；存在联接失败的风险
光电二极管	接收端	成本低	灵敏度低；响应带宽有限
雪崩光电二极管	接收端	灵敏度高	成本高；额外的噪声

2.2 关键技术

除了关键器件以外，为了进一步提升可见光通信系统的性能，研究人员也对一些关键技术进行了大量研究，如调制技术、复用技术和均衡技术。

先进的调制技术可以有效提高光谱效率，实现高速通信。在可见光通信系统中，主要从振幅、相位、频率和偏振 4 个方面进行调制。常见的调制技术有二进制启闭键控（On-Off Keying, OOK）、脉冲位置调制（Pulse Position Modulation, PPM）、正交频分复用（Orthogonal Frequency Division Multiplexing, OFDM）、离散多音（Discrete Multi-Tone, DMT）和无载波幅度相位调制（Carrierless Amplitude and Phase, CAP）等。OOK 最为基础，通过单极性不归零码来控制载波的开启和关闭来进行调制，PPM 则通过改变脉冲位置实现调制，OOK 和 PPM 实现成本低，结构也较为简单。OFDM 是一种多载波调制方式，利用多个正交子载波并行传输数据，具有较强的抗多径干扰和频率选择性衰落的能力，实现了较高的频谱效率。但 OFDM 也存在峰值平均功率比（Peak to Average Power Ratio, PAPR）大和对频偏敏感的问题。DMT 调制属于 OFDM，其利用快速傅里叶逆变换（Inverse Fast Fourier Transform, IFFT）将时域信号的复数表示转换为实数表示，避免了 LED 无法直接传输常规 OFDM 产生的复数信号的问题。同样地，DMT 也存在 PAPR 大的缺陷，容易导致信号的非线性失真。CAP 调制在发射端采用两个相互正交的数字滤波器，避免了复数信号到实数信号的转换，其结构简单，并且可以提高频谱效率，实现高速传输。

多维复用技术是一种克服 VLC 系统调制带宽受限的技术之一，主要包含波分复用（Wavelength Division Multiplexing, WDM）、子载波复用（Subcarrier Multiplexing, SCM）和偏振复用（Polarization Division Multiplexing, PDM）。波分复用（WDM）一般采用 RGB 混合型 LED 作为发射光源，在发射端将信号分别调制到对应红、绿、蓝三种不同颜色波长的光载波上进行传输，如图 3（a）所示，以上三种颜色的光在信道中混合产生白光，在接收端采用对应颜色的滤光片进行光载波分离，最后进一步对接收信号进行处理。采用这种类型的 WDM 技术，可将 VLC 系统容量提升 3 倍。2013 年，有研究者采用红绿蓝三色波分复用系统进行信号传输，其中每个波长的调制带宽为 156.25MHz，利用 256QAM 调制实现了每个波长 1.25Gb/s 的传输速率，总传输速率达到 3.75Gb/s。子载波复用（SCM）是一种将信号调制到中心频率不同的子载波上，然后利用同一可见光波长进行传输的复用技术，该技术可以有效解决信道频响不平坦的问题。在 SCM 中，可以根据信道响应情况和需求单独对不同子载波的调制阶数、带宽和中心频率进行动态调整，具有很大灵活性。一般情况下，VLC 系统中频率越高，则衰落越大、响应越差，故常在较低频率采用更高阶的 QAM 调制方式，如图 3（b）所示。偏振复用即将信号调制到不同偏振方向的光上进行多路传输。虽然 LED 发出的光是非相干光，但仍可利用偏振片来获得不同偏振方向的线偏振光，如图 3（c）所示。在 VLC 系统中实现 PDM 时，要求发射端的起偏器和接收端的检偏器一一对应。复旦大学的研究人员成功利用相互正交的偏振复用器实现了偏振复用，在一个 2×2 的可见光偏振复用系统中实现了 1Gb/s 的传输速率，传输距离为 80cm。

均衡技术主要包括预均衡和后均衡两大类，其中预均衡主要是为了补偿可见光通信系统对信号造成的失真，通过提高 LED 响应带宽来实现高速率传输。预均衡又分为硬件预均衡和软件预均衡。硬件预均衡即通过设计相应的硬件实现预均衡，2015 年，复旦大学的研究人员提出了桥 T 幅度均衡器[4]，该均衡器线性度高且阻抗匹配性能好，可有效补偿可见光信道。图 4 是其双级联结构，根据均衡器 2 种元器件数值与均衡器

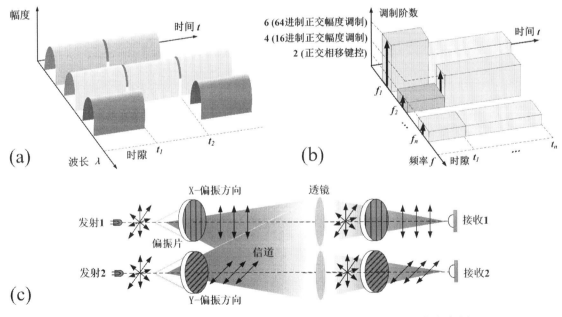

图 3　三种复用技术原理图：（a）波分复用，（b）子载波复用，（c）偏振复用

1是否相同，可分为两个相同的单级幅度均衡器（双级联同构幅度均衡器）和两个不同的单级幅度均衡器（双级联异构幅度均衡器），异构均衡器比同构均衡器可调参数更多，灵活性更强。相比于单级幅度均衡器，双级联结构具有更强的信道补偿作用。软件预均衡避免了硬件预均衡中存在的模拟电路时间抖动、抗干扰能力弱、带宽受限等问题，灵活性更高。2014年，基于FIR滤波器的软件预均衡技术被提出。通过采用窗函数法或频率抽样法进行FIR滤波器设计，并且FIR滤波器具有任意的幅频特性、严格的线性相位、稳定等一系列优点。实验表明通过提高FIR滤波器的阶数，可以达到很好的均衡效果。除了发射端的预均衡技术外，接收端的后均衡技术也对VLC系统性能提升至关重要。由于VLC系统中信号经过信道传输后会因为多种原因产生畸变，故需要在接收端采用一些列后均衡算法对信道进行估计和补偿，可有效提高接收信号的质量。常见的后均衡算法包括恒模算法（CMA）、级联多模算法（CMMA）、改进的级联多模算法（M-CMMA）和判决辅助最小均方（DD-LMS）算法。

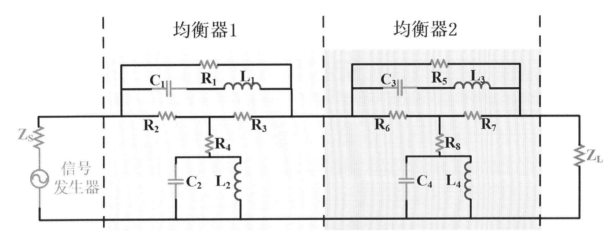

图4 双级联桥T幅度均衡器

3. 人工智能在可见光通信中的应用

随着人工智能飞速发展，凭借其在预测、分类、模式识别和数据挖掘等领域的突出性能，已经被广泛研究和应用。近年来，可见光通信领域逐渐结合人工智能相关算法来尝试解决一些可见光通信中的难题，进一步提升VLC系统的性能。在VLC系统中，人工智能算法常被用于系统非线性补偿、调制方式识别、相位估计、信道估计和室内VLC定位等任务中，如图5所示。

在VLC系统中，传输信号总是会受到线性和非线性失真的影响，导致误码率的升高，严重影响VLC系统的性能。非线性效应主要来源于VLC系统中的非线性器件，如驱动电路、LED和PIN等。近年来人工智能被广泛用于补偿VLC系统中信号的非线性失真，例如聚类算法和神经网络。常用的聚类算法如K均值聚类算法和基于聚类的感知决策（Clustering Algorithm based Perception Decision, CAPD）算法。2017年，

CAPD 被应用于多带 CAP VLC 系统中,与单一线性补偿相比,VLC 系统的 Q 因子提高了 1.6dB～2.5dB。2018 年,一种基于 K 均值的预失真方法被提出,实验证明使用该方法实现了至少 50% 的性能提升。考虑到神经网络可以通过其强大的非线性映射能力来学习系统的特性,研究人员开始尝试将神经网络应用于 VLC 系统中以补偿系统的非线性失真。几种类型的人工神经网络被证明可用作均衡器,包括多层感知机(Multi-Layer Perceptron,MLP)、径向基函数(Radial Basis Function,RBF)和函数链接型人工神经网络(Functional Link Artificial Neural Network,FLANN)。MLP 是一个复杂度较低的人工神经网络,MLP 均衡器在 VLC 系统中的应用于 2015 年提出。在此基础上,2019 年新提出的双分支多层感知机(Dual-Branch Multi-Layer Perceptron, DBMLP)的后均衡器具有比 MLP 均衡器更好的性能;同一年有研究人员提出并实验验证了一种基于 FLANN 的非线性补偿方案,通过单带和多带的 CAP64 信号传输实验均证明了 FLANN 在非线性抑制方面的突出性能,可实现多达 9 个子带的 CAP64 传输,部分子载波误码率降低 50%～99%。深度神经网络也被认为是实现 VLC 系统均衡和减轻非线性的有效方法。2018 年,一种基于高斯核(Gaussian kernel)的多层神经网络 GK-DNN 被用于水下可见光通信中的数据后均衡。高斯核的加入提高了网络收敛速度,减少了 47.06% 的训练次数。2019 年,长短期记忆(Long Short-Term Memory,LSTM)在 VLC 系统中被首次应用。相比于传统的均衡方法,基于 LSTM 的均衡器将系统的 Q 因子提高了 1.2dB,并延长了传输距离,同时降低了系统复杂性。2020 年,基于时频联合图像分析的神经网络(joint time-frequency post-equalizer based on deep neural network and image

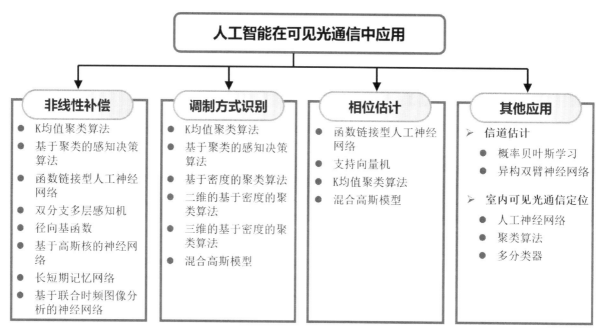

图 5　人工智能在可见光通信中的应用

analysis, TFDNet)开始把信号的频域特征也加入到神经网络的训练中,首次将时频图像分析应用于水下可见光通信系统中的非线性补偿。实验结果表明在补偿非线性失真方面,TFDNet 优于基于 Volterra 和 DNN 的方法。

人工智能算法也常被用于 VLC 系统中的调制方式识别,以减少接收信号的误判。上文提到的 K 均值聚类算法和 CAPD 也适用于 VLC 系统中的调制方式识别。除此之外,基于密度的聚类算法(Density-Based Spatial Clustering of Applications with Noise,DBSCAN)以及对应更高维的 2D DBSCAN 和 3D DBSCAN 也可用于进行调制方式识别。2018 年,一种基于 DBSCAN 的方法被用来区分 PAM VLC 系统中的不同信号电平,该方法在 2019 年进一步扩展到同相/正交二维空间和同相/正交/时间三维空间,分别被称为 2D DBSCAN 和 3D DBSCAN。也有人利用混合高斯模型(Gaussian mixture model,GMM)再生 QAM 信号的判决边界,有效地补偿了星座不匹配引起的误判。

在 VLC 系统中,非线性会导致接收信号的相位偏差。通过使用人工智能算法,如支持向量机(Support Vector Machine,SVM)和 K 均值聚类算法,可以有效地补偿由相位偏差引起的 VLC 系统的非线性恶化。2019 年,基于 K 均值聚类的算法被用于校正相位偏差,用于校正 8QAM 星座的相位偏差,应用该算法后最高数据速率得到了较大提升。2020 年,有研究者采用 SVM 进行星座分类,在 960Mb/s 的总容量下,Q 因子提高了 11.5dB。

此外,人工智能还可以用于 VLC 系统的其他应用。概率贝叶斯学习(Probabilistic Bayesian Learning,PBL)和异构双臂神经网络(Two Tributary Heterogeneous neural networks,TTHnets)已经被提出并用于信道估计。2017 年用作 VLC 信道估计器的 PBL 技术显著降低了所需的训练开销。2019 年,新提出的异构双臂神经网络 TTHnets 被用于水下可见光信道估计。与传统神经网络相比,TTHnets 信道仿真器只有 1 932 个可训练参数,极大地降低了网络参数数目,并实现了更高的估计准确性。在室内可见光通信定位应用中,人工智能算法也是一个强大的工具,ANN、聚类和多分类器都可以用来实现室内可见光通信定位。

4. 结束语

本文结合最新的可见光通信研究进展,介绍了可见光通信系统中的关键器件和关键技术,目前关于可见光通信发射、接收器件和调制、复用、均衡等技术的研究已经取得了许多显著的成果。我们还重点对人工智能在可见光通信领域中应用进行了探讨,包括非线性补偿、调制方式识别、相位估计、信道估计和室内 VLC 定位。近年来,人工智能在可见光通信中的研究已经取得了一定进展,但仍处于起步阶段,还有很多与人工智能相结合的可见光通信技术值得去探索。我们有理由相信,将人工智能与可见光通信技术相结合,用以解决可见光通信领域的一些难题,既是实现可见光通信快速发展的可行方案,也是适应 6G 智能化网络和技术的发展趋势的重要研究方向。

参考文献

[1] YANG P, XIXO Y, XIZO M, et al. 6G Wireless Communications: Vision and Potential Techniques[J]. IEEE Network, 2019, 33（4）:70—75.

[2] ChI N, ZhOU Y, WEI Y, et al. Visible Light Communication in 6G: Advances, Challenges, and Prospects[J]. IEEE Vehicular Technology Magazine, 2020, 15（4）: 93—102.

[3] LI J, HUANG X, JI X, et al. An integrated PIN-array receiver for visible light communication[J]. Journal of Optics, 2015, 17（10）: 105805.

[4] HUANG X, ShI J, LI J, et al. 750Mbit/s visible light communications employing 64QAM-OFDM based on amplitude equalization circuit[C]//Proceedings of 2015 Optical Fiber Communications Conference and Exhibition （OFC）, Los Angeles, CA, USA, 2015: 1—3.

作者简介

迟楠，复旦大学信息学院院长，教授，博士生导师。国家杰出青年科学基金获得者，美国光学学会OSA Fellow。长期从事高速光通信和高速可见光通信方面的研究，主要研究高谱效率多维多阶光调制技术和数字信号处理技术。发表SCI检索论文260余篇，Google引用8000余次，4篇ESI高被引论文，出版专著6部。5次担任光通信国际会议主席，近5年应邀在国际会议作大会主题报告5次、特邀报告30余次。获教育部自然科学二等奖、中国产学研合作创新一等奖、国际工业博览会创新奖等各1项。

王　杰

王杰，2020年在厦门大学获学士学位，目前在复旦大学攻读硕士学位。研究兴趣为可见光通信。

光纤传感技术在长距离输水隧洞结构监测中的应用
Application of optical fiber sensing technology in structure monitoring of water conveyance tunnel with long distance

赵 霞

赵 霞　陆骁旻　方 玄　冯唯一

江苏法尔胜光电科技有限公司

> **摘　要**：长距离输水隧洞作为大型引调水项目的主要组成部分，肩负着合理配置水资源的重要任务。为了实时掌握隧洞结构安全状况，保证输水隧洞的正常运营，需要在传统监测手段的基础上，增加隧洞结构的实时在线监测系统。本文以引洮供水工程为例，介绍了光纤传感技术在长距离输水隧洞结构安全监测中的应用情况。通过分析传感器与应变光缆的安装敷设方式、长期监测数据，验证了光纤传感技术在长距离输水隧洞结构监测中的有效性与可行性。
>
> **关键词**：长距离输水隧洞，光纤传感技术，光纤光栅传感器，分布式应变感测光缆

1. 引言

我国水资源呈东南丰富、西北不足的特点，为打破水资源分配不均衡等问题，越来越多引调水工程开工建设并投入使用。在国家大力支持下，大型跨流域调水工程已经成为我国重要的基础性建设之一，仅"十三五"期间的172项重点水利工程，总投资规模已超过1万亿。随着引调水范围不断扩大与项目施工技术不断进步，作为引调水工程中重要组成部分的输水隧洞，建设规模不断加大。在引汉济渭、引洮工程、滇中引水等大型引调水工程中，已经出现了数十公里的超长输水隧洞。这些长距离输水隧洞在建设过程中常穿越多种复杂地质构造段，自身结构易受周边地质环境变化的影响。由于输水隧洞在整个引调水工程中的不可或缺性，隧洞结构一旦发生破坏，将会直接影响引调水工程的安全性与耐久性。因此需要对长距离输水隧洞全线结构的安全状况进行把握。

由于长距离输水隧洞内电类传感器无法实现对隧洞深处结构情况的感知，传统巡

检的方式也受停水周期的影响，因此传统手段无法满足对长距离输水隧洞全线结构安全监测的需求。光纤传感技术的出现，打破了传统监测手段的壁垒，使长距离输水隧洞结构全线监测成为可能。光纤传感技术具有寿命长、可靠性好、现场无源、抗电磁干扰等特点，特别适合长距离输水隧洞结构的长期在线监测。

本文以甘肃引洮供水工程中的长距离输水隧洞作为主要研究对象，重点探究光纤光栅传感技术与分布式光纤传感技术在长距离输水隧洞结构监测中的应用。

2．长距离输水隧洞结构监测

引洮供水工程作为国家重点水利工程之一，共分为两期。一期总干渠工程以隧洞为主，共设输水隧洞15座92.97km，占全长的84.2%，其中3、6、7、9隧洞的长度分别为13.2km、15.1km、17.2km、18.2km，大于10km的隧洞占总干渠长度的57.6%。二期工程全长95.1km，其中隧洞20座，长度90.6km，占渠线总长的95.25%。为保障工程周边数百万人的用水需求，引洮供水工程在日常运营过程中无法保证特定的停水周期，临时性的停水很难满足全线人工巡检的需求。因此，需要在隧洞内部安装各类安全监测仪器，用于采集隧洞内重点参数的动态变化值。通过对监测数值的处理与分析，对监测区域内结构的当前状态有一个较为详细及客观的了解，并作为结构安全发展趋势的重要依据。

本项目中主要采用了光纤光栅传感器与分布式应变光缆作为感测单元，通过安装不同类型传感器，对特定区域内隧洞结构的收敛、应力、温度、渗压等参数进行长期实时监测；通过在16#、31#、32#隧洞全线布设应变感测光缆，了解上述3条隧洞全线结构变化趋势与重点区域结构收敛情况。

2.1 项目实施方案

根据相关规范要求，在运营期内，为保证对输水隧洞结构状态的监测，需要在隧洞内设置永久监测断面。为区分监测区域的重要性，在重点监测部位安装光纤光栅点式传感器，其中包括了光纤光栅多点位移计、光纤光栅埋入式测缝计、光纤光栅渗压计、光纤光栅钢筋计、光纤光栅应力计等，用于监测结构的收敛变形、衬砌位移、渗水压力、钢筋应力等参数。主要传感器的安装如图1所示。

采用开槽预埋的方式敷设分布式应变感测光缆，用于对隧洞全线结构的变化情况有一个初步的了解与判断。对于重点监测部位，采用增加环向光缆的方式，监测隧洞的收敛变形。应变感测光缆敷设方式如图2所示。

当监测区域内隧洞结构出现变化时，传感器与应变光缆的监测数值将发生改变，通过计算变量可以了解各监测区域内不同监测参数的变化情况。通过全线应变光缆监测曲线的变化，可以实时了解全线隧洞不同区域内结构的变化趋势。

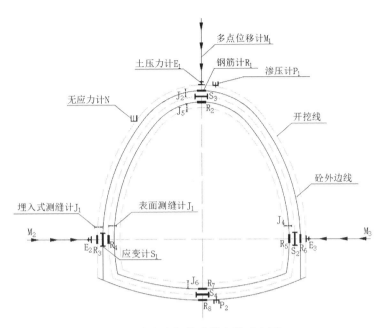

图 1　光纤光栅传感器安装示意图

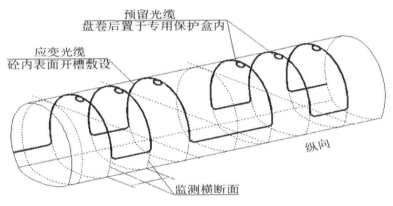

三心圆型隧洞断面应变光缆布置纵向示意图
1:100

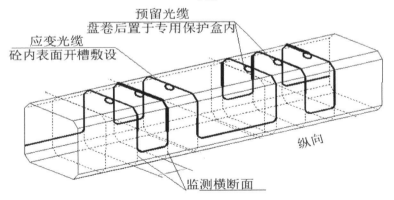

矩形暗渠断面应变光缆布置纵向示意图
1:100

图 2　应变感测光缆敷设示意图

3. 光纤传感技术应用效果分析

3.1 安全监测系统平台

监测系统平台以引洮供水一期、二期工程内各类传感设备的监测数据（光纤光栅传感器、分布式应变光缆）为基础，将数据分析处理后，以图形、数据表格等直观的方式展示发布；通过集成综合信息展示与查询、报警策略设置、统计报表发布、用户管理等方面实现信息化的综合管理。整套系统方便营运单位管理人员对输水隧洞结构的运行情况进行实时监控、浏览、查询与控制，提高现场管理人员的工作效率，有利于实现项目整体的信息化管理，推动以"集约化、信息化、多元化"为核心的智慧水利的建设。

截止目前，甘肃引洮一期供水工程安全监测系统平台已正常运行超5年，监测数据稳定，未出现系统BUG、系统误报等问题，为隧洞结构的运营管理提供了大量数据支持。引洮供水一期工程安全监测系统平台如图3所示；二期供水工程安全监测系统平台已完成初步架构，系统测试稳定，待现地站完成建设后将完成现场布置。引洮供水二期工程安全监测系统平台如图4所示。

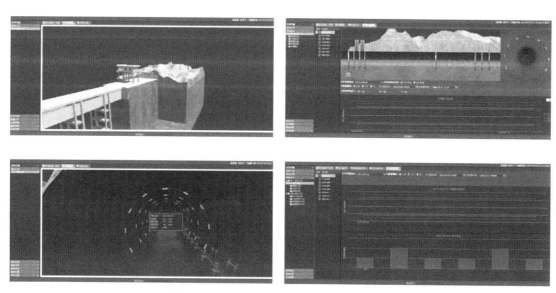

图3 引洮供水一期工程安全监测系统平台

图4 引洮供水二期工程安全监测系统平台

3.2 监测结果

截止目前，引洮供水一期工程系统平台已采集超过 5 年的数据，从长时间监测数据可以了解到，应力变化区间为：-0.5～1.1MPa；位移变化区间为：-0.3～0.7mm；温度变化区间为：-5～15℃；监测区域内沉降变化区间为：-1.5～0.6mm。监测数据表明，监测参数处于一个相对较小的范围内，监测区域内结构处于相对稳定的状态。通过对长期数据的分析可以了解到，监测数据呈周期性变化，且变化周期以年为单位，表明监测结构会受到气候变化的影响。该趋势与现实监测数据一致，表明了监测系统的真实有效性。其中，引洮供水一期工程部分数据情况如图 5、图 6 所示。

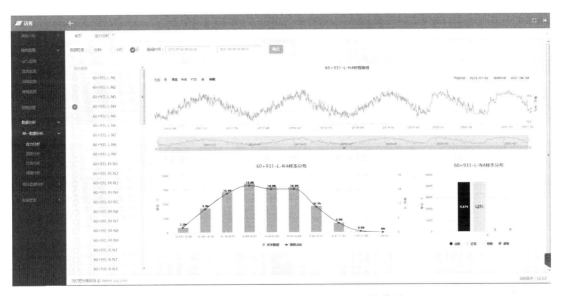

图 5　引洮供水一期工程应力传感器监测曲线图

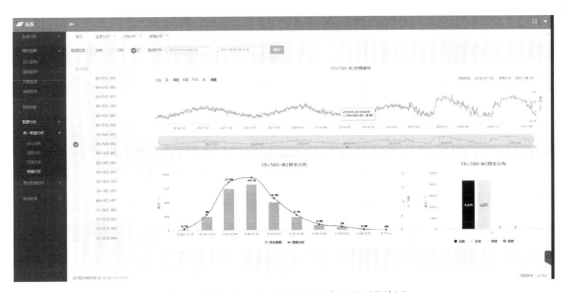

图 6　引洮供水一期工程位移传感器监测曲线图

现阶段,引洮二期工程部分隧洞仍处于施工阶段,对隧洞结构的数据的获取仅能通过人工数据采集,尚未实现数据的自动化采集。通过长期多次数据的采集分析,部分传感器的监测数据如图7所示。

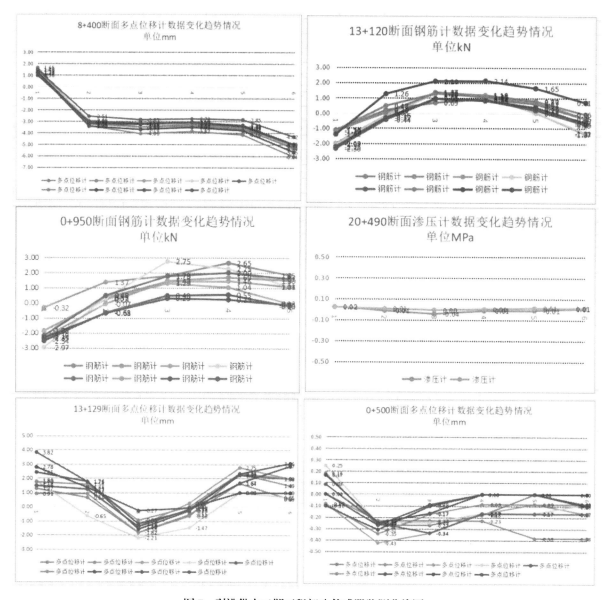

图7 引洮供水二期工程部分传感器监测曲线图

引洮供水二期工程监测数据从相对较大的变化向着平稳趋势过度,相同位置同类传感器的监测数据逐渐统一,反映出隧洞结构在经历开挖、衬砌后逐渐趋于稳定。监测数据与结构实际变形情况相符,表明安装完成的传感器与隧洞结构能够很好地协同变形,监测数据真实有效反映出隧洞结构的变化情况。

由上述监测数据可知,以光纤传感技术为核心的隧洞结构监测系统平台对引洮供水工程监测区域内的结构变化情况有一个直观且真实的反馈。

4. 结束语

光纤传感技术在引洮工程中的成功应用，表明光纤传感技术能够满足对长距离输水隧洞结构的监测需求。通过监测信号与结构形式相结合的方式，结合智能化的分析手段，最终为用户方提供结构运营管理的决策依据，在发生事故的时候便于分析事故原因，保证结构的正常运营，减少非不可抗力破坏带来的经济损失，为结构本身或信息化系统设计的发展提供方向性支持。在输水隧洞全线结构安全监测成为"智慧水利"建设过程中不可或缺的组成部分的当下，光纤传感技术在长距离输水隧洞结构监测中将拥有很好的应用前景。

参考文献

[1] 唐江凌，胡君辉. 浅谈光纤传感技术的应用与发展[J]. 科技视界，2019（02）:52—53.

[2] 杜泽快，胡长华. 滇中引水工程输水隧洞安全监测设计原则研究[J]. 人民长江，2019，50（10）:157—161，170.

[3] 何勇军，范光亚，徐海峰，李铮. 输水隧洞安全监控与预警技术研究进展[J]. 东北水利水电，2014，32（10）:48—50，56，72.

[4] 张玉坤. 光纤光栅传感器在长距离输水工程中的应用[J]. 吉林水利,2012（05）:28—29，35.

作者简介

赵霞，博士，正高级工程师，江苏法尔胜光电科技有限公司总经理。先后获得中国专利优秀奖、中国材料研究学会科学技术奖一等奖、江苏省科学技术奖二等奖、江苏省有突出贡献中青年专家、江苏省十大青年科技之星、江苏省青年双创英才、江苏省333高层次人才培养工程培养对象、无锡市劳动模范、无锡市有突出贡献中青年专家、无锡市十大杰出青年等荣誉和奖项。从事光纤传感技术及特种光纤技术研究10年。带领团队先后承担了15项国家和省部级重点项目，其中包括中央军委装备发展部预研、型谱、工程替代及共性支撑项目4项，国家重点研发专项4项，省级保偏光纤重点项目5项。申请PCT1件，获7个国家或组织授权；获授权国家专利84件，其中发明专利14件。发表专业论文42篇，主持科技成果鉴定及新产品鉴定7项。

陆骁旻，江苏法尔胜光电科技有限公司监测系统部项目负责人。多次承担桥梁、隧道、水利、石油石化、电力等领域监测项目的项目经理。主要负责光纤传感监测项目的实施及各类传感器、特种光缆的应用工艺优化。

陆骁旻

方 玄

方玄,江苏法尔胜光电科技有限公司监测系统部经理。从事光纤传感技术及特种光缆技术研发多年,作为项目负责人多次承担国家级省市级重点研发项目。带领团队先后参与并完成"沪苏通长江大桥索力监测""甘肃引洮供水一期工程安全监测""甘肃引洮供水二期工程安全监测""滇中引水工程安全监测"等多个国家重点项目的安全监测任务。

冯维一

冯维一,博士后,江苏法尔胜光电科技有限公司监测系统部技术负责人。先后承担中国博士后基金项目、江苏省科技成果转化等重大项目。目前已参与并完成多项以光纤传感为核心的安全监测工程,涉及多个应用领域。已发表论文20余篇,授权专利8件。

五

《中国光纤通信年鉴：2020年版》
获奖优秀作品选登

应用于5G前传的色散平坦新型光纤

兰小波

兰小波　李允博　邓　兰

光纤光缆制备技术国家重点实验室

长飞光纤光缆股份有限公司

中国移动研究院

摘　要：针对5G前传领域现存的发送和色散代价过大导致的功率预算不足问题，设计了色散优化的新型光纤。使用新型光纤在5G前传10km的MWDM波分复用系统中至少可节省2.5dB的链路预算；同时，新型光纤也可完全兼容城域网的应用场景。

关键词：5G　色散优化　新型光纤

一、前言

与4G相比，5G使用的频率更高，即单基站覆盖的范围更小；要达到相同的覆盖范围，5G基站需要更大的密度。如果大量密集的基站都使用光纤直连的方式进行连接，就需要消耗大量的光纤和管道资源。因此，为了降低光缆的建设成本、节省光纤资源，就必须使用波分复用（WDM）设备来解决前传长距离传输和光纤耗尽问题[1-2]。有源天线处理单元（AAU）侧和分布单元（DU）侧使用不同波长的彩光模块，分别通过光纤连接两边的复用器/解复用器，两边的复用器/解复用器之间则通过单根光纤进行单纤双向的连接。

典型的5G物理站点至少有3组AAU，每个AAU需要2个25G的eCPRI接口，为了满足更高的5G前传要求以及兼容4G传输，目前12波WDM系统被认为是满足需求的WDM方案。中国移动提出的基于CWDM系统的12波MWDM传输方案可实现CWDM成熟产业链的复用。

25G MWDM系统的链路预算主要受到光纤损耗、连接损耗、复用器/解复用器插损以及发送与色散代价（TDP）的限制。由于5G前传速率的提升（10～25G），色散代价的影响变得尤其重大，O波段由于色散较小，适用于5G前传的传输波段[3-4]。

表1　12波25G MWDM系统除TDP以外的链路预算组成

项目	值
光纤损耗	3.5dB（10km）
连接损耗	2dB（4*0.5dB）
复用器/解复用器损耗（均值）	4.5dB
维护余量	2dB
总值	12dB

表1为12波MWDM系统除TDP以外的链路预算组成。目前，光模块的OMA发光功率通常为1dBm，PIN作接收的OMA接收灵敏度通常为-14dB，则链路的光功率预算为15dB，因此，TDP的大小不能超过3dB。G.652.D光纤在O波段的TDP值为1~4.5dB，无法满足链路预算的要求，需要采用成本较高的雪崩式光电二极管（APD）接收器来补偿不足的链路预算。因此，我们考虑设计色散优化的光纤来降低TDP值，使得系统可以使用PIN接收器。同时，链路所需预算越低，对激光器的要求越低，从而可以提高激光器的产量，降低系统整体的成本。我们所设计的新型光纤在O波段的以太网中使用也是兼容的。

在本文中，我们制备了色散曲线较为平坦的新型光纤，光纤的其他性能同G.652.D光纤兼容。测试了新型光纤和G.652.D光纤在极端环境温度下25G前传系统的发送与色散代价，测试了新型光纤在不同速率、不同长度以太网中使用的兼容性。新型光纤不仅有非常低的发送与色散代价，而且完全兼容城域网的使用场景。

二、光纤设计和性能

根据上述分析，新型光纤在1 371nm波长处的色散应尽可能降低；与此同时，1 261nm处的色散不能降低太多，即新型光纤的色散曲线应尽可能地平坦。为了保证新型光纤在其他方面的传输性能不受到影响，除色散以外的其他参数应该和G.652.D光纤兼容，例如色散、MFD、宏弯、衰减等参数。

单模光纤的色散由材料色散和波导色散两部分组成。材料色散仅和组成光纤的材料有关，在预制棒制备时不同类型的离子掺杂及其掺杂数量都会影响光纤的材料色散。然而，由于常规光纤都是基于硅氧化物材料，所以材料色散的改变是非常有限的。波导色散是随不同折射率的波导中能量分布的不同而产生变化的，所以随着光纤折射率剖面的变化，波导色散能产生较大的改变[5]。

为了获得在1 260～1 380nm波段满足色散性能要求的光纤，需要对光纤的波导色散进行优化，即重新设计光纤的折射率剖面。通过参考文献[5]可知，多包层的结构设计是调整光纤色散的重要手段，为了保证光纤在较大波长范围的低色散特性，色散斜率应该尽量小，而一个薄且深的下陷内包层设计是实现低色散斜率的关键，这就要求精确控制多包层光纤预制棒的制备。PCVD工艺可以精确地控制光纤预制棒的制备，无疑是最适合制备该新型光纤的工艺。

通过comsol和matlab软件模拟了多种光纤剖面。基于电脑模拟结果，使用PCVD工艺制备了相应剖面的光纤。

图1是新型光纤和常规G.652.D光纤的色散曲线对比图。从图中可以看出，在1 260～1 380nm波段，新型光纤的色散曲线斜率更小，即更为平坦。

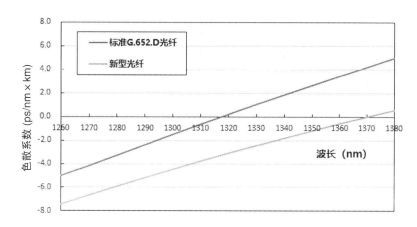

图1　新型光纤和G.652.D光纤的色散曲线

表2是新型光纤和常规G.652.D光纤的性能对比。从表中可以看出，新型光纤的截止波长小于1 260nm。MDF相较于G.652光纤小，为7.9 um。衰减和宏弯性能和G.652.D光纤接近，宏弯性能满足比G.652.D更高的标准要求。

表2　新型光纤和G.652.D光纤的基本光学性能对比

关键指标		G.652.D	新型光纤
色散（ps/km/nm）	1 260nm	-5.4~-4	-7.5~-5.0
	1 380nm	4.9~6.1	0~0.5
MFD@1310（um）		8.7~9.5	7.0~8.0
光缆截止波长		≤1 260nm	≤1 260nm
衰减.（dB/km）	1 260~1 310nm	≤0.4	≤0.4
	1 310~1 380nm	≤0.35	≤0.35
宏弯满足的标准		满足G.652.D标准	满足G.652.D和G.657.A1标准
微弯（dB）	1 700nm	≤8	≤8

三、新型光纤的传输性能

为了验证新型光纤在 5G 前传波分复用系统中的传输性能,我们测试了新型光纤和 G.652.D 光纤在 1 271nm、1 351nm、1 371nm 波长的发送与色散代价(TDP)。在实验中,使用了 3 个不同厂家的光模块进行测试;为了验证不同温度对实验结果的影响,还测试了 -40 度、25 度、85 度下的 TDP(如图 2)。

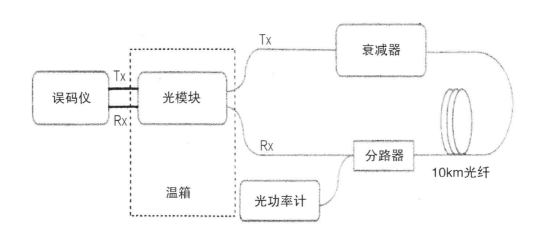

图 2. TDP 测试平台

图 3 是 3 个厂家的模块使用新型光纤和 G.652.D 光纤的 TDP 测试结果;为了满足 PIN 作为接收器的链路预算,全波段的 TDP 值均需要小于 3dB。

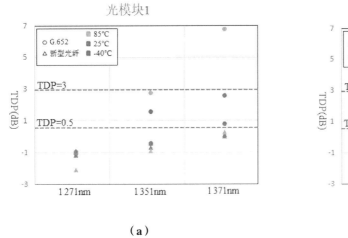

(a)

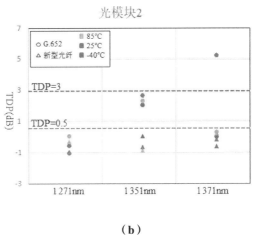

(b)

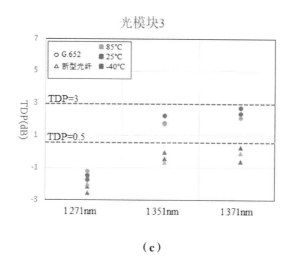

图 3　新型光纤和 G.652.D 光纤的 TDP 测试结果

从图 3 可看出，对于光模块一和光模块二，G.652.D 光纤在 1 371nm 波长下不能满足全温下色散代价小于 3dB 的要求。新型光纤使用 3 个厂家的光模块在不同温度下测试的 TDP 值均小于 0.5dB，不仅可以满足 eCPRI 接口使用 PIN 做接收器的 TDP 要求，而且相较于 G.652.D 光纤，至少可以为前传系统留出 2.5dB 的链路余量。

新型光纤除了在 5G 前传领域使用，也应兼容城域网的使用。为了验证其在城域网使用的兼容性，我们使用新型光纤进行了不同速率、不同长度以太网的传输测试。在城域网中，影响光纤传输性能的主要参数是光纤的衰减和色散，色散对传输系统的影响主要表现在对接收灵敏度的影响。因此，只要光纤的衰减和接收灵敏度满足相关以太网标准[6-8]的要求，即可说明新型光纤和相关以太网兼容。

表 3 是新型光纤和 G.652.D 光纤在不同以太网标准要求波长下的衰减值。从表 3 可以看出，新型光纤的衰减系数略高于 G.652.D 光纤，但仍满足 IEEE802.3 以太网标准要求。

表 3　以太网衰减要求的标准值及两种光纤衰减的实际值

标准	波长	衰减（dB/km）		
		标准值	新型光纤	G.652.D
50GBASE-LR	1 304.5nm	0.43	0.35	0.34
100GBASE-LR4	1 295nm	0.43	0.36	0.34
100GBASE-ER4	1 295nm	0.43	0.36	0.34
200GBASE-LR4	1 264.5nm	0.47	0.41	0.39
400GBASE-FR4	1 310nm	-	0.36	0.34

我们测试了新型光纤和 G.652.D 光纤在不同以太网系统中的接收灵敏度值,结果见图 4。从图 4 可看出,在 50GBase-LR、100GBase-LR4、200GBase-LR4、400GBase-FR4 系统中,新型光纤的接收灵敏度和 G.652.D 光纤非常接近;在 100GBase-ER4 系统中,新型光纤的接收灵敏度略低于 G.652.D 光纤,但仍满足以太网标准要求值。说明新型光纤与 50GBase-LR、100GBase-LR4、100GBase-ER4、200GBase-LR4、400GBase-FR4 系统兼容。

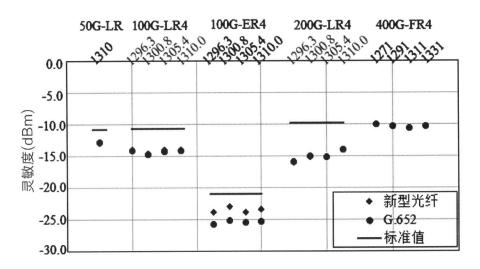

图 4 新型光纤和 G.652.D 光纤在不同速率以太网中的灵敏度

四、结论

使用新型光纤可以使得 5G 前传 WDM 系统在 1 271～1 371nm 波长下高低温的 TDP 值均低于 0.5dB,使得系统满足 PIN 做接收时的链路预算要求,且可为整体系统至少留出 2.5dB 的余量。在不同速率的以太网系统测试中,新型光纤的衰减和色散导致的灵敏度变化都满足相关标准要求。即在城域网的使用中,新型光纤和 G.652.D 光纤兼容。

参考文献

[1] 徐荣等. 电信工程技术与标准化, 2019, 32(9):1—6.
[2] CHITIMALLA D, et al. JOCN, 2017, 9(2):172.
[3] RONG X, et al. Telecom Engineering Technics and Standardization, 2019.
[4] SHIN J, et al. ICACT, 2014.
[5] BACHMANN P, et al. Journal of Lightwave Technology, 1986, 4(7):858—863.
[6] DAVID J. LAW, et al. IEEE Std 802.3baTM, 2010.
[7] DAVID J. LAW, et al. IEEE Std 802.3cdTM, 2018.
[8] DAVID J. LAW, et al. IEEE Std 802.3bsTM, 2017.

作者简介

兰小波,长飞光纤光缆股份有限公司国重与集团创新中心总经理。先后从事过SDH、路由器、ODN、ONT与终端产品的研发;现主要从事全光网系统、光模块等光产品的研究与开发。

李允博

李允博,教授级高工。1997年获西北工业大学通信工程学士学位,2000年获电信科学技术研究院通信与电子系统硕士学位。2000年就职于工业和信息化部电信传输研究所,2006年开始任职于中国移动研究院,从事光传送网技术研究工作。

邓 兰

邓兰,硕士。长飞光纤光缆股份有限公司研发工程师,主要从事新型光纤及光器件研究。

"十三五"期间我国通信光纤技术取得重大发展

陈 伟

陈 伟

江苏亨通光纤科技有限公司

> **摘 要**：我国"十三五"规划中多处提及通信产业发展相关的内容，明确提出"实施网络强国战略，加快构建高速、移动、安全、泛在的新一代信息基础建设"。笔者从光纤预制棒、光纤涂料和光纤技术等方面详细介绍了"十三五"期间我国通信光纤技术取得的重大成果，并根据"十三五"规划提出的"超前布局下一代互联网"产业链的发展要求，对通信光纤技术的进一步发展和研究进行了展望。
>
> **关键词**：光纤，预制棒，光纤涂料，大容量通信，超低损耗，海洋光纤

一、引言

随着"中国制造2025"和"互联网+"等国家战略的深入推进，人们以及各行各业对通信领域的发展建设要求也日益提高，信息通信产业已成为促进经济发展转型、提升国家长期竞争力的战略先导领域。"十三五"期间，中国光纤光缆的需求量呈现逐年上升的趋势，在2018年需求总量达到了3.14亿芯千米（见图1）。随着国内光纤到户、4G建设接近尾声，光纤光缆需求开始趋于平稳，总量维持在2.6亿芯千米左右，行业在2019年进入平稳期。截至2020年5月底，我国4G用户数达12.79亿户。2019年6月6日，5G商用牌照正式发放，这一举措加速了5G建设的推进部署，截至2020年2月，三大运营商共在全国开通5G基站约为15.6万个，预计年底实现地级市室外连续覆盖，县城乡镇有重点覆盖，重点场景室内

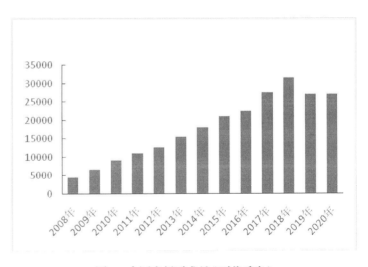

图1 中国光纤需求量（万芯千米）

覆盖。

二、"十三五"期间主要进展

(一) 光纤预制棒

"十三五"之前,通过自主研发或合作引进的方式,我国光纤预制棒企业已成功突破光纤预制棒技术壁垒,全面掌握了 PCVD、VAD、OVD、MCVD 等 4 种光纤预制棒制备的关键工艺技术,并具备规模化生产光纤预制棒的技术能力。"十三五"期间,4G 建设推动了光纤光缆市场蓬勃发展,为光纤预制棒产业迎来了前所未有的发展机遇,国内已拥有预制棒生产能力的企业如长飞公司、亨通光电、富通集团、中天科技、烽火通信等纷纷加大产能,光纤预制棒产量持续增长,光纤预制棒自给能力持续攀升。2019 年我国光纤预制棒产能和产量均突破 1 万吨大关,自给率已超过 100%,实现了光纤预制棒的自给自足的同时走向了对外输出(见图 2)。

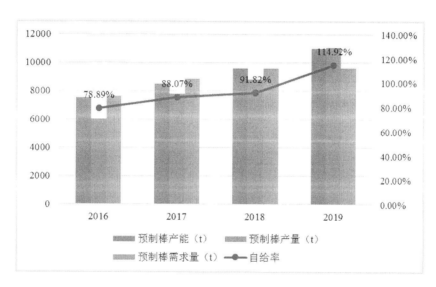

图 2 光纤预制棒产量

预制棒产能爆炸式增长必然引发激烈的市场竞争,如何进一步提高光纤预制棒生产效率、快速提高产能,进一步降低产品成本成为各大光纤预制棒企业技术攻关的重点。在生产效率方面,制造更大尺寸的光纤预制棒,不仅有利于提升光棒的制造效率,也可有效提高光纤拉丝设备的利用率、提升光纤的生产效率、降低光纤成本。大尺寸光纤预制棒,尤其是外径 200mm、长度超 3m 的光纤预制棒成为我国光纤预制棒企业的主流产品。在生产效率和成本的双重作用下,VAD+OVD 制备光纤预制棒的生产工艺(即 VAD 法生产芯棒,OVD 法生产外包),成为越来越多光纤预制棒企业的选择。长飞 2016 年开始建设潜江预制棒扩产项目,该项目采用 VAD+OVD 工艺并于 2017 年 3 月正式投产;亨通 2016 年建成 OVD 项目,成功实现利用 VAD+OVD 工艺制造光纤预制棒。通过不断加大技术研发投入力度,持续自主创新,企业技术创新能力显著提升,各项技术指标达到国际一流水平,部分技术指标已达国际领先水平,预示着我国光纤预制棒制造技术与国外领先技术的差距越来越小。

"绿色发展"是"十三五"规划中的五个重要发展理念之一,"十三五"期间国家全面推行绿色制造,力争率先实现《中国制造2025》的绿色发展目标。然而制造光纤预制棒的主要原料为$SiCl_4$,其通过水解反应或燃烧反应生成SiO_2,同时产生大量的有害、高腐蚀性物质氯气或盐酸,对环境造成污染。每年我国光纤预制棒生产企业不得不投入大量资金用于处理光纤预制棒生产过程中产生的有害物质,采用高投入的过滤、渗透浓缩和蒸发等工艺处理含氯废水,所需费用占到光棒成本的10%～15%。因此,从光棒制造源头上摒弃含氯材料$SiCl_4$的使用,解决环保问题成为"十三五"期间光纤预制棒企业的重点发展方向之一。有机硅化合物八甲基环四硅氧烷由于其无毒、无腐蚀性的特点而在光纤预制棒制造中受到越来越多的关注。2010年起,亨通通过多年持续地投入攻关,突破了多项核心技术,成功开发以八甲基环四硅氧烷为原料的新一代光棒制造技术,并形成了集有机硅光棒合成新方法、新工艺、新装备的绿色光棒制造体系。该项绿色光棒制造技术已成功实现产业化,实现了光棒成本降低15%～20%。

(二)光纤涂料

光纤树脂材料作为光纤生产中最重要的原材料之一,决定着光纤的环境性能,保护光纤、延长光纤的使用寿命,在光纤的生产和使用中发挥着重要的作用。国内光纤需求不断扩大也带动了国内光纤涂料行业的快速发展。以飞凯光电材料为代表的国内企业通过自主创新,掌握了具有自主知识产权的工艺和技术,逐步具备成本和规模优势,现有紫外固化光纤光缆涂料产能达9 500吨/年,占据国内市场的主要份额。目前国内光纤涂料供应商主要有上海飞凯光电材料股份有限公司、帝斯曼迪索特种化学(上海)有限公司、迈图尤为涂层(上海)有限公司,这3家企业合计占国内90%以上的市场份额。

"十三五"期间,经过不断的技术积累和创新,国产涂料企业逐渐掌握了原材料中用量最大的低聚物树脂的关键合成技术,该项技术不仅有效提升了低聚物的性能,而且大大降低了产品成本,使得国产涂料相比进口拥有较强的成本优势。国产光纤涂料技术极大地扩展了应用领域,目前已经涵盖了常规紫外固化涂料、LED涂料、低模量涂料、耐高温涂料等多个种类的光纤涂料。

(三)光纤技术

1.高速拉丝技术

"十三五"前,国内各大光纤生产厂商主流拉丝速度为2 500m/min,在竞争激烈的市场环境下,高速拉丝技术已成为光纤厂商的关键技术和核心竞争力体现。"十三五"期间,以亨通光电、长飞公司、富通集团、烽火通信、中天科技为代表的光纤制造企业,都经过一系列的技术和设备开发与改进,掌握具备完全自主知识产权的高速光纤拉丝技术,实现了3 000m/min以上的稳定高速拉丝技术,部分新设计拉丝塔最高拉丝速度已达到 3 500m/min。

2. UV-LED 节能技术

紫外光固化是目前光纤行业中主流的固化光源，传统的紫外光源是汞灯，具有固化速度快、效果好的优势，在光纤行业应用已超过 30 年。但传统汞灯固化光源存在先天的缺陷，耗电量大、固化效率低、使用寿命短、使用重金属汞，环保性能差。"十三五"期间，基于 UV-LED 的固化涂料和 LED 灯技术迎来快速增长，由于其节能环保易维护的优势，行业各大公司均已开展 UV-LED 固化系统大规模应用。相较于传统的汞灯系统，UV-LED 固化系统节省了 80% 电耗，使用寿命可达 30 000 小时左右，运行过程中无臭氧产生。预计未来 3～5 年，LED 固化涂料技术将在全球光纤市场得到大力发展，引领新一轮的绿色光纤拉丝革命。

3. 光纤产品

在光纤市场稳步提升的同时，我国新型光纤技术不断取得突破，光纤的种类也不断丰富，涌现了超低损耗光纤、大有效面积光纤、接入网用高抗弯光纤、高密度光缆用小直径光纤、高带宽数据光纤等一批高性能光纤产品。在国家工业强基工程的支持下，超低损耗光纤实现重大突破，攻克了超低损耗制备核心技术，实现了超低损耗光纤的自主国产化，打破了国外技术垄断，光纤 1 550nm 衰减达到 0.160dB/km 以下，最低可以达到 0.152dB/km，1 550nm 有效传输面积达到 130μm^2，并实现了超低损耗大有效面积光纤的规模化与批量化生产。

在超低损耗光纤实现产业化的同时，我国在超低损耗大有效面积光纤的商用方面也迈出重要一步。中国国家大容量干线实验工程（哈密 - 巴里坤、济南 - 青岛）在全球首次应用超低损耗大有效面积 G.654.E 光纤，此实验线路跨越高山、峡谷等复杂环境，并且昼夜温差大，国产光纤的传输性能和环境性能成功经受住了考验，顺利完成验收。

三、未来发展趋势

我国光纤行业在"十三五"期间取得了长足的发展，成为光纤制造大国。但是仍然存在一些问题，如产能过剩和同质化竞争严重等。未来需要投入更大的研发力量，推动高性能、高质量的通信光纤的规模化量产。

（一）预制棒发展趋势

2019 年，我国光纤到户和 4G 建设基本完成，5G 建设方兴未艾，光纤光缆需求开始趋于平稳，供需关系发生扭转。而此时各大光纤预制棒生产企业产能基本完全释放，产能过剩初步显现，"一棒难求"局面逐渐消失，光纤预制棒市场竞争日趋激烈，效率、质量、成本成为光纤预制棒未来发展中不得不重视的课题。未来主要发展方向有以下几个方面：

1. 绿色光棒技术

随着我国节能减排措施的全面实施以及国家"绿色制造"的推进，寻求更加环保的原材料、减少有害物质排放，绿色光棒成为未来光纤预制棒制造发展的必然趋势。有机硅 D_4（八甲基环四硅氧烷）是目前最有前景的替代四氯化硅的材料，其不仅环境友好，且成本低于高纯四氯化硅，在环保和成本的双重优势下，有机硅 D_4 全面替代四氯化硅仅是时间问题。

2. 原材料国产化

由于光纤预制棒技术对原材料纯度要求非常高，"十三五"之前，我国光纤预制棒制造的主要原材料长期依赖进口，包括高纯四氯化硅、高纯四氯化锗以及石英套管材料等。随着我国光纤预制棒技术研发能力的不断提升，原材料生产的关键技术瓶颈均已突破，高纯四氯化硅和高纯四氯化锗、石英套管均已实现了国产化，并初见规模。随着国产化程度提高，我国光纤预制棒产业将不再受到掣肘。

（二）光纤发展趋势

国内供需关系的转变使得市场对光纤的要求越来越高，常规光纤的利润空间必将越来越小，取而代之的将是性能更加优越的新型光纤。因此新型光纤的研发是未来行业发展的重点，主要的方向有：

1. 干线用超低损耗光纤

随着密集波分复用（DWDM）和光纤放大（EDFA）技术的发展和广泛应用，光纤通信技术不断向着更高速率、更大容量的通信系统发展，单根光纤的传输容量不断提升，常规单模光纤因损耗与非线性效应等问题已不能满足未来光通信系统和全光通信网络发展需求，国内光纤 100G 通信商用化并开始步入 400G 时代，向超高速度、超大容量、超长距离的方向发展，因此研发超低损耗光纤成为关键。我国目前已经实现了超低损耗光纤的产业化，但在衰减指标上尚有继续降低的空间，未来还需继续向同行领先指标看齐，同时在制备效率和成本竞争力方面，也需要继续提升。

2. 高可靠海洋光纤

海洋光纤光缆是通信行业公认的技术难度高、风险大的领域，受限于其苛刻的要求（高可靠、超长距、大容量），国内企业极少涉足海洋光纤，导致海洋光纤主要依赖进口，成本极高。面对我国建设海洋强国战略的迫切需求，急需打破国外技术垄断，实现海洋光纤的国产化，保障通信安全与自主可控。未来几年海洋光纤必将是我国需要重点突破的领域之一。

3. 低损耗抗弯兼容性光纤

近几年 FTTx 的迅速发展，对于解决光纤接入的"最后一公里"问题，抗弯曲光纤得到了广泛应用，但由于模场直径的差异问题，抗弯曲光纤在与干线光纤接续时会存在兼容性问题。随着 FTTx 的深入推进，此类光纤在国内的市场前景巨大，因此低损耗抗弯曲技术的开发将成为趋势之一。

4. 数据中心用高带宽低时延光纤

5G 基站的密集组网需要大量光纤，5G 无线接入网的前传和中传及回传对光纤传输系统提出高带宽、低时延的要求。从 5G 数据中心的综合布线来看，光纤的使用率正变得越来越高，而且未来几年数据中心的建设将会加速推进，对数据中心光纤需求不断增长。因此高带宽、低时延，并且兼具抗弯性能的数据中心光纤具有巨大的市场容量。

5. 多芯少模大容量通信光纤

光纤通信目前主要采用波分复用技术来实现通信系统容量的增长，然而单模光纤的通信容量已经越来越接近其理论非线性香农极限。随着大容量通信需求压力的日益提升，多芯少模光纤结合多芯光纤的芯间串扰较小和少模光纤的模式间的串扰与时延便于控制的特点，目前已被光通信行业广泛关注。目前国际上多芯少模光纤实现的最大容量已经高达 10Pb/s，而该技术结合大规模光电集成，不仅可以降低功耗，还可以大幅提升端口密度，数十倍地提升通信容量。多芯少模光纤的实际应用将成为大容量光纤通信的发展趋势之一。

四、结束语

"十三五"期间，随着我国信息通信行业的蓬勃发展，通信光纤产业也发展迅速，成绩卓著。我国实现了光纤预制棒的自主研发以及高速光纤生产技术的重大突破，光纤产品种类更加丰富，光纤产量达到世界第一，关键原材料自主化率得到进一步夯实。当然我国光纤产业高速发展的同时也存在一些不足，主要表现为产能过剩、产品同质化严重。随着产业的不断创新，这些逐渐成为光纤产业发展的掣肘因素，行业企业应当紧抓机遇，主动"熵减"，加大预制棒及光纤生产研发投入和海外拓展，促进产业优质高速发展，从光纤制造大国向光纤制造强国奋力迈进。

作者简介

陈伟，博士，教授。从事光纤研发 18 余年，作为课题负责人承担国家强基工程 1 项、省成果转化项目 1 项、国家 "973 计划" 2 项、国家 "863 计划" 3 项。享受国务院政府特殊津贴，入选江苏省双创团队领军人才、江苏省突出贡献专家、江苏省创新领军人才、江苏省 "333 工程" 等。拥有授权发明专利 36 项、PCT2 项，牵头制定国家标准 4 项，参与行业标准 6 项、军标 7 项，发表学术论文 30 余篇。

近 5 年获得军队科技进步奖一等奖 1 项、中国光学工程学会一等奖 1 项、中国电子学会一等奖 1 项、中国光学工程学会二等奖 1 项、中国通信学会二等奖 1 项、中国专利优秀奖 1 项、江苏省通信学会一等奖 1 项、江苏省科学技术奖一等奖 1 项、江苏省科学技术奖三等奖 1 项。

在国内率先开展 PCF 光纤（"973 计划"）、SDM 光纤（"973 计划"）、掺稀土光纤等前沿科学创新工作，为我国 SC、MIMO、第三代激光器等高端光电子器件的产业化奠定基础，其中牵头制定的国家标准 GB/T28504.1-2012 属于国际首个掺稀土光纤标准。

开发的 100G 骨干网用低损耗新品，满足我国 100G 高速骨干网建设的重大急需，新增销售 21 亿元；面对 400G 超高速率超长距离超大容量的新需求，承担"国家工信部强基工程"项目，在国内率先完成联通"哈密-巴里坤"国家干线 400G 试验工程，加速了我国新一代高速大容量通信产业的发展。

细径保偏光纤技术研究

罗文勇　柯一礼　余志强　伍淑坚　杜　城

锐光信通科技有限公司

罗文勇

> **摘　要**：光纤陀螺是基于萨格奈克（Sagnac）效应的角速度敏感器，作为敏感头的光纤环是光纤陀螺的核心部件，直接决定了光纤陀螺的精度水平和环境适应性。为了提高同体积下光纤环的长度和温度性能，光纤的外形尺寸在不断减小。随着光纤几何尺寸的不断缩小，如何在减小光纤外径的同时保持光纤的优异性能成为光纤设计和制造过程中的一大难题。本文对细径保偏光纤技术进行了研究，并对研制的产品进行了可靠性分析。
>
> **关键词**：细径保偏光纤，光纤陀螺

一、光纤陀螺技术发展对细径保偏光纤的需求

光纤陀螺是近年来发展最为迅速的光纤传感技术之一，和其他类型陀螺相比较，具有启动时间短、结构简单、重量轻、没有活动元件、环境适应能力强等诸多优点，近年来在飞机、汽车和船舶的导航系统和运动检测等诸多领域得到广泛应用。

常见的光纤陀螺由光学表头和电路两部分组成。光学表头由光源、光波导、耦合器、光纤敏感器、探测器组成。光学表头是敏感角速度的关键，是光纤陀螺的核心部分。

闭环式光纤陀螺的光学表头中由保偏光纤绕制而成的光纤环是光纤陀螺中最核心的敏感单元，其性能优劣决定了光纤陀螺的性能表现（如图1）。

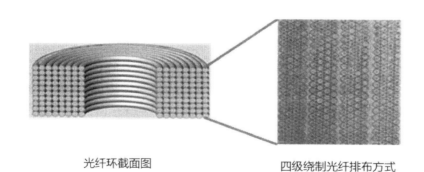

光纤环截面图　　　　　　四级绕制光纤排布方式

图1　保偏光纤绕制的光纤环构成示意图

光纤陀螺的技术基础是高精度的相干检测和光纤传感技术，其输出信号的稳定性取决于光纤中两束相干光偏振态的稳定性。在 20 世纪 80 年代，Shupe D M 提出，当光纤陀螺线圈中一段光纤存在时变温度扰动时，除非这段光纤位于线圈中部，否则由于两束反向传播光波在不同时间经过这段光纤，将因温度扰动而经历不同的相移，即为温度引起的非互易相移[1]。这一效应即为光纤陀螺中的 Shupe 误差。其表达式为：

$$f_E(t) = \frac{b_0}{c_m}\frac{\partial n}{\partial T}\int_0^L \dot{T}(z,t)(L-2z)dz \quad (1)$$

其中 β_0 为传播常数，c_m 为光纤中的光速，$\partial n/\partial T$ 为光纤折射率的温度系数，$\dot{T}(z,t)$ 为环境温度变化率，L 为光纤环长。

由上式可以看出，环境温度引起的相位漂移与该段光纤上的温度变化率和与位置有关的位权因子成正比，距光纤环中点越远，权因子越大；如果相对光纤中点对称的两段光纤上的热扰动相同，则温度引起的相位被抵消。这一效应即为光纤陀螺中的 Shupe 误差。由于某段光纤上的温度变化率通常是由光纤环内侧、外侧的温度梯度（温度差）引起的，表征 Shupe 误差的温度速率灵敏度也称为温度梯度灵敏度。

现在常用的方法是通过四级对称绕环绕制光纤环，使相邻两对对称的光纤层层序相反，以补偿径向温度场梯度。这种方法对光纤陀螺中的 Shupe 误差起到了非常有效的抑制效果，但受限于工艺设备，光纤环绕制状态依然无法做到完全的对称。这造成在中高精度的光纤陀螺应用中，残余温度漂移仍不可忽略[2]。因此，为提升光纤陀螺精度，降低光纤环圈的 Shupe 误差，光纤外形尺寸的减小是解决这一问题的发展方向。光纤变细后，光纤环圈的整体尺寸下降，这样环圈受温度场梯度影响带来的 Shupe 误差就可获得较为显著的改善。

针对光纤陀螺的这一应用需求，国外已有全波段细径保偏光纤产品，并已应用在相应的陀螺产品中。以法国 iXBlue 公司为例，该公司生产的 1 310 nm 保偏光纤按涂覆层直径可分为两类，分为 170 μm 和 125 μm 两种。在 2012 年光纤陀螺 35 周年的报道中，使用细径保偏光纤的陀螺精度最高可达 0.0001°/h。

二、细径保偏光纤的技术发展

自 20 世纪 80 年代熊猫型保偏光纤成功推出以来，受到光纤陀螺的技术需求的推动，光纤的外形尺寸经历了从包层直径 125 μm、涂层直径 250 μm，到包层直径 80 μm、涂层直径 165 μm 再到目前包层直径 80 μm、涂层直径 135 μm 的逐步演变，图 2 所示为保偏光纤细径化路径。

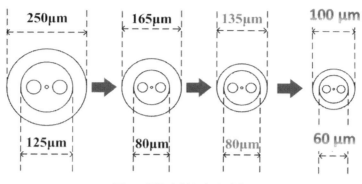

图 2 保偏光纤细径化路径图

然而随着光纤几何尺寸的不断缩小，如何在减小光纤外径的同时保持光纤的优异性能，成为光纤设计和制造过程中的一大难题。

光纤的涂层性能对光纤抗外界干扰能力具有显著作用[3]，当涂层减薄时，光纤会更易受外界影响，传统的仅依靠减小保偏光纤外形尺寸的方法难以应用于精度需求较高的光纤陀螺。另外，保偏光纤在应用环节，需要依托于现有切割、熔接设备，以与其匹配的光学器件，故光纤尺寸需要在满足性能提升的同时，满足现有切割、熔接等设备的应用要求。因此，如何发展出既与常规通信光纤和保偏光纤具有良好熔接性能，又有更细小的体积，同时还具有优良的几何与光学性能的保偏光纤成为诸多更高性能的光纤陀螺应用技术急需解决的难题。

因此，必须优化光纤结构设计、开发新型技术、改进光纤生产工艺等，从根本上、原理上对光纤性能和外形尺寸进行改良和优化，以研制出适用于光纤陀螺的可实现工程化应用的细径保偏光纤。

三、细径保偏光纤的技术路径及研制

相比常规保偏光纤，细径保偏光纤技术对光纤预制棒和应力棒的制备技术要求更高，其对新型结构设计，超纯、高精度、高可靠相匹配的精细化制造工艺以及涂层性能和拉制技术等都提出了要求。

（一）细径抗弯曲保偏光纤设计

细径光纤由于包层变薄以及应力区的存在，弯曲性能相比于传统保偏光纤存在差异，需参照抗弯曲光纤的结构设计。对抗弯光纤而言，需具备良好的结构设计才能实现良好的小弯曲半径下抗外界干扰能力[4]。

本文设计了一种新的保偏光纤波导结构，保偏光纤的应力区周围设置有一层缓冲层，应力区采用平滑抛物线型波导结构，芯区为抛物线结合平台型的波导结构，从而在光纤包层直径减小的情况下，解决由于应力区占整个石英区的比例偏大造成的衰减偏大问题。

其在环纤芯一周添加了环形抗弯包层，细径保偏光纤波导结构如图3所示。

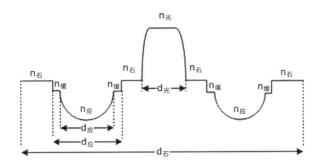

注：$n_石$为石英包层折射率；$n_光$为石英纤芯的折射率；$n_应$为应力区折射率；$n_缓$为应力区和石英包层间的缓冲层的折射率；$d_石$为石英包层直径；$d_光$为石英纤芯的直径；$d_应$为应力区直径。

图3 细径保偏光纤波导结构

细径光纤由于包层变薄以及应力区的存在，弯曲性能相比于传统保偏光纤存在差异；并且光纤陀螺正向轻小型、高精度的方向发展，对于高精度小型化的光纤陀螺，细径光纤的抗弯曲能力是绕制小光纤敏感环的先决条件。为提高光纤的抗弯能力，环纤芯一周添加了环形抗弯包层，整体结构示意图如图4所示。该光纤具有良好的抗弯能力，弯曲半径为5mm时，模场几乎均匀的分布在纤芯中。由此可见，抗弯环形包层可提高光纤的抗弯能力。

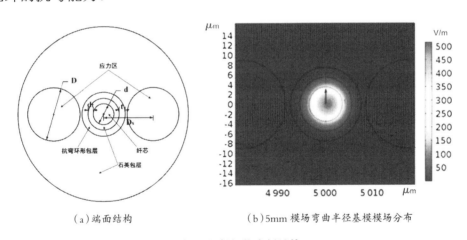

（a）端面结构　　　　　（b）5mm模场弯曲半径基模模场分布

图4 细径保偏光纤结构

（二）细径保偏光纤的研制

应力区的实现方式是保偏光纤得以研制成型的核心。受应力材料的限制，目前的应力棒材料成分如硼硅结合等方式，难以实现颗粒度达到微米级甚至纳米级的沉积，而且形成的应力棒与石英芯棒的硅基表面在结合时由于材料的不相溶以及表面粗糙度的影响极易产生界面间隙造成气泡，从而导致光纤串音的迅速劣化。

本文根据具有自主知识产权的等离子体化学气相沉积（Plasma Chemical Vapor Deposition，简称：PCVD）技术实现具有掺氟下凹包层的芯棒波导结构，并优化应力区与芯层和掺氟包层的结构设计，采用国内领先、国际先进水平的PCVD装备，进行

60/100μm 细径保偏光纤研制。

PCVD 工艺具有下列特点：低沉积温度下直接沉积透明玻璃；高沉积精度和工艺的灵活性；极高的原材料沉积效率和硼掺杂的优异性能；适合制造精细化结构要求较高的光纤[6]。

因此研究团队采用 PCVD 工艺，优化沉积参数与材料配比，并提升计算机仿真设计的光纤环形结构的鲁棒性，首先研制出高性能的细径保偏光纤预制棒，再由动态稳定高速拉制技术，拉制成细径保偏光纤。

对于细径保偏光纤而言，由于光纤更细，更易受拉制时的外界力的干扰，造成光纤拉制后出现扭转，导致光纤在后续绕制光纤环时，无法更高效、高质量的绕制。本文对拉丝塔的高温炉结构、光纤冷却和直径的精确控制、张力控制和收丝控制以及高性能的光纤稳定技术进行共性技术研究，形成有效的特种光纤拉制设备，研制出的 60/100 细径保偏光纤，1 310nm 串音达到 -23dB/km 以下（见表1）。

表1 研制的 60/100 细径保偏光纤主要技术指标

特性	指标要求
工作波长	1 310nm
衰减常数（@1310nm）	≤0.5 dB/km
包层直径	60.0±1.0 μm
模场直径	5.5±1.0 μm
涂覆层直径	100.0±5.0 μm
芯包同心度	≤1.0 μm
包层不圆度	≤1.5 %
宏弯衰减（弯曲半径≤1cm）	≤2.0 dB
偏振串音（1km）	≤-23 dB
偏振串音温度稳定性（-40℃~70℃）	≤3 dB

四、现有细径保偏光纤技术的可靠性分析

由于光纤陀螺具有特殊的应用环境，其要求保偏光纤在合理温度变化范围内保有较好的性能和串音稳定性。此外，由于保偏光纤是绕制成小尺寸的光纤环，其在承受弯曲应力的同时还存在着轴向拉伸的应力，使其实际应用力学状态更为复杂，因此光纤陀螺用细径保偏光纤的机械可靠性需要达到很高要求。

我们首先对 80 微米细径保偏光纤的各类型断点进行了大量的分析，发现实际使用中光纤环中出现的断点具有一致性（如图5）。

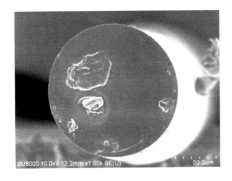 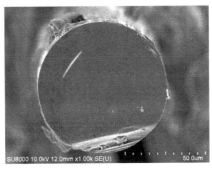 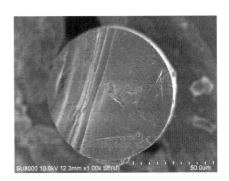

图 5　不同断点下的光纤形貌特征

从实际分析来看，大量的断点集中在光纤涂层受损后的石英包层受伤导致光纤断裂。那么如果保障涂层完好，是否光纤依然能保证可靠性呢？本文也对此进行了研究。

我们将细径保偏光纤分别绕制于 φ10mm 和 φ8mm 金属环体上，各 4 个，如图 6 所示，将绕制好的金属环体先后进行 20 次高低温循环（-40℃~70℃）和 48 小时双 85 老化试验，试验结果显示，在涂层完

图 6　涂层完好光纤绕小环示意图

好的情况下，金属环体经过环境试验后仍能够保持良好状态，光纤未发生断裂。

将经受这样反复循环的细径保偏光纤进行动态拉伸试验，考察其经过严苛环境试验后，是否仍能保持良好的机械强度。在采用大量的样品进行的近百次试验中，发现其最大断裂力维持在 23N 以上，对于 80 微米细径保偏光纤而言，这足以支撑其使用寿命达到 20 年（如图 7）。

通过近百次的反复试验，对 80 微米裸纤直径光纤而言，总体维持在 21N 以上值。

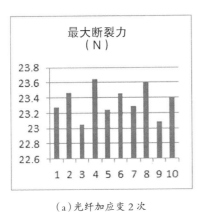 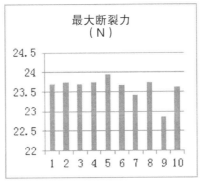 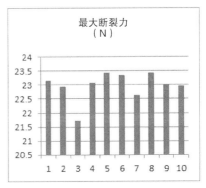

（a）光纤加应变 2 次　　　　　（b）光纤加应变 3 次　　　　　（c）光纤加应变 5 次

图 7　环境试验后细径保偏光纤的断裂力试验

同时，我们对更易受外界影响的 60/100 细径保偏光纤的串音稳定性进行了分析，如表 2 所示：

表 2　60/100μm 细径保偏光纤全温串音试验分析

测试项	测试条件	结果分析
高温寿命	85℃±2℃,250小时,每24h测试光性能变化	串音变化≤2 dB
低温贮存	-55℃,250小时,每24h测试光性能变化	串音变化≤3 dB
温度循环	85℃到-55℃,单次循环6h,循环3次共18h	串音变化≤2 dB

试验表明，60/100 细径保偏光纤经高温寿命、低温贮存和温度循环后，光纤完好，无断点、裂纹出现，涂层无脆裂现象，串音变化均较小，在全温范围内拥有良好的稳定性，可满足光纤陀螺的使用环境要求。

五、研究结论

本文根据高精度、轻小型化光纤陀螺所需求的细径保偏光纤的应用要求，根据应力双折射的熊猫型保偏光纤的设计原理，结合小弯曲低损耗光纤的机理特性，通过有限元理论计算，模拟光纤在复杂情况下的传输特性并对光纤的折射率分布进行优化设计，完成保偏光纤的波导结构设计，通过纳米级的掺硼能力与剖面控制能力准确实现计算机仿真出的光纤波导结构；利用 PCVD 优秀的批量生产能力提高光纤的性能稳定性，实现细径保偏光纤预制棒的关键技术突破和规模生产，并进行大量的工艺试验加以验证，实现了具有良好性能和高品质的 60/100 细径保偏光纤的研制。

六、受资助项目

国家重点研究计划专项（先进光纤传感材料与器件关键技术及应用 2017YFB0405500）

参考文献

[1] D M SHUPE. Thermally induced nonreciprocity in the fiber-optic interferometer[J]. Appl. Opt. 1980（19）:654—655.

[2] 宋凝芳, 关月明, 贾明. 光纤陀螺光纤环 Shupe 误差的多参数影响仿真分析[J]. 北京航空航天大学学报, 2011, 37（5）:569—573.

[3] LUO WENYONG, LI JINYAN, LEI DAOYU, LI SHIYU etc. A novel generation of high-speed drawing techniques. Third China Optical Communication Cable Industry Summit Forum and China Optical Fiber and Cable Assembly for 30 years，146—149.

[4] LUO W Y, LI S Y, CHEN W, et al. Low-loss Bending-insensitive Micro-structured optical fiber for FTTH[C]//Proceedings of 61st IWCS Conference. Providence, USA: International Wire & Cable Symposium, 2012: 454—457.

[5] 何方容、魏忠诚. 光纤预制棒制造技术最新发展趋势[J], 光通信研究, 2002（4）:44—48.

作者简介

罗文勇，烽火通信科技股份有限公司教授级高级工程师。湖北省有突出贡献中青年专家，已从事光纤新技术研究19年。申请发明专利60余项，主持或作为核心人员参与"973""863"等国家课题20余项。曾获国家科技进步二等奖、中国通信学会科学技术一等奖、湖北省科技进步一等奖、湖北省技术发明二等奖等奖励。现研究方向为新型光纤技术。

柯一礼，工学硕士，研发工程师。2009年7月毕业于武汉理工大学材料科学专业。现就职于锐光信通科技有限公司，任研发部经理，从事光纤新产品与新工艺的研究与开发工作。负责公司新型特种光纤产品的研发生产，主持或参与公司保偏光纤、传能光纤、抗弯光纤等多种光纤开发。主持参与国家、省市项目10余项，申请国家专利40余项，其中PCT专利（授权）2项。主持参与起草光纤类国家标准2项、行业标准2项。

柯一礼

余志强，硕士。烽火通信科技股份有限公司技术专家，高级工程师。入选武汉市"黄鹤英才"。曾获国家科技进步二等奖、中国通信学会科学技术一等奖。

余志强

伍淑坚，硕士。烽火通信科技股份有限公司高级工程师。从事光纤技术20余年，在掺铒光纤、非零色散位移单模光纤、超低衰减光纤及关键装备等方面有较深的研究。曾获国家科技进步二等奖、中国通信学会科学技术一等奖。

伍淑坚

杜城，高级工程师。从事光纤新技术和光纤新产品项目的研发工作。入选武汉市"3551人才"。曾获军队科技进步一等奖、中国专利优秀奖。

杜　城

基于中高功率光纤激光器及放大器用有源光纤研究进展

赵 霞　宋海瑞　冯术娟　王淑虹　张俊逸

江苏法尔胜光通信科技有限公司

赵 霞

摘 要：随着"十三五"规划的落地实施，业界加快了中、高功率光纤激光器及关键器件的国产化步伐。本文简要回顾了"十三五"期间我国不同稀土掺杂有源光纤近 5～10 年的发展状况，对多类主流稀土掺杂有源光纤进行了关键技术剖析。重点介绍了法尔胜量产的中高功率用 20/400 掺镱有源光纤在一致性、可靠性及激光性能方面所取得的突破，通过对制备工艺的优化及技术创新提升了国产光纤的激光性能及指标参数，并对我国高功率有源光纤下一步的发展及研究作了展望。

关键字：稀土掺杂有源光纤，光子暗化，大模场双包层光纤，一致性

一、前言

自 2006 年激光技术被列为我国重点发展的前沿技术以来，国家各项政策的相继出台，大力推动激光产业链向高精端、国产化方向发展[1]，光纤激光器的市场得到快速增长（如图 1），2019 年市场份额已占整个工业激光器的 52.5%。

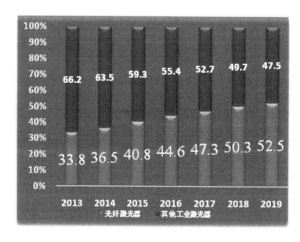

图 1　光纤激光器市场分析

（数据资料来源：《中国激光产业发展报告 2019》，公开资料等）

稀土增益光纤作为光纤激光器的唯一传输及放大媒介，在结构设计和技术创新上更是加速了光纤激光器在功率和性能上的提升。光纤结构从最初的单包层光纤发展到双包层光纤、三包层光纤[2~3]，乃至光子晶体有源光纤等特殊结构有源光纤，激光介质从掺钕、铒、镱等发展为铒镱共掺、掺 Ce、掺铥（Tm^{3+}）、掺铋（Bi^{3+}）等，已实现不同波长的激光输出，单纤单模光纤激光器的输出功率已达万级，合束后的骨干线激光输出已达到 100kw 级[4]。

本文主要回顾近 5～10 年来，我国有源光纤在制备技术和产品应用等方面所取得的重大成果和技术创新，重点介绍了各类有源光纤的研究进展，并对法尔胜中高功率有源光纤的研制成果进行汇总，对未来有源光纤的研究方向进行预测。

二、有源光纤的最新研究进展

有源光纤通过在芯中掺入一种或多种稀土元素，实现粒子数反转及产生新的光波或放大信号光，常见的稀土元素包括：钕（Nd）、镱（Yb）、铒（Er）、铥（Tm）、钬（Ho）、镝（Dy）、镨（Pr）等[5]。

1. 双包层、大模场掺镱光纤

由于镱离子具有能级结构简单、宽吸收谱和发射谱等优点，采用掺镱光纤作为增益介质可以大范围提升激光器的输出功率。

国内外在研究大模场双包层掺镱光纤方面进展迅速。2015 年，英国南安普顿大学（Southampton）光电研究中心的 DeepakJain 等人制备了 0.038NA 的 35μm 纤芯直径光纤[7]。2016 年，美国克莱姆森大学（Clemson）的 Dong Liang 等人制备了 0.028NA 的 30/400 和 40/400 大模场光纤，分别实现了单模 3kw，M^2=1.06 的激光输出[8]。2019 年，中科院上海光机所利用自主研制的 30/900 大模场增益光纤，实现了斜效率高达 89.2% 的 10kw 级光纤激光输出[9]。

目前，商用型号的双包层大模场掺镱光纤，国内外仍存在不小的差距，其关键指标参数[10]的对比如表 1：

表 1　国内外双包层大模场掺镱光纤关键参数对比

参数指标	国外水平	国内水平
最大芯径（μm）	20~30	20~25
芯层损耗 @1095nm（dB/km）	≤15	≤20
包层损耗 @1200nm（dB/km）	≤15	≤15
光子暗化水平（单纤 2kw~3kw/500h，功率下降值）	＜5%	＜8%
光纤一致性	高	低

（数据资料来源：各公司官网等）

2. 三包层有源光纤

随着光纤激光器输出功率的不断提升,人们对单纤激光输出的功率要求越来越严格,双包层光纤已经无法满足单纤功率的提升;三包层光纤的出现,能够有效缓解单纤功率上升所造成的激光器性能下降的压力(如图2)。

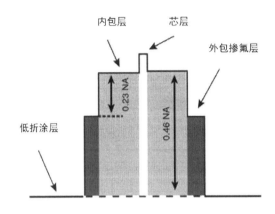

图2　三包层光纤的结构示意图

(图片来源:V V TER-MIKIRTYCHEV. Fundamentals of fiber lasers and fiber amplifiers[M]. New York: Springer International Publishing, 2014.)

林傲祥等[11]在2019报道了一种外包层为含氟石英玻璃,内包层为纯石英玻璃,芯部组成为0.17molYb$_2$O$_3$,Yb$_2$O$_3$:Al$_2$O$_3$:P$_2$O$_5$ = 1:10:10(mol比)的掺镱石英玻璃,其最大输出功率只有1 800W。近年来,随着研究的不断深入,目前,已经实现商用三包层光纤的企业以美国纽芬公司(Nufern)、中国长飞公司为代表,其主流三包层光纤的尺寸为:纤芯直径/第一包层直径/第二包层直径:34μm/460μm/530μm,其经典制备过程如图3所示。

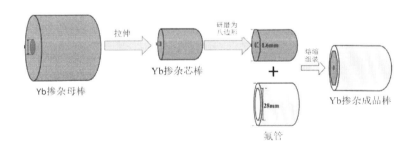

图3　三包层光纤的制备过程

(图片来源:LEICH M , JUST F , LANGNER A , et al. Highly efficient Yb-doped silica fibers prepared by powder sinter technology[J]. Optics Letters, 2011, 36(9):1559.)

3. 保偏掺镱光纤

随着在军事和工业领域应用的不断增多，对于保偏的大模场面积双包层光纤的需求也呈现不断上升态势。主流保偏掺镱光纤结构如图4所示。

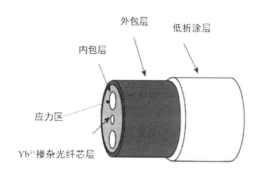

图4 熊猫有源光纤的结构示意图

（图片来源：V V TER-MIKIRTYCHEV. Fundamentals of fiber lasers and fiber amplifiers[M]. New York: Springer International Publishing, 2014.）

Julia Farroni[14]介绍了一种通过气相刻蚀法制备预制棒，并拉丝获得领结型掺镱保偏光纤的方法。

中国电科46所在保偏有源光纤研究方面处于国内较高的水平。目前，能够实现保偏掺镱商用的公司较少，主要产品被Nufern、Liekki等公司垄断，国内对于此类产品的性能及产业化能力明显不足。

4. 稀土掺杂光子晶体光纤

由于传统的双包层大芯径光纤无法获得足够低的包层/纤芯折射率差，受到纤中非线性效应、光损伤等物理机制的限制，单一增加纤芯直径的手段，无法满足大模场双包层光纤在高功率输出时单模运转的需求[13]。为了解决这一问题，J.C. Knight等在大模场光纤的基础上提出了大模场面积光子晶体（LMA-PCF）（图5）的设想。

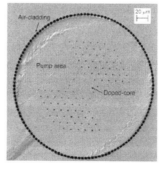

图5 典型掺镱光子晶体光纤图示

（图片来源：夏长明，周桂耀. 微结构光纤的研究进展及展望[J]. 激光与光电子学进展，2019, 56(17):170603-2~170603-7.）

目前内包层数值孔径为0.8的掺镱双包层光子晶体光纤已见诸报道，其中，上海光机所在大模场有源光子晶体光纤的研制方面取得了重要进展，成功制备获得了纤芯直径大于50μm、NA小于0.03的大芯径光子晶体光纤，并在皮秒脉冲放大器中实现应用[14]。

5. 其他光纤

除了主流的有源光纤外，3C结构光纤（Chirally Coupled Core Fiber, CCC fiber）、增益/泵浦一体化光纤（GT-Wave光纤）、多芯掺镱光纤等新型结构有源光纤的出现[15]，为光纤激光器功率的提升及有源光纤性能的改进提供了更多思路和可能。

三、法尔胜中高功率掺镱有源光纤产业化

（一）我国高功率掺镱有源光纤的现状

随着光纤激光器核心部件国产化替代步伐的加快，我国相关科研院所和光纤企业加快了国产光纤的研制及产业化进程，尤其在光纤单模输出功率方面的提升十分明显，其研究趋势如图6所示：

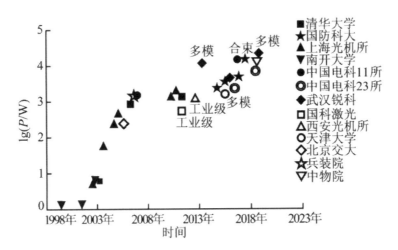

图6 我国光纤激光器单纤单模输出功率水平的提升

（图片来源：马思烨，张闻宇，邱佳欣，等. 高功率连续光纤激光器技术发展概述[J]. 光纤与电缆及其应用技术，2019（5）:2.）

目前，中低功率光纤激光器（＜1 500W）用的掺镱有源光纤已经基本实现国产化替代，其中以长飞公司、烽火通信、亨通光电等为代表的光纤企业占据了90%以上中低功率光纤市场；而20/400、25/400、30/400这类高功率连续激光器用的增益光纤仍然多数被国外Nufern或Liekki等少数公司垄断。

（二）法尔胜在高功率掺镱有源光纤方面的研究

1. 掺镱光纤光子暗化性能研究

光子暗化是指光纤激光器在长时间出光后掺杂光纤芯层背景损耗永久性增加的现象，掺镱有源光纤的抗光子暗化能力是考量激光器实际输出功率和长期工作稳定性的

关键指标之一[16]。为解决有源光纤光子暗化效应引起的功率下降问题，法尔胜研发人员经过长期研究，通过对共掺剂含量的有效调控和Al^{3+}浓度的研究，实现掺镱有源光纤抗光子暗化能力的提高。

通过对不同Al^{3+}浓度研究后不难发现，15天1 500W以上的高功率拷机试验，当在3.6wt.%的Al^{3+}浓度的条件下，功率无明显变化（增长0.1%，功率的增长是由于功率计的误差波动造成的）。在此配方和工艺下，20/400有源光纤实现了较高的抗光子暗化能力。

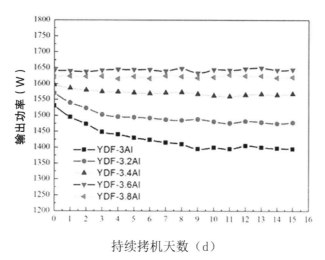

图7 不同Al^{3+}浓度下光纤拷机试验与激光输出功率的关系

2. 光纤产品一致性方面的突破

法尔胜采用MCVD气相沉积+液相掺杂的方式，成功研制20/400掺镱有源光纤，并实现批量化制备，得益于光纤在一致性上优异表现，在折射率波动、光纤损耗、包层吸收和斜效率等方面均显示出较好的批次稳定性（如图8）。

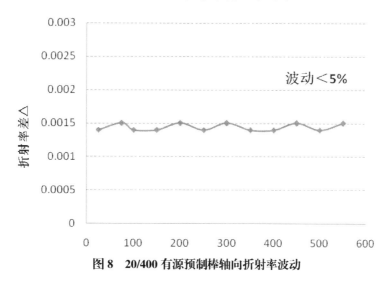

图8 20/400有源预制棒轴向折射率波动

从有源光纤预制棒的轴向折射率统计来看,其波动值＜5%,可以保证光纤良好的批次一致性和性能稳定(如图9)。

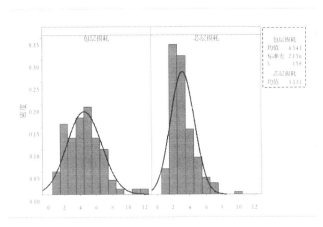

图9　20/400有源光纤包层损耗和芯层损耗直方图

从图10中发现,在158个数据中,芯层损耗均值保持在3.13dB/km,包层损耗均值保持在4.54dB/km,且数据集中,说明了光纤在损耗方面保持了优异的一致性。

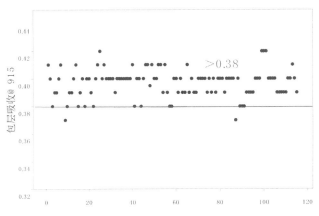

图10　20/400有源光纤包层吸收数据统计图

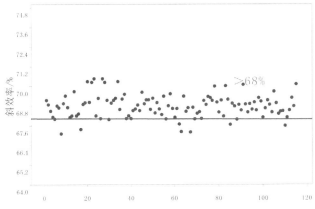

图11　20/400有源光纤915nm斜效率统计图

通过对20/400有源光纤的包层吸收和斜效率进行大量的数据统计，可以看到，20/400有源光纤的包层吸收多数在0.38dB/m以上，激光输出1 500W斜效率多数高于68%。

研究者对现有的20/400掺镱有源光纤的数据进行分析汇总，并进行了包括双85试验、高温高湿等环境稳定性试验，验证了20/400有源光纤的可靠性能优异。除了20/400有源光纤，法尔胜在25/400、30/400等高功率用掺镱有源光纤方面同样加快了研发步伐。

四、结语及展望

本文通过梳理主流商用的有源光纤的研究进程及发展，对大模场双包层光纤、掺镱光子晶体光纤、掺铒光纤及保偏有源光纤等稀土掺杂有源光纤进行了关键技术剖析。重点介绍了法尔胜20/400掺镱有源光纤在抗光子暗化和光纤产品一致性方面所作的研究和努力，使得20/400掺镱有源光纤的国产化替代步伐加快。

未来，高功率光纤激光器用掺镱有源光纤的技术突破需要从以下两个方面入手：一是通过引入芯基质、新结构（三包层等）的光纤材料和结构设计，实现部分掺杂、芯层剪裁[1]、超低数值孔径或多沟壑的双包层光纤[17]，提升光纤激光输出功率；二是通过研究新的掺杂材料和掺杂工艺，研究无Al掺杂，调控限制功率提升的因素，引导激光拉曼散射效应，实现更优的抗光子暗化性能和更高功率输出。

参考文献

[1] 张炳涛,陈月娥,赵兹罡,等.有源光纤的进展与应用[J].应用物理,2018,8（5）:13.

[2] 侯超奇,陈瑰,郭海涛,等.用于高功率系统的掺镱石英光纤研究进展及发展趋势[J].光子学报,2019,48（11）.

[3] LIAO L, WANG Y B, XING, Y B, et al. Fabrication, Measurement, and Application of 20/400 Yb-Doped Fiber[J]. Applied Optics, 2015, 54: 6516—6520.

[4] 马思烨,张闻宇,邱佳欣,等.高功率连续光纤激光器技术发展概述[J].光纤与电缆及其应用技术,2019（5）: 3—5.

[5] 周朴,黄良金,冷进勇,等.高功率双包层光纤激光器：30周年的发展历程[J].中国科学,2020,50（2）:123—135.

[6] J J MONTIEL I PONSLDA, L NORIN, et al. Ytterbium-doped fibers fabricated with atomic layer deposition method[J], Opt Express, 2012, 20（22）: 85—95.

[7] LIAO L, WANG Y B, XING Y B, et al. Fabrication, Measurement, and Application of 20/400 Yb-Doped Fiber[J]. Applied Optics, 2015, 54（21）: 6516—6520.

[8] V V TER-MIKIRTYCHEV. Fundamentals of fiber lasers and fiber amplifiers[M]. New York: Springer International Publishing, 2014.

[9] ZhOU P, HUANG L, XU J M, et al. High power linearly polarized fiber laser: Generation,

manipulation and application[J]. Ence China (Technological ences), 2017, 60 (12): 1—17.
[10] A S WEBB, A J BOYLAND, R J STANDISH, et al. MCVD in-situ solution doping process for the fabrication of complex design large core rare-earth doped fibers[J]. J Non-Cryst Solides, 2010, 356 (18—19):848—850.
[11] M. SAHA, A. PAL, R. SEN. Vapor phase doping of rare-earth in optical fibers for high power laser[J]. IEEE Photon. Technol. Lett., 2014, 26 (1): 58—61.
[12] M. SAHA, A. PAL, M. PAL, et al Influence of aluminum on doping of ytterbium in optical fiber synthesized by vapor phase technique[J]. Opt. Commun., 2015, 334: 90—93.
[13] R. SEN, M. SAHA, A. PAL, et al. High power laser fiber fabricated through vapor phase doping of Ytterbium[J]. Laser Phys. Lett., 2014, 11 (08): 1—4.
[14] 崔苏. 用于高功率放大的稀土掺杂微结构光纤的研究[D]. 北京: 北京交通大学, 2014.
[15] 赵楠, 陈瑰, 王一礴, 等. 双包层大模场面积保偏掺镱光子晶体光纤研究[J]. 物理学报, 2014, 63 (2):172—177.
[16] ChEN G, XIE L, WANG L B, et al. Photodarkening induced absorption and fluorescence changes in Yb fibers[J]. Chinese Physics Letters, 2013, 30 (10):4206—4208.
[17] 刘双, 陈丹平. 稀土掺杂石英光纤预制棒制备工艺最新进展[J]. 激光与光电子学进展, 2013, 50 (11):1—11.

作者简介

赵霞，博士，正高级工程师。江苏法尔胜光通信科技有限公司总工程师、江苏法尔胜光电科技有限公司总经理。从事光纤传感技术及特种光纤技术研究10年。带领团队先后承担了15项国家和省部级重点项目，其中包括中央军委装备发展部预研和型谱项目2项、国家重点研发专项4项、省级保偏光纤重点项目5项。申请PCT1件，获7个国家或组织授权；获授权国家专利40件，其中发明专利10件。发表专业论文42篇，主持科技成果鉴定及新产品鉴定共7项。先后获"中国专利优秀奖""中国材料研究学会科学技术奖一等奖""江苏省科学技术奖二等奖""江苏省有突出贡献中青年专家""江苏省十大青年科技之星""江苏省青年双创英才""江苏省'333高层次人才培养工程'培养对象""无锡市劳动模范""无锡市有突出贡献中青年专家""无锡市十大杰出青年"等荣誉和奖项。

冯术娟，研究员级高级工程师，江苏法尔胜光通信科技有限公司技术中心副主任。主要从事通信光纤预制棒和特种光纤新产品开发，发表多篇专利及专业论文。曾入选江苏省"333高层次人才"，被评为江阴市"十佳科技创新标兵""十大科技之星"。

冯术娟

宋海瑞

宋海瑞，硕士，研发工程师。主要从事通信光纤及特种光纤的新技术和新产品研发工作，发表多篇论文及专利。

王淑虹

王淑虹，工程师，经济师。江苏法尔胜光通信科技有限公司总经理助理，负责公司的综合管理、项目申报。

张俊逸

张俊逸，博士，研发工程师。从事大模场掺镱有源光纤项目研发，发表多篇论文及专利。

塑料光纤最新研究进展及应用

张海龙　张用志　储九荣　李乐民　刘中一
四川汇源塑料光纤有限公司
塑料光纤制备与应用国家地方联合工程实验室

张海龙

> **摘　要**：塑料光纤通信无电磁干扰和辐射，抗干扰能力极强，可靠性和保密性强；光缆具有轻质、柔软、易耦合等特点，可应用于数据通信、图像传输、装饰照明等领域。在工业控制、消费电子和传感器等领域已广泛应用，并推广应用到电力信息智能抄表系统。在图像传输领域，已有 0.45～2.0mm 直径 7 400 像素和 13 000 像素的塑料光纤传像束；在装饰照明领域，除光纤灯饰外，还开拓了塑料光纤服饰、光纤医疗毯治疗仪等新型应用。本文就塑料光纤在上述领域的最新研究和应用情况进行介绍。
>
> **关键字**：塑料光纤，损耗，带宽，耐温性，传像束，数据通信，图像传输，装饰照明

一、前言

从 1968 年开始研究的塑料光纤（Plastic Optical Fiber，POF）也称作聚合物光纤（Polymer Optical Fiber），是以高折射率的高分子光学透明材料作为纤芯，以低折射率的高分子光学透明材料作为包层[1]。POF 无电磁干扰和辐射，抗干扰能力极强，可靠性和保密性强，具有轻质、柔软、芯径大、易耦合等特点，广泛应用于高压高电磁场的工业控制、消费电子和传感器、汽车工业、装饰照明等领域。

在塑料光纤发展过程中，重点研究其损耗、带宽以及耐温性。同时，由于塑料光纤在工业控制中大量应用，所以对通信链路的光收发器也作了重点研究，现已实现几款产品的国产化。在塑料光纤新应用方面，已成功开发织布用塑料光纤，使其在时尚婚纱、时尚鞋类、窗帘等方面以及蓝光光纤医疗毯方面实现批量使用；同时塑料光纤技术应用于电力信息智能抄表系统，具有实时性强、系统建设简单、成本低、无需熔接等优点，一次数据抄收成功率为 100%，系统及运维成本可降为原来的 10% 以下，使通信质量得到极大提升。

二、塑料光纤研究的方向

1.降低损耗

POF 在透光率方面比石英系光纤差、光传输损耗较大，是由于纤维本身的固有因素和聚合技术或纤维加工技术的外在因素所致。固有因素包括红外振动吸收的高频波、电子迁移引起的紫外吸收产生的吸收损耗，由密度、浓度波动引起的雷利散射损耗；外在因素包括由过渡金属离子、有机杂质污染、OH 基团引起的吸收损耗，以及由尘埃、气泡、纤芯直径波动、芯层-包层界面缺陷及由于拉伸取向产生的双折射等引起的散射损耗[2]。

由于 POF 损耗包括固有损耗和非固有损耗，故降低 POF 损耗的常用途径有两条：（1）降低 POF 的固有损耗，即降低因芯皮材料尤其是芯材产生的吸收损耗和雷利散射损耗；（2）降低非固有损耗，降低芯皮材料中含有的各种杂质、提高纯度；另外选用匹配的芯皮材料，优化生产工艺，可降低 POF 因结构缺陷而产生的非固有散射损耗[2]。

日本在低损耗 POF 的研发与制造方面一直处于世界领先地位，主要单位为日本三菱公司、日本旭硝子公司、庆应大学等。20 世纪 80 年代三菱公司以 PMMA 为芯材，使 SI-POF 损耗最低降到 100~200dB/km，首次实现了 SI-POF 的商品化。目前，三菱公司生产的以 PMMA 为纤芯、氟塑料为包层的商用 SK 系列实现了 160dB/km 的低传输损耗。进入 21 世纪，NTT 公司研制的低损耗 POF 最低降到 2.5dB/km。

四川汇源塑料光纤公司选择 PMMA 本体聚合生产工艺，通过连续反应共挤制备的低损耗阶跃型塑料光纤，其 CF2-1000 产品最低损耗 136dB/km@650nm，达到国外 160dB/km 的商业化水平，其全光谱损耗如图 1 所示。

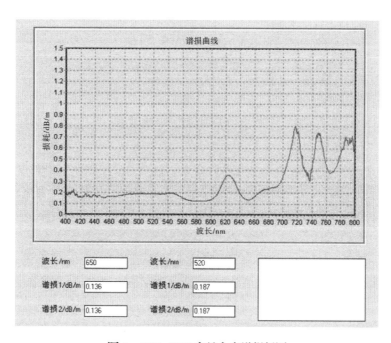

图 1　CF2-1000 产品全光谱损耗图

2. 提高带宽

影响带宽特性的因素有模分散、材料分散和构造分散等，POF 中以模分散为主。POF 的特点是 NA 大、传模数多，从而引起模分散，不能适应大容量传输。其优化方法是使纤维小径化、降低折射率比、芯皮界面平滑、防止微弯曲。但前两者可引起传输模数降低和数值孔径减少，从而使入射光减少，并使微弯曲可能性增大，因此较难大幅度提高带宽特性。为了大幅度提高带宽特性，通过研制梯度型 POF（GI-POF），GI-POF 无明显的芯皮界面，光在其中以正弦波形式向前传输，其折射率是从轴中心向外缘逐渐变小，较 SI-POF 传输带宽明显增宽[2]。

2000 年 7 月，日本旭硝子公司采用全氟聚合物 CYTOP 制造的名为 Lucina 的 GI-POF，传输损耗在波长 1300nm 处低至 16dB/km，带宽 > 200MHz·km。2012 年 KOIKE Y 课题组提出的基于聚苯乙烯的 GI-POF 将二苯并噻吩（Dibenzothiophene，DBT）作为 PS 的掺杂物，最终得到的光纤传输损耗在波长 670~680nm 处为 166~193dB/km，且带宽高达 4.4GHz·50m；2013 年该课题组制备的基于 PS 的 GI-POF 在 670nm 波长处实现了 160dB/km 的吸收损耗，且带宽高达 5.8GHz·50m。

目前，实现商品化的高带宽 POF 是日本三菱丽阳公司的 M001 产品，其带宽为 130MHz·100m。

3. 提高耐温性

普通的 POF 耐热性不高，如 PMMA 芯的 POF 长期使用温度要求在 80℃ 以下，而石英光纤、玻璃光纤可在 100℃ 以上的温度下使用。因此，提高 POF 的耐热性就成为 POF 的研究热点之一。通常采用三种方法提高 POF 的耐热性[2]：（1）保护层法，在 POF 外护套或涂覆一层保护层，阻碍氧气在芯皮材中传输，防止芯皮材在高温下氧化，并在一定程度上阻碍 POF 变形；（2）清洗法，芯皮材采用溶剂清洗，清除残余单体和低分子量副产物等；（3）选用玻璃化温度高的芯皮材法。前 2 种方法属于辅助方法，第 3 种是比较有效的方法。为提高 PMMA 的耐热性，必须选用另一耐热性优异的聚合物单体同其共聚。这类单体主要是分子量大的含大侧基或具有环化结构的链节，包括甲基丙烯酸苯酯、N-苯基马来酰亚胺等。如甲基丙烯酸甲酯-N-甲基二甲基丙烯酰胺共聚物芯光纤于 130℃ 加热 1 000 h，其损耗毫无变化，甲基丙烯酸甲酯与甲胺的反应产物热变形温度可提高到 162 ℃。日本 JSR 与旭化株式会社联合发展耐热透明树脂 ARTON 制造的 SI-POF，耐热 170 摄氏度，已于 2001 年供应汽车市场。

4. 塑料光纤传像束

光纤传像束是将许多一定长度、极细光导纤维集合成束，两端纤维按一一对应关系紧密排列，经固化磨抛后而成。光纤传像束中的每根光纤即为一个像元，能够独立传输信息，彼此不串扰，与传统光学成像器件相比，具有重量轻、使用方便、便于携带等优点，常常应用于医学、军事、航天、科研等领域，其耐辐射、耐腐蚀、抗电磁干扰特点，在一些特殊应用场合不可替代。

塑料光纤传像束是近几年新研制的一种材料传像束，一般选用以 PMMA 为芯材、氟塑料为皮材的 POF。与石英系玻璃纤维相比，具有价格低廉、柔软性优良、不易折断、易加工及易与零件接合等特点。日本三菱公司开发了由 1 500 根 POF 组成的传像束；美国 Nanoptics 公司研制了数千根 POF 构成的传像束，是医学史上第一个 POF 内窥镜生产公司；日本的旭化成公司已有 7 400 芯和 13 000 芯的 0.45~2.0mm 外径的塑料光纤传像束，其中外径最小的 0.45mm 的 7 400 芯塑料光纤传像束，可以部分取代传统的玻璃和石英传像束。

三、光收发器的研究进展

光收发器是塑料光纤通信链路的重要组成部分，主要使用波长为 650nm 和 520nm，根据应用领域划分，分为低速工控收发器和高速网络通信收发器。

低速工控收发器传输速率为 1~50MBd。650nm 光收发器是市场用量最大的光收发器，国外主要厂商有 AVAGO、TOSHIBA、INFINEON、FIRECOMMS 等公司，国内主要厂商是四川汇源塑料光纤公司。

四川汇源塑料光纤公司依托塑料光纤制备与应用国家地方联合工程实验室，分别于 2014 年研制出 5MBd 650nm 红光收发器、2016 年开发出 10MBd 650nm 红光收发器和 520nm 绿光收发器，目前均已实现产业化生产；50MBd 收发器正在设计开发过程中。

国产塑料光纤收发器在塑料光纤接收灵敏度和传输距离方面均已达到国际同类产品的先进水平。收发器与低损耗的塑料光纤光缆配合使用，10MBd 650nm 传输距离可达 150m，10MBd 520nm 传输距离可达 300m；10MBd 650nm 和 520nm 光收发器与 PCF 光缆配合使用，链路传输距离可达到 1 000m（见图 2）。

图 2　汇源光纤产红光和绿光收发器

高速网络通信收发器传输速率为 50MBd~1.25GBd，国外主要厂商有 TOSHIBA、AVAGO 等。由于高速塑料光纤收发器在局域网通信中的应用量小，并且在芯片设计开发过程中需要投入大量资金，短期内难以产生良好的经济效益，因此国内设计开发高速塑料光纤收发器的企业相对较少。

随着5G通信技术、车载网络、工业物联网技术的应用发展需求，光收发器将向小型化、低成本、低功耗、高速率、高可靠性与高稳定性的方向发展。

四、塑料光纤应用新开拓

1. 织布用塑料光纤

POF具有柔软、可织造、数值孔径较大、价格低、易加工等特点，常用于装饰照明领域。近年来，0.25mm的塑料光纤在端面发光的基础上，增加了侧面发光亮度，同时通过调整工艺提高光纤强度，使其更加适合高速纺织工艺要求，逐步应用于光纤织物上。光纤织物具有可见光、质量轻、柔软、省电、颜色变化多元等特性，可大量使用于服饰成衣、运动休闲、登山露营、宠物用品、家具、广告等行业[3]。

用塑料光纤生产的光纤织物，用于时尚婚纱、时尚休闲运动鞋、光纤桌布以及其他一些发光物品，如图3所示。首先将0.25mm的织布用塑料光纤纺织成光纤织物，再根据造型做成成品，同时将LED光源组合到成品上，光源可以设计成同步模式或闪光模式。这些产品给人新颖时尚、美轮美奂的感觉，丰富了人民的生活，提高了生活品质。

图3　塑料光纤用于光纤织物上

光纤织物柔软可变形，适体性较佳，且穿着透气、舒适，织物中大量紧密缠绕的光纤能够在大面积上实现有效的二维发光，因此在光疗领域具有很大的潜能。塑料光纤用于治疗新生儿黄疸的蓝光治疗毯，该治疗毯由光电源机箱和光纤治疗毯组成，光纤治疗毯又分为透光层、泄光层和反光层3层，其中泄光层由光纤织物制作而成。光从光电源机箱发出，经由光纤软管传输到泄光层，可使光均匀稳定地分布到婴儿身体表面，且该治疗毯质地柔软，可以直接与婴儿皮肤接触[4]。如图4是一款帮助新生儿进行黄疸治疗的光纤治疗毯，柔软、透气，模拟子宫环境，拥有很多照射表面，整个包裹宝宝，可让宝宝保持在正确的位置，易于治疗。外部采用不发光设计，可以保护父母和婴儿的眼睛。

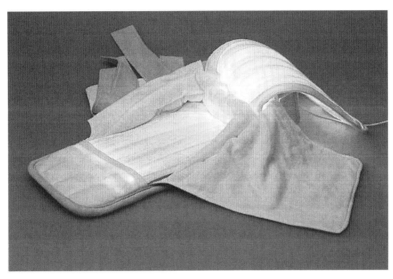

图4　光纤治疗毯

2. 电力信息智能抄表系统

随着我国智能电网技术水平的不断提升，对电力信息传输的要求也有了新的高度：实时、准确、可靠、互动、安全、稳定、快速。目前电力信息智能抄表的主要方式有微功率无线抄表、RS-485方式（采用铜导线连接）、PLC电力载波抄表，但这些抄表方式的实时性和可靠性不是很理想。塑料光纤是一种可用于通信线路的新型线缆，具有实时性好、可靠性高、耦合效率高、容量大、重量轻、不受电磁干扰、防雷电、柔韧性好、无需熔接等优异性能，其实时抄表的及时率和准确率可达到100%[5]。

居民小区变压器供电半径一般为200米左右，塑料光纤在520nm的链路传输距离可达300m，能覆盖绝大部分小区对用电采集系统通信的需求。因此POF通信链路是300米距离以内的理想选择，性价比高，将会给电力系统在短距离通信体系及通信设备带来革新和升级，并将在一个较长的时期内替代RS-485双绞总线。

塑料光纤应用于电力信息智能抄表系统的典型应用，如图5所示[5]。

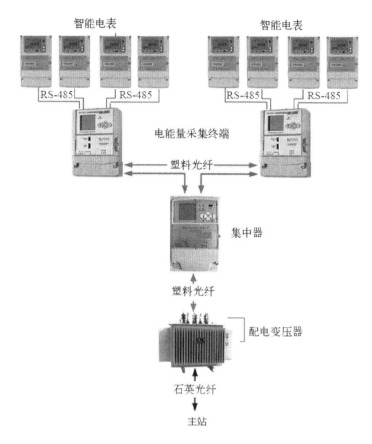

图 5 塑料光纤电力抄表系统组网示意图

其系统组成：（1）主站：整个系统的控制和信息中心，通过远程公用信道（GPRS/PSTN/GSM/ 以太网（Ethernet）等）或专用通道对集中器的参数信息进行采集和控制，并对采集到的大量数据进行分析和综合处理。（2）集中器：以变压器台区为单位，通过塑料光纤信道对台区内的各塑料光纤电表的信息进行采集、存储和控制，通过公用信道远程与主站实时交换数据。集中器是抄表系统中的中心通信点，一个配电变压器台区理论上配置一台。（3）分合路器：通过塑料光纤信道对接入所有电表的计量数据进行采集，并通过塑料光纤或石英光纤信道与集中器交换数据。通过分合路器可构建串联 / 并联不同的网络结构。（4）采集终端：指塑料光纤智能电表或电表上的塑料光纤通信模块，接塑料光纤，采集电表的计量数据，并通过分合路器或直接与集中器交换数据。

自 2012 年以来，中国电科院用电所在北京、广东、四川、重庆、广西、陕西等省选择了几个有代表性的小区进行基于塑料光纤通信链路的智能抄表试点应用，运行至今，抄收稳定、可靠、快速，一次抄收成功率均为 100 %，取得了很好的运行效果。塑料光纤应用于电力信息抄表系统是具有创新性的示范项目，适应国家"低碳、节能、环保"的产业发展方向。

五、结语

基于POF轻质、柔软、易耦合、抗干扰、可靠性和保密性强等特点，作为光纤通信及光纤广泛用途中的特定补充，塑料光纤也将迎来新的机会：工业控制、消费电子和传感器、汽车工业、装饰照明等领域，随着研究的深入和技术的进步，新的应用和产品不断涌现，POF在整个光纤领域将发挥更加重要和独特的作用，也将具有更广阔的市场应用前景。

POF研究的重点依然是进一步降低损耗，提高耐温性和提高带宽。在应用需求的要求下，科研工作者需从材料、结构、生产工艺等多个方面入手，优化生产工艺和生产流程，提高POF的性能指标；在其应用方面也应寻求更多的突破点，逐渐形成多功能应用体系，以增加适用范围，形成规模优势。

参考文献

[1] 张海龙等.共挤法制备突变型PMMA塑料光纤的研究[J]. 电线电缆, 2003,8（4）:13—15.

[2] 储九荣等. 高聚物光纤的研究进展[J].功能高分子学报, 1998,11（4）：566—572.

[3] 杨昆等. 侧面发光光纤及其发光织物的研究进展[J]. 毛纺科技, 2019,7（7）：84—89.

[4] 倪虹, 刘建明. 婴儿黄疸蓝光治疗毯: CN 202314978U[P]. 2012-07-11.

[5] 郝为民. 加强塑料光纤技术宣传开拓电力信息传输应用[J]. 电气应用, 2015年增刊: 2—3.

作者简介

张海龙，高级工程师。长期从事低损耗塑料光纤理论、材料与生产技术及应用开发研究，累计申请发明专利（实用新型）30项，发表论文10余篇。

张用志

张用志，工程师。主要研究方向为塑料光纤光收发器的应用开发和质量控制。

储九荣

储九荣，博士后，高级工程师。四川汇源塑料光纤有限公司总经理，塑料光纤制备与应用国家地方联合工程实验室主任、技术委员会委员。长期从事低损耗塑料光纤理论、材料与生产技术研究，在国内第一家研发成功低损耗PMMA塑料光纤产品，填补了国内空白。承担制定了"通信用塑料光纤"国家通信行业标准。曾获得"四川省青年科技奖"以及中国科协、科技部、国家发改委等联合颁发的"技术标兵"称号。发表论文40余篇，申请专利14项。

李乐民

李乐民,中国工程院院士,电子科技大学宽带光纤传输与通信系统技术国家重点实验室教授。为中国通信学会理事、学术工作委员会委员,四川省科学技术顾问团成员,国家教委科技委信息部成员,《通信学报》编辑委员会委员,第六、第七、第八届全国人大代表。1980年4月被评为四川省劳动模范,1989年被评为全国先进工作者,1997年11月当选为中国工程院院士。共发表论文160余篇,出版专著1部,完成10余项重大科研任务,获国家级及省部级奖项16项。

刘中一

刘中一,硕士,高级工程师,四川汇源塑料光纤有限公司董事长。为光纤光缆行业知名技术专家和企业家,研发的"SZ绞型光纤带光缆"曾获"国家新产品奖"及国家知识产权局与世界知识产权局联合颁发的"中国专利金奖"。所领导的企业获得国家科技部认定的高新技术企业、四川省"小巨人计划"企业、四川省企业技术中心、成都市46家工业重点优势企业、成都市工业50强、四川名牌产品、四川省及成都市科技进步奖等多项荣誉。研发的通信光缆、电力光缆、带状光缆等产品累计实现销售50亿元以上。

新一代光纤技术的发展趋势

冯高峰　胡涛涛　周杭明

杭州富通通信技术股份有限公司

冯高峰

> **摘　要**：近几十年来，光纤光缆行业发展迅速，应用领域也越加广泛，如通信应用、医学医用、传感器应用等。通信技术的不断发展和完善，对光纤的要求也越来越高，新一代光纤又该如何发展？本文简单介绍了几种有发展前景的光纤。
>
> **关键词**：光纤发展趋势　G.654.E光纤　传能光纤　多芯光纤　光子晶体光纤

一、前言

从1966年"光纤之父"高锟博士首次提出光纤通信开始，光纤通信经过50多年的发展，已经取得了多次突破性的进展，为人类全面进入信息化时代做出了不可磨灭的贡献。随着5G商用化的不断推进，光纤通信的发展前景被广泛看好，"万物互联"的未来工作、生活方式，势必会带来更具飞跃性的改变。但在目前4G网络建设减缓和5G网络起步阶段的空窗期，加上光纤光缆的供需不平衡，行业内部产能过剩现象明显。如何在这样的大环境背景下继续生存、寻求发展，是目前各光纤光缆厂商都面临的比较严峻的问题。目前主要可以从这两个方面着手：一方面，精益求精，降低成本。光纤生产经过这么多年的发展，拉丝工艺基本趋于成熟、稳定，光纤成本组成完全透明化，只有不断优化、不断完善，减少任何不必要的损失，才能不断优化成本，才能在严峻的竞争中占据优势。同时，光纤低成本的控制，势必会传递给上游产业，从而推动光纤预制棒、光纤涂料等的成本控制。另一方面，勇于创新，开拓市场，加快对各种光纤的开发，从多样化、个性化满足不同领域对光纤的不同需求。目前主流光纤包括G.652光纤、G657光纤、耐高温光纤、细径光纤等。通过不断扩充自身的光纤产品、丰富光纤种类，开拓各个市场，提高整体竞争力。同时着眼未来，推进新技术光纤的开发和应用，主要包括G.654.E光纤、传能光纤、多芯光纤等。

二、G.654.E光纤

传统的G.652光纤各方面均已非常成熟，而且1 310nm和1 550nm窗口的衰减系数较以前均有了较大的降低，在相当长的一段时期内，仍将是主流的光纤产品。但是，随着云计算、大数据、物联网、流媒体等新兴技术及业务的不断涌现和增多，网络带宽压力将会不断增加，传输容量大幅度提升的需求不断增加，光通信传输需要光纤拥有更低的衰减系数和更大的有效面积来实现超高速、超大容量和超长距离的传输。与传统的 G.652 光纤相比，G.654.E 光纤无电中继距离优势明显，可以延长无电中继传输距离，能达 900 千米以上，减少中继站设置。除了低损耗、大有效面积两大优势，在适当的生产工艺下 G.654E 光纤还能够具备优异的宏弯和微弯性能，以满足在复杂环境下的需求。

近几年三大运营商开始正式批量集中采购 G.654E 光纤用于高速率长距离光传送网通信系统。G.654.E 光纤以其大有效面积、低损耗的特性成为运营商建设 5G 网络的主流选择，可支持当前 40G 和 100G 系统，甚至满足未来 400G 以及更高速率的系统需求，是陆地长距离高速光纤通信系统的最佳选择。

三、传能光纤

激光是 20 世纪以来继核能、电脑、半导体之后，人类的又一重大发明。因其具有比普通光源更高的亮度、更好的方向性和单色性，受到世界广泛关注。短短的几十年里，激光技术发展迅速。随着激光技术的不断发展，工业激光器已全面应用于传统工业，并推进传统制造业水平不断升级，走向智能制造。激光相关产品也逐步走入人们的日常生活中，我们熟知的应用有激光焊接、激光打标、激光切割、激光雷达、激光测距、激光印刷、激光医疗、激光扫描等。

而在激光的实际应用过程中，需要通过传能光纤来控制激光并精确定位。传能光纤又称功率光纤，具有高功率传输能力、大芯径、良好的柔韧性、较高的强度、低传输损耗和高透光率等优良性能，能够实现激光能量的传输。传能光纤根据材质不同可以分为石英传能光纤和塑料传能光纤。石英传能光纤能够传输较高的激光功率，具有良好的抗光学损伤能力、较低的衰减和较高的光透过率。塑料传能光纤一般主要用于光纤照明，它装饰性好、安全性强、使用寿命长以及安装、维修比较方便。近年来，各种建筑装饰纷纷采用光纤进行装饰和照明，尤其是在大中城市亮化工程的开展中，塑料传能光纤发挥了重要作用。

四、多芯光纤

随着网络的迅速普及和发展，人们对信息的需求正在呈现出爆炸式的增长。面对日益提升的传输容量以及速度的要求，常规的单模光纤已经不能满足当前通信系统的需求。基于空分复用技术的多芯光纤可以有效解决传统单模光纤对传输容量的限制，得到各行各业的广泛关注。

传统的单模光纤是由一根纤芯和围绕纤芯的包层构成，而多芯光纤是在同一个包层区中存在着多个独立纤芯的新型光纤(如图1所示)。当光信号通过多芯光纤进行信息传输时,就相当于多根传统单芯光纤的传输容量,不仅提高了传输容量,而且在实际施工中节约了空间资源和资金的投入。

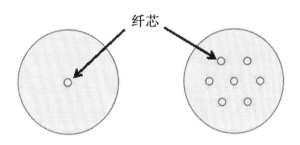

图1 传统的单模光纤(左)和多芯光纤(右)

多芯光纤因其结构相较于传统单芯光纤较为特殊,除了作为通信系统的传输介质之外,还可以替代传统单芯光纤应用到多种器件中,并且能够达到不俗的效果,比如在激光器领域、放大器领域,多芯光纤也被运用于定向耦合器和光纤波分复用器当中。

五、光子晶体光纤

光子晶体光纤与传统的光纤结构截然不同,它的包层是由空孔和石英玻璃构成,空孔在纤芯的外围以周期性规律排列(如图2所示)。这种巧妙的复合结构光纤具有较大的折射率反差以及可控的周期性折射率变化,不仅可以用于无尽单模光纤信号传输,也可以实现空芯低损耗传输等。

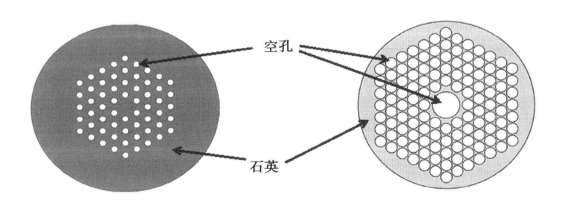

图2 光子晶体光纤

根据光子晶体光纤的导光机制可以分为折射率引导型光子晶体光纤、光子带隙型光子晶体光纤和反谐振型光子晶体光纤。折射率引导型光子晶体光纤是由石英纤芯和具有周期性空孔结构的包层组成；其包层中虽然引入了周期性排布的空孔，但并未形成有效的光子禁带，由于空孔的加入，包层与纤芯相比具有较小的有效折射率，因此这种结构的光子晶体光纤以类似传统阶跃型光纤的全内反射的机制导光。不同的空孔结构和排布使得折射率引导型光子晶体光纤具有特定的模式传输特性。相对于折射率引导型光子晶体光纤，光子带隙型光子晶体光纤要求包层空孔结构具有严格的周期性。纤芯的引入使其周期性结构遭到破坏时，就形成了具有一定频宽的缺陷态或局域态，而只有特定频率的光波可以在这个缺陷区域中传播，其他频率的光波则不能传播，即光子带隙效应。在这种导光机制下可以将纤芯设计成中空结构。这种结构的光子晶体光纤所具有的极低的非线性效应和传输损耗使其在传输高能激光脉冲和远距离信息传递方面具有很大的潜在优势。[1] 反谐振型光子晶体光纤是在研究空芯光纤时发现的一种不同于光子带隙导光机制的光纤。反谐振导光机制即通过增强入射光在遇到包层薄壁时的反射，将光尽可能地束缚在纤芯中，能够约束的光主要由包层中的石英壁厚度来决定；当石英壁厚度满足一定谐振条件时，位于谐振频率附近的光就会发生泄漏，而其他频率的光均可在纤芯中实现低损耗传输。[2]

光子晶体光纤所具有的独特的物理性质，如可控的非线性、无尽单模特性、灵活的色散特性、低弯曲损耗特性、大模场特性等，为光通信行业提供了无尽的创新空间，在光通信、光器件、光传感等各个领域都有广阔的前景。

六、总结

光纤是5G网络的坚实基础。随着5G建设的全面开启，光纤通信系统对超低损耗、大有效面积、低弯曲损耗特性等需求会更加明显，我们应该着眼现有光纤需求，在保质保量地为5G网络建设保驾护航的同时，加快光纤新技术的探索和应用推广，为未来光通信的发展壮大提供强有力的支撑。

参考文献

[1] 王清月,胡明列,柴路.光子晶体光纤非线性光学研究新进展：中国激光.2006.
[2] 廉正刚,陈翔,王鑫,娄淑琴,郭臻,皮亚斌.微结构和集成式功能光纤的制备和潜在应用.激光与光电子学进展,2019,56（17）:170615.

作者简介

冯高锋，硕士，高级工程师。主要从事光纤预制棒制造工艺研发工作。

胡涛涛

胡涛涛,浙江大学学士,工程师。主要从事光纤工艺技术和产品研发。

周杭明

周杭明,浙江工业大学学士,工程师。主要从事光纤工艺技术和产品研发。

硅基光电子学进展回顾

杨建义

杨建义　张肇阳　王曰海
浙江大学信息与电子工程学院

> **摘　要**：由于 RC 延迟限制着传统金属互联在超高速数据传输中的应用，光子作为新的信息载体成为研究焦点，其中硅材料的良好特性和 CMOS 工艺兼容的优势使得硅基光电子学在实现低成本、高传输速率、低功耗的光子回路方面具有明显优势。本文主要回顾了近年来硅基光电子学在通信、传感、计算等领域的国内外研究进展情况。
>
> **关键词**：硅基光电子学，光子集成，光通信

硅基光电子学是一门研究硅基光信号产生、传输、调制、处理和探测的科学。得益于硅在近红外波段的低损耗特性、基于载流子色散效应的调制潜力和 CMOS 兼容特性，硅基光电子技术具备高速度、大带宽、低功耗和高密度等优点，在高速光通信、光互联、微波光子学、超快信号处理、光子晶体、慢光、生化传感器、量子信息、光计算等领域都得到了广泛的应用[1]。

一、面向光通信的硅基光电子学

随着 5G、物联网和人工智能等应用的快速发展，传统金属互连由于高频下急剧增加的传输损耗与互联尺寸，难以满足数据中心与 5G 基站数据回传等应用场景对于高速数据传输的需求[2,3]。硅光子技术则能够在单片内集成完整的光通信链路[4]，通过高阶调制格式、提高硅光子器件的速率或通道复用降低单位比特的传输成本，提供了高速率、高容量、高可靠性的光通信解决方案。

（一）高阶调制格式

四级脉冲幅度调制（4 level pulse amplitude，PAM4）使用四电平信号进行数据传输，在相同波特率下 PAM4 比特率是 NRZ 信号的两倍，因而成为 400G 光收发模块调制格式的极佳选择。2019 年麦吉尔大学（McGill University）大卫·普兰特（David V. Plant）课题组基于 35GHz 带宽的马赫-曾德调制器，比较了行波电极、多电极、双平行 3 种不同 PAM4 架构的功耗及速度，实现了无 DSP 112Gb/s PAM4 传输速率，证明了多电极马赫-曾德调制器在传输速率上的明显优势[5]。2020 年英特尔（Intel）首次实现

了硅基微环调制器、片上激光器和28nm CMOS驱动混合集成的112Gb/s PAM4发送模块，提出双路径非线性预失真技术改善调制器性能，有效降低了微环调制器的温度敏感特性，为400G以太网及超紧凑光收发模块提供了低功耗解决方案[6]（见图1）。

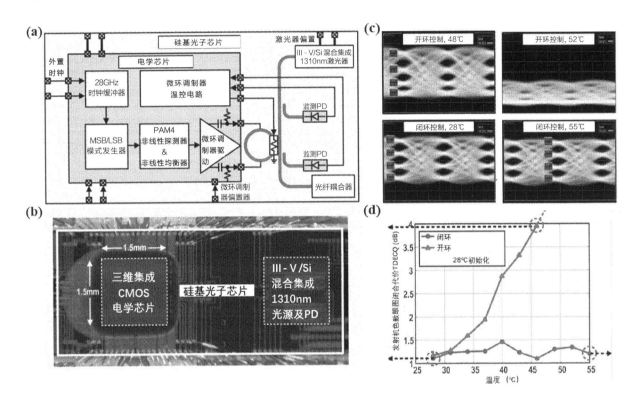

（a）（b）基于MRM的光发射机3D集成架构图及显微照片
（c）（d）不同温度下闭环与开环控制眼图性能

图1 英特尔112Gb/s PAM4发送模块

（二）高速调制器

传统的硅基调制器一般只有30～40GHz的有限带宽，使得其依赖于昂贵且高功耗的集成电路实现100Gb/s以上的PAM4传输，因此必须从根本上提高硅基光电调制器的速率[7]。2018年武汉邮电科学研究院余少华课题组基于行波电极与衬底移除设计的调制器3dB电光带宽达到60GHz，为迄今为止速度最高的纯硅马赫-曾德调制器，并基于此实现了10km 128Gb/s PAM4高速数据传输[7]。

铌酸锂因其良好的线性电光效应在传统高速光通信中广泛应用，将其与低成本、高集成度的SOI平台结合，可以充分发挥两种光子学材料优势，这也是近年来硅基光电子学研究的热点。2019年中山大学蔡鑫伦课题组报道了调制带宽大于70GHz、插入损耗低于2.5dB的硅基铌酸锂薄膜调制器（如图2），其线性度远超商用铌酸锂调制器[8]；同年美国斯里科公司（SRICO）报道了其50GHz带宽、2.5V半波电压的硅基铌酸锂薄膜调制器[9]。

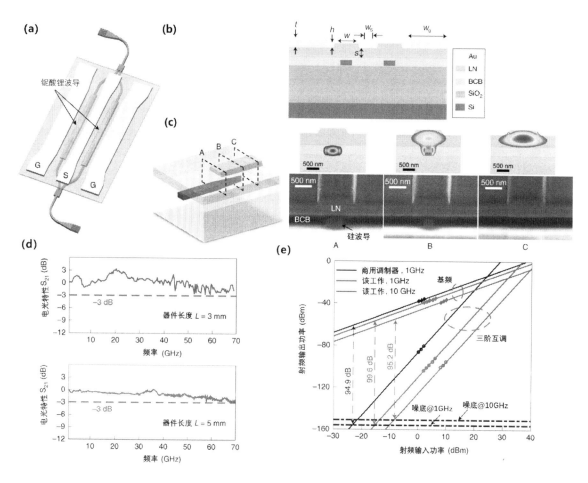

(a) 整体结构示意 (b) 硅/铌酸锂混合波导横截面
(c) 硅/铌酸锂混合波导不同位置的 SEM 图像以及模式分布
(d) 长度分别为 3 mm 及 5 mm 的调制器带宽
(e) 不同频率下器件与商用调制器基频与三阶交调对比

图 2　硅基铌酸锂薄膜电光调制器

（三）波分复用/解复用器

在光通信系统中，将携带着不同信息的多波长光信号在同一波导中传播，能够倍增传输容量，因此复用/解复用器是波分复用系统中重要的核心器件。在硅基光电子学中实现波分复用的方法主要有阵列波导光栅（Array waveguide grating，AWG）[10]、阶梯衍射光栅（Echelle Diffraction Grating，EDG）[11]、级联马赫-曾德滤波器（Mach-Zehnder lattice filters，MZI-LFs）[12]、微环谐振器（Micro-ring interferometers MRI）[13]等。其中 EDG 更适合于小规模的波分复用，MRI 的性能易受环境温度影响，因此 AWG 和 MZI-LFs 在密集波分复用场景下得到了更多的应用。2019 年日本电报电话公司（Nippon Telegraph & Telephone，NTT）报道了其基于 AWG 和直调激光器阵列的 8×56 Gbit/s 400G PAM4 发送模块，并指出即使采用多模阵列波导降低 AWG 对于工艺精度的要求，仍不可避免地造成 AWG 通带中心波长的漂移，同时提高 AWG 通带平坦度将引入取决于通带宽度的 1～3 dB 额外损耗，或者需要额外同步工作的滤波器，这大大增加了器件尺寸和复杂度[14]。MZI-LFs 由多级马赫 - 曾德滤波器级联而成，有限的损耗来自波导侧壁散射等因素，易于实现具有平坦通带的高效波分复用器，此外各级波导上的热电极为补偿 MZI-LFs 中心波长漂移提供了更大的灵活性和自由度。2013 年国际商业机器公司（International Business Machines Corporation, IBM）报道了其基于 90nm CMOS 工艺的 MZI-LFs 八波长复用 / 解复用器，小于 1.6dB 插入损耗和 500μm×400μm 的器件尺寸非常适合在硅基光收发模块中使用[15]（见图 3）。

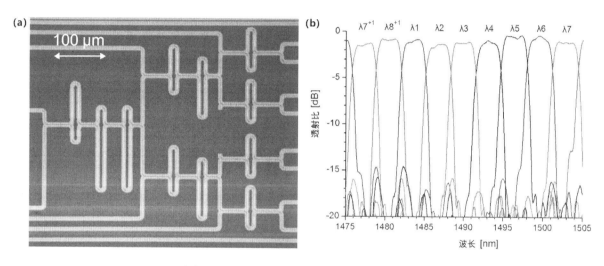

（a）器件整体显微图像（b）器件实测归一化传输谱线

图 3　IBM 级联马赫 – 曾德波分复用 / 解复用器

（四）硅基光源及探测器

由于硅材料间接带隙结构和晶体中心反演对称性无法实现高效的受激辐射，限制了硅基光电子有源和无源器件的集成化。解决硅基光子芯片光源的方案主要包含Ⅲ - Ⅴ族或锗的单片集成或混合集成[16, 17]、受激拉曼散射[18, 19]、掺杂稀土硅[20]、量子点激光器[21]等。实际上将成熟的 III–V 激光器集成在 SOI 平台上的混合解决方案是当前实用性较强的选择。2019 年加州大学圣芭芭拉分校（University of California, Santa Barbara）约翰·鲍尔斯（John E.Bowers）课题组报道了采用 III–V 族键合材料为增益介质实现的硅基分布式布拉格反射器激光器，具有 1kHz 的窄线宽和超过 37mW 的输出功率，在相干光通信、光学传感和微波光子学中有巨大的应用潜力[22]。量子点激光器具有其低阈值电流、高功率输出和高工作温度等优点，是硅基单片光源集成的极有潜力的实现方案。2016 年伦敦大学学院（University College London）刘会赟课题组报道了直接生长在硅衬底上的连续波 InAs/GaAs 量子点激光器，室温输出功率超过 105 mW，工作温度高达 120℃，平均故障时间超过 100 158 小时，是硅基光电子集成的重大进步[23]（见图 4）。

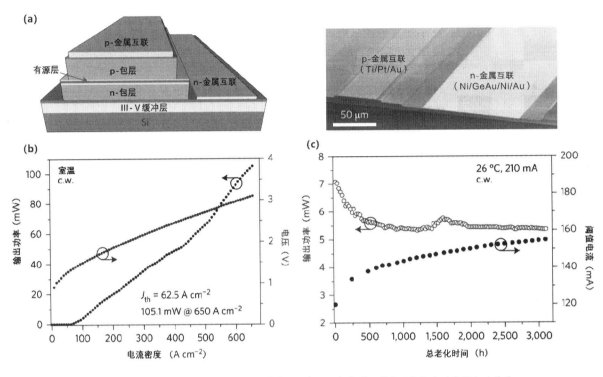

(a)器件整体结构示意与实物图像 (b)18℃室温下激光器工作电压与输出功率同电流关系
(c)26℃与210mA驱动电流下器件疲劳测试

图4 伦敦大学学院InAs/GaAs量子点激光器

在硅基光互联链路的末端高速光信号向电信号的转换过程，通常由锗硅探测器或Ⅲ-Ⅴ族混合集成探测器实现。2012年巴黎萨克雷大学（Université Paris-Saclay）洛朗·维维恩（Laurent Vivien）等人报道了其0.8A/W响应度和高达120GHz带宽的硅锗光电探测器[24]（如图5）。2019年IBM也展示了其新型CMOS兼容混合Ⅲ-V／Si光电探测器，实现了超低暗电流、超低电容和大于35 GHz的平坦频率响应[25]。同年麦吉尔大学（McGill University）大卫·普兰特（David V. Plant）课题组基于硅锗雪崩二极管实现了低于KP4前向纠错误码率阈值的112Gb/s PAM4超高速数据传输[26]。得益于近年来学术界与工业界的共同努力，英特尔、思科等相继推出了其400G硅基光模块，硅基光子器件在面向数据中心和5G无线通信场景的高速光通信应用中大放异彩（见图5）。

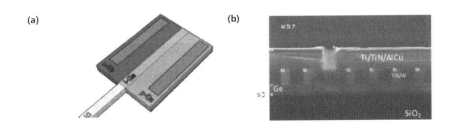

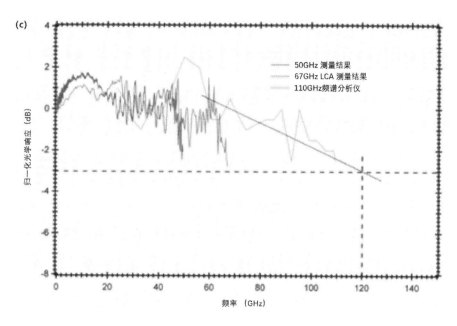

(a)硅波导末端的 Ge 光电探测器的示意　（b）探测器横截面图像
(c)反偏置下探测器归一化频率响应（0.8A/W 1550nm）

图 5　巴黎萨克雷大学 10μm 高速 PIN 锗硅探测器

二、其他硅基光电子学应用场景

近年来硅基光子器件在诸多领域，尤其是智能光计算、量子信息处理、光相控阵雷达等方面的应用潜力被不断发掘，成为当下研究领域中的热点。

（一）智能光计算

基于光电子集成技术在带宽、速度、功耗等方面的优势，智能光计算成为摩尔定律后时代下高性能计算的实现方案之一。智能光计算能满足当下应用对于高计算力、低功耗、高速低延时的需求，其研究主要集中在光神经网络架构和芯片设计、网络的算法训练、光神经网络的应用拓展和可编程光信号处理器等方面。2017 年麻省理工大学（Massachusetts Institute of Technology）德克·恩格隆德（Dirk Englund）和马林·索利亚奇（Marin Soljačić）团队提出一种具有很高计算速度和功率效率的光学神经网络架构，并基于该架构实现了元音识别功能[27]（见图 6）。2020 年华中科技大学张新亮、董建绩教授团队，将人工智能技术和可编程光信号处理芯片相结合，实现了具有学习能力的自配置可编程光信号处理器；该研究工作分别展示了光开关、光学解扰器、可调滤波器等功能，所有功能都可以通过网络训练自动完成，且无需了解芯片内部构造。该团队前期还用类似的芯片实现了光学矩阵运算、谷歌网页排名算法和通用光学偏振处理芯片，这些工作有望推动可编程光信号处理芯片的自动化和智能化发展[28]。

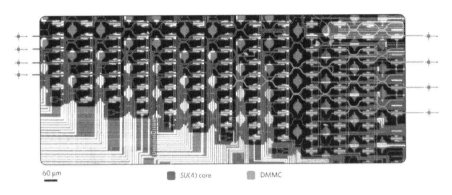

图6 麻省理工大学硅基光神经网络芯片

(二)硅基光相控阵

光学相控阵波束是硅基光学为面向自动驾驶激光雷达提出的解决方案之一,其波束驱动原理同微波相控阵理论一致,具有无运动部件、稳定精确、可连续扫描和波束成形等优点。2017年南加州大学(University of Southern California)在单片内集成了1×1024超大规模硅基光相控阵及相应的电学控制单元,实现了51°无栅瓣视场范围和0.03°的精细主瓣[29]。2019年麻省理工大学(Massachusetts Institute of Technology)迈克尔·沃茨(Michael Watts)课题组报道了其基于512路硅基光相控阵芯片的固态激光雷达(如图7),实现了接近200m的距离测量和同步测速[30]。在国内,中国科学院、上海交通大学、吉林大学等科研单位也在硅基光相控阵方面进行了广泛和深入的科学探索,在不同层面展示了硅基光相控阵的应用潜力[31-34]。

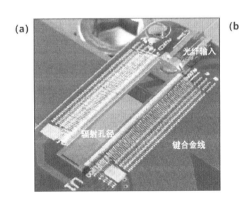 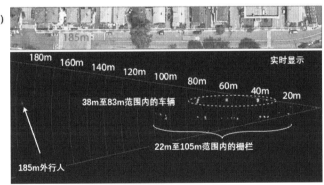

(a)芯片实物　(b)近200m调频连续波探测距离

图7 麻省理工大学光相控阵

(三)硅基光量子集成

光子在量子计算方面的理论和实验进展使人们对开发能够挑战当今经典计算机的大规模量子信息处理芯片产生了浓厚兴趣。随着量子信息处理能力的提升,实验复杂性迅速增加,为获得具有更高保真度和相位稳定性的空间模式,将空间光学实验过渡到集成光子平台的需求越来越大。2010年布里斯托大学(University of Bristol)杰里米·奥布莱恩（Jeremy L. Obrien）课题组利用集成在 SiO_xN_y 芯片上的多條逝波耦合器，实现了两全同光子的量子漫步，为通用量子计算打开了新世界[35]。2018年北京大学龚旗煌院士和王剑威研究员团队与国际学者合作，利用硅基纳米光子集成技术制备了目前集成度最高的光量子芯片（如图8），芯片包含16阵列纠缠源在内的550个光量子器件，实现了对高维量子纠缠体系高精度、可编程的通用量子操控和测量，为芯片上光量子信息处理和计算模拟的应用奠定了坚实的基础[36]。硅基量子芯片相对于量子点、超导材料等方案虽然起步较晚，但是具有集成度高、相干时间长、高稳定性和可编程性等优势，在量子计算、通信、计量等方面拥有巨大应用潜力。

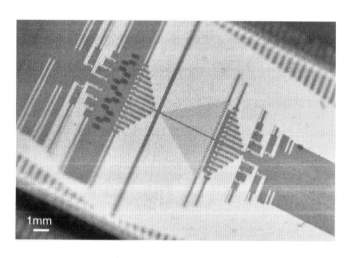

图8　多维硅基光量子芯片

三、结语

随着信息社会数据量的爆炸式增长，硅基光电子芯片在数据中心和5G无线通信等应用场景下提供了可靠的高速数据传输，极大加速了信息传输和社会交流进程，同时在智能光计算、量子信息处理、传感等诸多领域得到了极其广泛的应用。利用标准微电子工艺在单晶圆集成光源、调制器、滤波器、探测器等硅基光子器件和集成电路单元，完成复杂光学信息处理功能，实现硅基单片光电子集成是硅基光电子学研究的未来目标。单片集成硅基光电子芯片将以较低成本和更高的集成度满足现代社会对于更高速度、更大效率和更低功耗的信息传输需求，并在未来计算系统及体系架构中发挥不可替代的作用。

参考文献

[1] SOREF R. Silicon Photonics: A Review of Recent Literature [J]. Silicon, 2010, 2（1）: 1—6.

[2] YU H, DOYLEND J K, LIN W, et al. Proceedings of the Optical Fiber Communication Conference, March 3—7, 2019 [C]. Washington DC: Optical Society of America, 2019.

[3] DHIMAN A. Silicon Photonics: A Review [J]. IOSR Journal of Applied Physics, 2013, 3（1）:67—79.
[4] JALALI B, FATHPOUR S. Silicon Photonics [J]. Journal of Lightwave Technology, 2006, 24（12）: 4600—4615.
[5] SAMANI A, ELFIKY E, MORSYOSMAN M, et al. Silicon Photonic Mach–Zehnder Modulator Architectures for on Chip PAM-4 Signal Generation [J]. 2019, 37（13）: 2989—2999.
[6] LI H, BALAMURUGAN G, SAKIB M, et al. Proceedings of the 2020 IEEE International Solid-State Circuits Conference -（ISSCC）, Feb 16-20 , 2020 [C]. Piscataway : IEEE press , 2020.
[7] LI M, WANG L, LI X, et al. Silicon intensity Mach–Zehnder modulator for single lane 100 Gb/s applications [J]. 2018, 6（2）: 109—116.
[8] HE M, XU M, REN Y, et al. High-performance hybrid silicon and lithium niobate Mach–Zehnder modulators for 100 Gbit s−1 and beyond [J]. Nature Photonics, 2019, 13（5）: 359—364.
[9] STENGER V, POLLICK A, ACAMPADO C. Proceedings of the Optical Fiber Communication Conference, March 3-7 , 2019 [C]. Washington DC: Optical Society of America,2019.

作者简介

杨建义，浙江大学信息与电子工程学院院长、微纳电子研究所教授。主要研究方向为集成光电子、智能感知与信息传输。曾主持多个"973""863"、国家自然科学基金项目，相关研究成果曾获国家技术发明奖二等奖、北京市科学技术一等奖和浙江省科技二等奖等。已发表 SCI 收录论文 100 余篇，拥有授权专利 20 余项。

张肇阳

张肇阳，浙江大学信息与电子工程学院博士研究生。主要研究方向为硅基集成光电子、光互连、低相干检测及片上光学相控阵系统。

王日海

王日海，浙江大学信息与电子工程学院副研究员。多年从事信息与通信工程领域的教学与科研工作，主要研究方向为多媒体智能处理、机器视觉、光信号处理，在相关领域发表论文 20 余篇，出版专著 1 部。

"十三五"中国光网络发展观察

唐雄燕

唐雄燕
中国联通研究院

过去 5 年,我国社会经济发展成就斐然,国内生产总值(GDP)由 2014 年的 63.6 万亿元增加到 2019 年的近 100 万亿元,人们生活水平也显著提高。2020 年我国全面建成小康社会,实现第一个百年奋斗目标。在加快经济高质量发展的背景下,数字经济在国民经济中的地位进一步凸显。2019 年我国数字经济增加值达到 35.8 万亿元,占 GDP 比重达到 36.2%。信息通信业是数字经济的基础依托和重要组成,过去 5 年我国信息通信业的高速发展举世瞩目,无论是通信网络规模、通信用户数还是通信设备制造规模都稳居全球第一。光网络作为信息通信发展和经济社会数字化转型的基础支撑,更是取得了长足进步。本文简要回顾了"十三五"期间我国通信业的重要成就,剖析了过去 5 年我国光网络发展主要特点,并展望了光网络发展趋势。虽然"十三五"是指从 2016 年到 2020 年这 5 年,但鉴于统计数据的滞后性,本文分析主要依据 2015 年至 2019 年这 5 年的数据。

一、过去 5 年我国通信业的重要成绩

1. 移动互联网突飞猛进

我国于 2014 年开始移动 4G 建设。过去 5 年是 4G 和移动互联网大发展的 5 年,我国移动基站数由 2014 年的 351 万增长到 2019 年的 841 万,其中 4G 基站数由 2014 年的 85 万增长到 2019 年的 544 万。移动互联网接入流量由 2014 年的 20.6 亿 GB 增加到 2019 年的 1 220 亿 GB,增长了 60 倍;移动互联网户均月数据量 DoU 由 2014 年的 0.2GB 提升到 2019 年的 7.82GB。微信、手淘、手游、短视频等移动互联网应用蓬勃发展,手机逐步成为人们信息消费和数字化生活的主要手段。

2. 全光接入网全面建成

过去 5 年,在"宽带中国"战略的指引下,我国大力推进"光进铜退",光纤接入网迅猛发展,全光接入网全面建成,固定宽带接入速率不断提升。光纤接入(FTTH/O)在固定宽带接入中的占比由 2014 年的 40% 提升到 2019 年的 91.3%,光纤接入端口达到 8.36 亿个,在全球一枝独秀。固定宽带接入速率由以 10M 以下为主提升到以 100M 以上为主。2014 年,8M 以上宽带用户占比为 40% 多,到 2019 年,100Mbps 及以上接入速率的宽带用户占比达到 85.4%。

3. 提速降费和电信普遍服务成效显著

提速降费是国家交给电信运营商的重大任务，2015年5月李克强总理在主持召开国务院常务会议时明确提出促进提速降费的具体举措。过去5年，运营商不折不扣地落实国家战略要求，积极推进网络提速升级和电信资费下降，全面完成了提速降费任务。2015～2018年，电信企业仅提速降费让利达2 600亿元，在扩内需、稳就业、惠民生方面发挥了重要作用，也有力地激发了信息消费需求，繁荣了数字经济。我国的电信普遍服务是我国制度优越性的重要体现，成效显著。2019年，我国行政村通光纤和通4G比例均超过98%，提前实现了"十三五"规划纲要目标，也为打赢脱贫攻坚战做出了积极贡献。

但在完成提速降费任务同时，运营商的量收剪刀差进一步扩大，增量不增收问题突出。一方面网络流量和通信业务量快速增长，但随着用户饱和与资费下降，运营商业务收入增长乏力。2019年我国电信业务收入累计完成1.31万亿元，比上年增长0.8%。按照上年价格计算的电信业务总量为1.74万亿元，比上年增长18.5%。为此，运营商积极开展业务转型和产品创新，大力拓展云计算、大数据、物联网、安全服务、产业互联网和智慧城市等新兴业务市场，取得初步成效。但由于许多新兴业务尚处于培育阶段，运营商依然面临业务增长和转型的巨大压力。

二、"十三五"期间我国光网络发展主要特点

1. 全光网和4G建设带动光纤光缆产业大发展

2014年，全国光缆线路总长度为2 046万公里；到2019年，全国光缆线路总长度达4 750万公里，翻了一番多。尤其是随着全光接入网和4G的大规模建设，接入与本地光缆增速迅猛，接入光缆占比超过60%。在需求增长的刺激下，各大光纤光缆厂商竞相扩大产能，并加大技术创新，很好地满足了我国信息通信业发展需要，我国也成为光纤光缆和光棒产能占全球半壁江山的制造大国。但到了2018年下半年以及2019年，由于FTTH建设基本完成，而5G建设尚未开始，导致光纤光缆需求减少，光纤光缆供需关系失衡，集采价格下降，市场竞争更加激烈。

2. 100G光传输网大规模部署，并由长途走向本地

100G系统是"十三五"期间光传输网建设的主力军。过去5年100G光传输系统不但在长途骨干网得到大规模商用，并拓展到本地网层面。以中国联通为例，中国联通2013年开始100G光传输实验网建设，2014年启动100G系统的大规模商用。今天100G WDM已成为一、二干通信业务的主要承载平台，实现了全国覆盖，并扩展到本地网。中国联通2016开始进行本地网层面的100G规模部署，目前100G OTN系统已覆盖全国300多个本地网，并推动波分系统下沉县乡，2015年覆盖乡镇5 000多个，2020年预计覆盖1.2万多个，乡镇波分覆盖率达到37%，其中联通作为主体运营商的北方10省乡镇波分覆盖率达到72%。

3. ROADM 组网进入规模商用

随着传输速率不断增长,对节点交叉能力的要求也越来越高。大容量电交叉的功耗问题愈加突出,全光组网受到更大重视,基于 OTN/WDM/ROADM 技术的智能光电混合组网成为组网趋势。利用波长级光层路由、子波长级电层调度、光电协同组网,再加上 SDN 和 WSON 的智能控制功能,可以大大提升光网络效率、品质和服务能力。2017 年,中国电信开始长三角 ROADM 网建设,拉开了我国 ROADM 全光组网的大幕。2018 年,中国联通启动京津冀 ROADM 网建设。中国联通京津冀 ROADM 网络共有 31 个 ROADM 主节点与 6 个局间延伸节点,采用了 CD-ROADM(20 维 WSS),现已全面投入运行。2019 年,中国联通又开始建设长三角 ROADM 区域网和珠三角 ROADM 区域网,这几张 ROADM 网构建起中国联通东部 ROADM 区域网。近年,中国联通还在部分省干和重点城市核心汇聚层部署了多个 ROADM 网络。

4. 政企专线业务增长驱动 OTN 光业务网发展

长期以来,光传送网主要是作为支撑运营商电话与数据业务的基础网络而存在,是运营商业务网的配套。但随着云服务和产业互联网的发展,政企专线业务快速增长,光传送网作为直接服务于客户的专线业务网络的作用凸显。我们将基于光传送网的资源出租(专线,VPN/ 切片)网络定义为光业务网。基于传输网络承载专线的光业务网在业务隔离性、安全性、低时延、低抖动、高可靠等方面具有天然优势。随着 MSTP 逐步退网,OTN 成为运营商面向大带宽及硬管道需求的专线业务的最佳承载手段。2016 年,中国联通推出基于 OTN 和 SDN 技术建设的 SD-OTN 金融专网,受到了金融、证券等高端客户的欢迎,并于 2019 年将其扩展为中国联通全球政企精品网,面向政企客户量身订制高带宽(10M ~ 50G)、高可靠、高安全、高私密性的专属智能专线产品。中国移动和中国电信也先后于 2018 年和 2019 年发布了 OTN 政企专网。

三、光网络发展趋势展望

2020 年,在抗击新冠疫情的同时,5G 开始规模建设并将成为未来几年信息通信行业的焦点。5G 也是我国"新基建"的龙头,对经济社会发展和科技竞争有着重大影响。2020 年上半年我国新建 5G 基站 25.7 万个,截至 6 月底我国 5G 基站数累计超过 40 万,跃居全球第一,年底 5G 基站数有望超过 70 万。GSMA 预测,到 2025 年,中国将占全球 5G 连接数的 47%,达到 8.07 亿。从流量看,2020 年上半年,我国移动互联网累计流量达 745 亿 GB,同比增长 34.5%。未来 5G 及其带动的视频业务必将驱动网络流量的进一步增长,为光网络增添更强劲的发展动力。

1. 5G 传送承载

5G 基站理论峰值约为 4G 的 25 倍,理论均值约为 4G 的 15 倍,必然带来更高带宽的传送承载要求。5G 前传接口速率以 25Gbps 为主,对于 100MHz 频谱,每个基站需要 6 个 25G 光模块;对于中国联通与中国电信共建共享下的 200MHz 频谱,每个基站需要 12 个 25G 光模块；未来还要进行 4G 频率（2.1GHz 频段）重耕，进一步增加对前传接口的需求。如果采用光纤直驱，将消耗巨量光纤资源。WDM 成为提高纤芯利用率、缓解光纤资源消耗的必然选择；但是具体采用什么 WDM 技术，是目前业界研究和讨论的热点。成本与可维护性是两大关键技术决策要素，需要统筹考虑网络建设成本和整个生命周期中的维护成本。CWDM 价格低廉，初期被大量采用，但只有 6 波，且可维性差，难以满足 5G 前传长远发展要求。中国电信和中国移动分别提出 12 波的 LAN-WDM 和 MWDM 方案；中国联通推动面向低成本城域 DWDM 的 G.metro（G.698.4）前传方案，采用波长可调谐 DWDM 光模块，具备端口无关、波长自适应特性，系统容量大，且极大简化了网络建设和运维，但近期成本还较高。从部署方式看，为便于建设和维护管理，前传 WDM 将采用 DU 侧有源、AAU 侧无源的半有源方式。

对于 5G 回传，三层 IP 技术是基础，SR、IPv6、FlexE 硬切片、确定性网络成为 5G 回传网络的技术关键，且 IP 技术与传统光网络技术在理念和技术上互相参考和借鉴，SRv6 是未来承载网技术重要方向。

2. 超高速传送与接入

骨干、城域、DC 内部以及接入网的带宽不断提升，对更高传送速率的追求是光通信发展的永恒动力。在 100G 广泛部署的基础上，基于保持中继距离不变的要求，200G 成为长途干线传输的现实选择和新趋势，而对于距离较短的城域传送则可逐步引入 400G 等更高速率。中国联通 2017 年开始 200G DWDM 系统试点，2019 率先在骨干网部署商用，包括 32G 波特率的 16QAM 系统和 64G 波特率的 QPSK 系统。而城域网为应对网络云化和数据中心互联带来的容量快速增长，需要逐步引入 400G/600G/800G 等更高速系统，并倾向采用可插拔光模块，以获得更高集成度和更低功耗。

光纤非线性效应和链路损耗成为 400G 及以上超高速长距离传输的主要限制因素，为此需要部署低损耗、大有效面积的新型光纤 G.654.E，其可提升 200G/400G 骨干线路传输距离 50% 以上。近年中国联通联合光纤光缆厂商积极推进 G.654.E 光纤的标准化并开展技术试验，取得了可喜进展。目前，中国联通、中国电信、中国移动及部分海外运营商，已开始 G.654.E 光纤光缆网络的商用部署。

千兆接入成为 FTTH 宽带用户发展趋势。2020 年，中国联通向用户推出了包括千兆 5G、千兆 WiFi 和千兆 FTTH 的"三千兆"业务，服务经济社会数字化转型。10G PON 是今天光纤接入的主流技术手段，为顺应用户接入速率进一步提升的要求和使 PON 在 5G 小基站接入中发挥作用，产业链正在共同推动 50G TDM PON 标准化和技术发展。

3. 光网络的智能化与服务化

20 世纪初就开始了智能光网络（ASON）实践，但主要是依赖传统网管和分布式控制技术。近年来软件定义网络 SDN 的兴起为网络智能化提供了有力手段，成为网络转型新趋势，软件定义光网络 SD-OTN 也推动智能光网络迈向新台阶。SDN 实现了网络转发与控制分离，并实现集中控制。随着企业上云和高品质政企专线业务需求的持续快速增长，光传送网将越来越多直接面向用户提供专线业务，因此对网络服务的灵活性和敏捷性要求越来越高。通过引入SDN技术将有效提升OTN的服务能力，可快速开通电路并能灵活调整带宽、时延，还能提供用户自助服务。鉴于目前OTN设备开放性不够，设备管控系统通常由设备厂家提供，实现对本厂家设备组成的子网管控，运营商自主研制OTN协同器，实现多厂商环境下的自动业务编排和协同。

随着人工智能（AI）发展，引入AI技术将能够进一步增强光网络智能化，可以利用机器学习进行光网络的性能优化以及故障自动诊断和处理，如基于智能规则分析和挖掘，可以实现光传送网的报警原因溯源，对网络维护和规划有很好的支撑作用。

4.开放光网络

长期以来，通信设备体系较为封闭，尤其是光网络设备都是由传统设备商研发和集成，不利于产业生态繁荣和开放创新。通信设备开放和解耦成为促进产业创新、降低设备成本的重要趋势。尤其是在云服务商的推动下，数据中心互联率先采用了开放光网络技术。开放光网络基于模块化设计，各个功能模块可以独立发展和升级，便于更快地引入新技术和促进产业竞争，从而降低设备成本。运营商和用户对网络可以有更强的控制，有助于加速网络服务创新。开放光网络尤其适用于城域组网的低成本、低功耗、高集成度、易扩展的服务器式设备形态。中国联通已启动模块化WDM设备商用，完成了多个厂家的设备测试评估，验证了多个厂家的光层/电层解耦可行性。开放光网络不但可以避免厂商锁定、增强产业活力、降低网络成本、加速业务创新，也顺应了网络云化的大趋势。

参考文献

[1] 中国信通院.中国数字经济发展白皮书（2020年）.2020年7月.
[2] 工业和信息化部.2019年通信业统计公报.2020年2月.
[3] 唐雄燕,王海军,杨宏博.面向专线业务的光传送网关键技术及应用.电信科学,2020,36（T）.

作者简介

唐雄燕，工学博士，教授级高级工程师。中国联通研究院首席科学家，中国联通科技委网络专业主任委员，"新世纪百千万人才工程"国家级人选。兼任北京邮电大学教授、博士生导师，工业和信息化部通信科技委委员，北京通信学会副理事长，中国通信学会理事兼信息通信网络技术委员会副主任，中国光学工程学会常务理事兼光通信与信息网络专家委员会主任，国际开放网络基金会ONF董事。拥有20余年的电信新技术新业务研发与技术管理经验，主要专业领域为宽带通信、光纤传输、互联网、物联网与新一代网络等。

六

中国光纤通信业界
2020～2021年成就展示

长飞公司知识产权软实力

1. 长飞公司 2020.8～2021.5 授权发明专利

一种快速自动调整光模块发射眼图参数的方法及装置
一种用于光纤通信系统的信号补偿方法及系统
一种光通信系统、方法及装置
一种自动化空间耦合光纤匹配液蘸液装置
掺稀土多芯光纤、光纤预制棒及其制备方法和应用
一种抗辐射保偏光纤
一种小外径弯曲不敏感单模光纤
一种小外径单模光纤
八芯光纤复用解复用器及其制备方法
一种基于丢帧检测的图像法尺寸测量补偿方法及装置
一种发射光功率监控装置及其制备方法
一种光纤几何参数测试系统及方法
一种获得光纤涂覆层的剥离装置
一种宽带多模光纤预制棒的制造方法
一种 AOC 光模块连接检查方法及装置
一种多芯光纤单芯连接器及其制备和对准方法
一种 VCSEL 阳极驱动电路及方法
一种 HEC 光纤熔缩炉气路系统及气封方法
一种多模光纤 DMD 测试设备的探针配准方法及系统
一种卷对卷连续转移石墨烯的装置
一种抗弯曲单模光纤

一种筛选机的自动更换收纤盘装置
一种在金属中定向掺杂石墨的方法
一种阵列型保偏多芯光纤
一种基于边缘计算的全光智能工业网关
光时域反射仪消除激光器波长漂移误差的装置和方法
一种全干式松套管余长控制装置
一种气吹微缆微套管超高速二次套塑生产设备及工艺
一种低衰减渐变型轨道角动量光纤
一种基于spice协议的云桌面文件拖拽传输的方法
一种低衰减阶跃型轨道角动量光纤
一种零张力光纤复绕设备
一种超低衰减低串扰弱耦合三阶OAM光纤
一种用于弹性套管光缆的接头盒
一种光纤端面检测方法及系统
一种利用尾料制备高纯石英材料的方法
一种光纤涂层自动剥除装置
一种气悬浮加热装置
一种基于工业互联网平台的OTDR测试方法
基于工业互联网平台的光纤自动测试系统
大容量线缆智能储线装置及其使用方法
易插接防水型光纤连接器
一种石墨烯薄膜直接转移装置及方法
小芯径渐变折射率光纤
一种小芯径渐变折射率光纤
一种光纤预制棒横向搬运装置

一种七芯小径单模光纤及其制造方法
一种二次套塑注胶器
一种多孔石英材料及其制备方法
微结构光纤预制棒的制备方法
一种低宏弯损耗的单模耦合光纤
一种双层紧套稳相光缆及其制备方法
一种掺镱光纤的纤芯吸收系数测试系统及方法
一种金刚石-金属基复合导热材料及其制备方法
一种石墨烯-铜基复合材料的制备方法及产品
一种高带宽弯曲不敏感多模光纤
一种高带宽多模光纤
高速制造光纤松套管的自适应冷却装置及方法
一种光学模式适配器及其制备方法
用于PCVD设备中衬管的自动夹紧装置
一种车用小型光电混合缆及跳线接头
高速二套牵引冷却方法及装置

2. 长飞公司 2020～2021 年制订、修订的标准 (20210611)

No	标准组织	类别	标准号	标准名称	年号	制定/修订	主持/参与
1	ITU-T	国际标准	ITU-T G.650.1-2020	单模光纤和光缆的线性相关属性的定义和测试方法	2020	修订	主持
2	CCSA	国家标准	GB/T 7424.24-2020	光缆总规范 第24部分：光缆基本试验方法-电气试验方法	2020	修订	参与
3	CCSA	行业标准	YD/T 908-2020	光缆型号命名方法	2020	修订	参与
4	CCSA	行业标准	YD/T 1181.6-2020	光缆用非金属加强件的特性 第6部分：玻纤带	2020	制定	参与
5	CCSA	行业标准	YD/T 1588.1-2020	光缆线路性能测量方法 第1部分：链路衰减	2020	修订	参与
6	CCSA	行业标准	YD/T 1588.2-2020	光缆线路性能测量方法 第2部分：光纤接头损耗	2020	修订	参与
7	CCSA	国家标准	GB/T 7424.20-2021	光缆总规范 第20部分：光缆基本试验方法-总则和定义	2021	修订	参与
8	CCSA	国家标准	GB/T 7424.22-2021	光缆总规范 第22部分：光缆基本试验方法-环境性能试验方法	2021	修订	参与
9	CCSA	国家标准	GB/T 33779.3-2021	光纤特性测试导则 第3部分：有效面积(Aeff)	2021	制定	参与
10	CCSA	行业标准	YD/T 3833-2021	无线通信小基站用光电混合缆	2021	制定	参与
11	CCSA	行业标准	YD/T 1020.1-2021	电缆光缆用防蚁护套材料特性 第1部分：聚酰胺	2021	修订	参与
12	CCSA	行业标准	YD/T 1181.2-2021	光缆用非金属加强件的特性 第2部分：芳纶纱	2021	修订	参与
13	CCSA	行业标准	YD/T1999-2021	通信用轻型自承式室外光缆	2021	修订	主持

亨通光电成就展示

授权发明专利

序号	专利名称	专利类型	专利号	权利人	授权时间
1	一种光纤加工装置	发明专利	ZL202010599987.9	江苏亨通光纤科技有限公司，江苏亨通光电股份有限公司	2020.09.29
2	挂棒装置及光纤拉丝生产系统	发明专利	ZL201810489461.8	江苏亨通光纤科技有限公司，江苏亨通光电股份有限公司	2020.04.10
3	一种耐高温光纤及其制备方法	发明专利	ZL201811011940.5	江苏亨通光纤科技有限公司	2021.01.12
4	一种抗返回光全光纤器件	发明专利	ZL201910599009.1	江苏亨通光纤科技有限公司，江苏亨通光电股份有限公司	2021.04.20
5	自动测量光纤盘具法兰偏移量和距离的装置及测量方法	发明专利	ZL201610810631.9	江苏亨通光纤科技有限公司	2019.1.8
6	一种在线改善光纤拉丝涂覆同心度的装置及方法	发明专利	ZL201610429651.1	江苏亨通光纤科技有限公司	2019.1.8
7	一种用于光纤预制棒拉丝余长监测的装置及方法	发明专利	ZL201610429574.X	江苏亨通光纤科技有限公司	2018.10.23
8	一种光纤筛选复绕防鞭打装置	发明专利	ZL201610343678.9	江苏亨通光纤科技有限公司	2018.8.3
9	一种手持式塑料光纤端面处理装置以及处理方法	发明专利	ZL201510789777.5	江苏亨通光纤科技有限公司	2018.2.23
10	一种去除聚酰亚胺涂覆光纤外涂层的装置及方法	发明专利	ZL201510279774.7	江苏亨通光纤科技有限公司	2018.8.3

烽火通信知识产权软实力

1. 烽火通信 2020～2021 年制定、修订的国际及国家标准（光纤光缆部分）

类别	标准号	标准名称
国际标准	IEC 60793-1-34	Optical fibres – Part 1-34：Measurement methods and test procedures – Fibre curl
国际标准	ITU-T L.151	Installation of Optical Ground Wire (OPGW) Cable
国家标准	GB/T 15972.47-2021	光纤试验方法规范 第 47 部分：传输特性的测量方法和试验程序 宏弯损耗
国家标准	GB/T 7424.22-2021	光缆总规范 第 22 部分：光缆基本试验方法 环境性能试验方法
国家标准	GB/T 7424.20-2021	光缆总规范 第 20 部分：光缆基本试验方法 总则和定义
国家标准	GB/T 33779.3-2021	光纤特性测试导则 第 3 部分：有效面积 (Aeff)
国家标准	GB/T 15972.54-2021	光纤试验方法规范 第 54 部分：环境性能的测量方法和试验程序 伽玛辐照
国家标准	GB/T 15972.45-2021	光纤试验方法规范 第 45 部分：传输特性的测量方法和试验程序 模场直径
国家标准	GB/T 15972.43-2021	光纤试验方法规范 第 43 部分：传输特性的测量方法和试验程序 数值孔径
国家标准	GB/T 15972.42-2021	光纤试验方法规范 第 42 部分：传输特性的测量方法和试验程序 波长色散
国家标准	GB/T 15972.41-2021	光纤试验方法规范 第 41 部分：传输特性的测量方法和试验程序 带宽
国家标准	GB/T 15972.30-2021	光纤试验方法规范 第 30 部分：机械性能的测量方法和试验程序 光纤筛选试验
国家标准	GB/T 15972.20-2021	光纤试验方法规范 第 20 部分：尺寸参数的测量方法和试验程序 光纤几何参数
国家标准	GB/T 15972.10-2021	光纤试验方法规范 第 10 部分：测量方法和试验程序 总则

类别	标准号	标准名称
国家标准	GB/T 7424.24-2020	光缆总规范 第24部分：光缆基本试验方法 电气试验方法
国家标准	GB/T 39564.3-2020	光纤到户用多电信业务经营者共用型配线设施 第3部分：光缆分纤箱
国家标准	GB/T 39564.2-2020	光纤到户用多电信业务经营者共用型配线设施 第2部分：光纤配线架
国家标准	GB/T 39564.1-2020	光纤到户用多电信业务经营者共用型配线设施 第1部分：光缆交接箱
国家标准	GB/T 9771.6-2020	通信用单模光纤 第6部分：宽波长段光传输用非零色散单模光纤特性
国家标准	GB/T 9771.5-2020	通信用单模光纤 第5部分：非零色散位移单模光纤特性
国家标准	GB/T 9771.4-2020	通信用单模光纤 第4部分：色散位移单模光纤特性
国家标准	GB/T 9771.3-2020	通信用单模光纤 第3部分：波长段扩展的非色散位移单模光纤特性
国家标准	GB/T 9771.2-2020	通信用单模光纤 第2部分：截止波长位移单模光纤特性
国家标准	GB/T 9771.1-2020	通信用单模光纤 第1部分：非色散位移单模光纤特性

2. 烽火通信2020～2021年授权发明专利（光纤光缆部分）

专利名称	专利名称
◇ 一种保偏光纤	◇ 一种用于光纤拉丝的套管棒的生产方法及套管棒
◇ 一种熊猫型保偏光纤	◇ 一种超低损耗大有效面积单模光纤及其制造方法
◇ 光纤拉丝塔的抗干扰方法	◇ 用于钢铝带的在线计量称重方法及装置
◇ 在线测量疏松体密度的方法及装置	◇ 一种基于OCR的线缆字符检测方法及系统
◇ 一种光纤光栅及其制造方法	◇ 一种缆芯扎纱用扎纱机模座及缆芯扎纱方法
◇ 光纤拉丝塔中的系统设计方法	◇ 一种隐形光电复合HDMI光缆及其制造方法
◇ 蝶形光缆生产模具及其生产线	◇ 一种双折射光子晶体光纤及其制备方法
◇ 一种多芯少模光纤及其制造方法	◇ 一种有节点式空芯反共振光子晶体光纤及其制备方法
◇ 一种耐辐射光纤的制备方法	◇ 限位装置及含有限位装置的光缆松套管余长牵引组件
◇ 一种低衰减环形纤芯光纤	◇ 一种超低衰减大有效面积的单模光纤
◇ 一种多波段领结型保偏光纤	◇ 用于制造超低衰减光纤的光纤预制棒、方法及光纤
◇ 一种多波段使用的保偏光纤	◇ 动态调整放线张力的套管放线装置、调整方法及主控系统
◇ 一种大模场双包层掺镱光纤	◇ 干式光纤松套管生产设备、生产方法及干式光纤松套管
◇ 一种掺镱光纤及其制造方法	◇ 一种松套管气吹牵引装置及生产线
◇ 一种海底远程泵浦光放大器	◇ 一种柔性光纤带的制造装置及其制造方法
◇ 一种用于调节机头负压大小的调节装置	◇ 一种高硅铸铁电极盘及端站海洋地
◇ 一种具有油墨回收功能的光纤喷码装置	◇ 用于制造光纤带的涂覆轮、涂覆装置、系统及方法
◇ 光纤拉丝塔中的系统设计及参数整定方法	◇ 一种供海底设备使用的远端接地电极结构
◇ 一种低磁敏感性保偏光子晶体光纤	◇ 一种基于光信号的识别光缆及其制备方法
◇ 一种光纤涂覆模具的对中方法及装置	◇ 一种提高PCVD原料气体沉积均匀性的系统、方法和应用
◇ 一种聚合体材料收缩率评定装置及方法	◇ 一种用于VAD制备光纤预制棒的沉积腔体装置及清理方法
◇ 一种低串扰弱耦合空分复用光纤	◇ 一种对称电缆用热熔式快速连接方法
◇ 一种传输光子轨道角动量的光子晶体光纤	

四川汇源塑料光纤有限公司知识产权及成果展示
Sichuan Huiyuan Plastic Optical Fiber Co.,Ltd.

四川汇源塑料光纤有限公司成立于 2005 年 1 月，注册资本 2 000 万元人民币，厂区面积 80 亩，坐落于四川省成都市崇州经济开发区崇阳大道 61 号。公司是一家长期专业从事低损耗 PMMA 塑料光纤、塑料光纤光缆、光纤跳线、光器件及其应用产品研发生产与销售的高新技术企业。产品应用涵盖短距离通信的工业传感与控制器、电力控制柜、智能抄表系统、消费电子、汽车飞机以及军事和装饰照明等领域。

2009 年经国家发改委批准，公司成立了"塑料光纤制备与应用国家地方联合工程试验室"。2014 年成立成都市院士（专家）创新工作站。2016 年自主研发的"650nm 塑料光纤收发器件"科技项目成果，通过了成都市科学技术局技术成果鉴定，获得四川省科学技术厅科技成果登记证书。2018 年"工业智能用 10MBd 塑料光纤通信链路"获得四川省科学技术厅技术成果登记证书。参与制定国家行业标准 8 项，获得授权的专利 20 余项。

参与制定的国家标准及行业标准

标准号	标准名称	标准类别
YD/T1258.6-2006	室内光缆系列 第6部分：塑料光缆	行业标准
YD/T1447-2013	通信用塑料光纤	行业标准
GB/T31990.1-2015	塑料光纤电力信息传输系统技术规范 第1部分：技术要求	国家标准
GB/T31990.1-2015	塑料光纤电力信息传输系统技术规范 第3部分：光电收发模块	国家标准
YD/T2554.2-2015	塑料光纤活动连接器 第2部分：SC型	行业标准
GB/T12357.4-2016	通信用多模光纤 第4部分：A4类 多模光纤特性	国家标准
GB/T 31990.5-2017	塑料光纤电力信息传输系统技术规范 第5部分：综合布线	国家标准
DL/T 1933.4-2018	塑料光纤信息传输技术实施规范 第4部分：塑料光缆	行业标准

专利成果

专利号	专利名称	专利类别
200910059260.5	连续反应共挤法制备侧光塑料光纤的方法	发明专利
201020135905.7	具有色条标识的塑料光纤光缆	实用新型
201020575693.4	具有色条标识的多芯塑料光纤光缆	实用新型
201310385281.2	塑料光纤接收器	发明专利
201310400870.3	具有双光电二极管差分输入的塑料光纤接收器和实现方法	发明专利
201410424507.X	一种使用单色光传输还原白光提高照度的方法及其装置	发明专利
201420430415.8	具有塑料光纤标识的室内光缆	实用新型
201520586433.X	用塑料光纤标识的石英光纤跳线	实用新型
201620327702.5	易于耦合的用塑料光纤标识的石英光纤跳线监测装置	实用新型
201610217467.0	一种照明装饰光纤光缆	发明专利
201610215290.0	一种易于定型的光纤装饰物	发明专利
201620292802.9	一种照明装饰光纤光缆	实用新型
201721635034.3	光纤接收器具有抗电源干扰的电荷泵电路	实用新型
201920416266.2	绞合通体发光光缆	实用新型
201920424556.1	一种塑料光纤收发模块	实用新型
ZL202020203405.6	一种基于塑料光纤体的智能太阳能路灯	实用新型
ZL202020427869.5	一种光纤发饰	实用新型
ZL202020401092.5	一种喷泉灯	实用新型
ZL202020400837.6	一种新型隧道灯	实用新型
ZL202020537871.8	一种光纤跳线损耗测试装置	实用新型

科技成果和荣誉资质

特发信息公司 2020～2021 成就展示

1. 特发信息入选国证"南山50"指数

2019年12月31日上午,深交所、南山区政府举行国证"南山50"指数发布仪式,深圳市人民政府副市长王立新,南山区委书记王强,深交所党委副书记、监事长杨志华,深交所党委委员、副总经理李辉等领导共同敲响国证"南山50"指数发布的钟声,标志着50家南山区创新领军企业成为南山经济发展和创新的代表。

为更好服务大湾区和先行示范区建设、刻画南山区科技创新发展主线,打造南山金融新名片,深圳证券信息有限公司与南山区工业和信息化局等相关单位经过深入研究合作,编制发布"南山50"指数。指数综合考察公司市值规模、行业代表性与创新影响力,选取50家在深交所和港交所上市的深圳南山区企业作为样本股。

2. 责任战"疫":特发信息助力疫情防控,捐赠约15 000个口罩等物资

2020年2月4日,新型冠状病毒感染的肺炎疫情防控工作处于紧要关头,口罩、护目镜等防护物资紧缺。疫情就是命令,防控就是责任,特发信息紧急行动,通过多种渠道寻找货源,助力一线抗疫。

特发信息控股企业四川华拓光通信有限公司一直深耕欧洲市场,华拓丹麦公司总监Carsten受邀接受丹麦国家电视台采访,介绍了中国情况和公司对疫情的应对措施,传递了中国人民抗击疫情的决心。同时,四川华拓在丹麦采购一批口罩和防护眼镜,于当日完成捐赠,其中捐赠口罩约1.5万个给当地政府、捐赠防护眼镜1万个给四川大学华西医院,为奋战在防控工作一线的工作人员提供了必要的防护物资,以实际行动做好防疫工作。

3. 特发信息参与"一最三首"世界超级电力工程熔接项目获感谢

2020年7月,国网湖北送变电工程有限公司发来感谢信和锦旗,感谢特发信息保质保量完成"一最三首"世界超级电力工程——乌东德电站送电广东广西特高压多端直流示范工程(又称昆柳龙直流工程)广西段熔接项目。

昆柳龙直流工程是目前世界上容量最大的特高压多端直流输电工程,以及世界上首个特高压多端混合直流工程、首个特高压柔性直流换流站工程、首个具备架空线路直流故障自清除能力的柔性直流输电工程。特发信息中标该工程广西标段的熔接工程,广西标段地形和天气复杂,开工建设以后持续强降雨给施工带来了极大困难,对此特发信息工程人员发扬"秉持职业操守 真诚贯穿始终"的服务理念,不畏高山林密、冻雨

连绵、山路崎岖的艰苦条件，完成了光缆熔接和测试工作。

4. 特发信息联合华为成功中标智慧小梅沙顶层设计服务项目

2020年9月，特发信息与华为组成联合体，成功中标深圳市特发小梅沙投资发展有限公司智慧小梅沙顶层设计服务项目。智慧小梅沙顶层设计服务项目是特发信息进军智慧园区领域的新起点，对公司推广智慧解决方案业务、拓宽ICT市场都具有极其重要的意义，也为特发信息投身新基建事业、实现产业升级和转型打下良好的基础。

5. 特发信息与深圳市基础设施投资基金管理有限责任公司签署战略合作协议

2020年9月，特发信息与深圳市基础设施投资基金管理有限责任公司签署战略合作协议，就数据中心等新基建领域构建战略合作关系。双方拟共同出资设立合资公司，用于在数据中心领域进行投资运作，并由合资公司负责运作双方在深圳市及深圳市合作区域内（包含深汕合作区、深哈合作区等）的数据中心项目。

6. 特发信息再获"深圳知名品牌"荣誉

2020年9月，由深圳市政府、联合国工业发展组织、深圳工业总会联合深圳各区政府共同举办的第四届"深圳国际品牌周"暨中国品牌日深圳站活动正式拉开帷幕。会上隆重发布了第十七届深圳知名品牌名单，特发信息凭借良好的品牌形象和影响力，连续三次通过知名品牌复审，再度被评为"深圳知名品牌"。

7. 特发信息中标"鹏城云脑Ⅱ扩展型"重大科技基础设施项目

2020年11月，在"鹏城云脑Ⅱ扩展型项目信息化工程第一阶段项目"中，公司与深圳市智慧城市科技发展集团有限公司组成联合体中标，合计中标金额约28.18亿元。"鹏城云脑"二期项目是深圳市政府结合自身优势和特色，大力推进深圳综合性国家科学中心建设的重要举措，也是开启E级算力云脑战略的重要里程碑，将为建立全球领先的AI集群研究平台奠定坚实基础。

8. 特发信息联合深圳移动成功中标小梅沙海洋馆智慧景区信息化专项规划设计服务项目

2020年11月，特发信息联合深圳移动成功中标小梅沙海洋馆项目智慧景区信息化专项规划设计服务项目。2020年11月20日，特发小梅沙旅游公司组织召开海洋世界智慧园区信息化规划设计启动会，此次项目是特发信息与深圳移动签署合作协议以来，在规划设计方面的首个合作项目，意味着特发信息在小梅沙片区智慧化改造中参与了全业态场景的规划设计，实现了片区智慧化规划整体方案的融会贯通，对特发信息向"新一代信息技术产品和服务的综合提供商"转型升级起到了积极的推动作用。

9. 特发信息连续 14 年蝉联"中国光通信最具竞争力企业 10 强"

12 月 16 日，2020 年度"全球|中国光通信发展与竞争力论坛暨 2020 中国全球光通信最具竞争力企业 10 强评选活动颁奖典礼（ODC 2020）"在北京举行。论坛同期发布了 2020 年度光通信行业各领域 10 强企业榜单，特发信息荣获"2020 中国光通信最具综合竞争力企业 10 强（第七名）""2020 中国光纤光缆最具竞争力企业 10 强（第六名）"及"2020 中国光传输与网络接入设备最具竞争力企业 10 强（第四名）"等多项殊荣，公司董事长蒋勤俭荣获"2020 年度中国光通信创新推动管理人物"。这也是特发信息连续 14 年获得"中国光通信最具竞争力企业 10 强"等奖项和荣誉。

江西大圣成就展示

江西大圣光纤参展第六届华南国际线缆展

2021年5月9日，第六届华南(虎门)国际线缆展在广东东莞虎门会展中心圆满落幕。本届展会以USB4、雷电4、苹果PD、Type-C、HDMI™、DB高速线缆、端子/连接器、线缆/线束及加工技术设备、导体、绝缘/填充/新型材料等为主打，全面展示中国乃至全球线缆线束加工和连接技术在新能源汽车/充电桩、5G高速高频线缆、智能自动化工厂等领域的应用！

江西大圣塑料光纤有限公司应邀参加展会，展示了近几年来我公司为数据传输领域开发的新产品、新方案，不仅巩固了已有合作关系的客户，还发掘了大批潜在的客户，为开拓新的市场奠定了基础。在本次展会上，大圣光纤主要展示了光纤数据传输领域的系列产品，主要有汽车most塑料光纤连接线、工业控制连接线、塑料光纤传感探头、安华高连接线、USB发光数据线、音频跳线等相关新产品。产品的特色和优势在大圣光纤工作人员的精彩介绍及演示下展现得淋漓尽致，观展的客户对公司产品产生浓厚的兴趣，纷纷希望通过这次机会进行深入合作。

通过这次展会，在与众多客户达成合作意向的同时，也拓宽了本公司的视野，进一步了解到塑料光纤的最新行情，为大圣光纤今后的发展带来了新的契机！

六　中国光纤通信业界2020～2021年成就展示

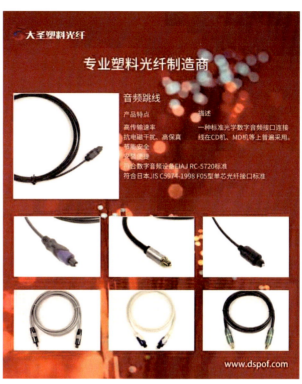
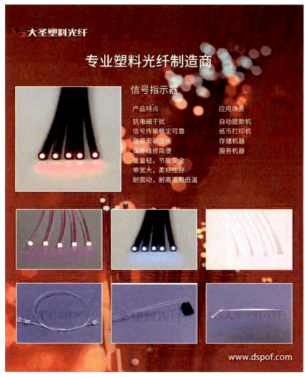
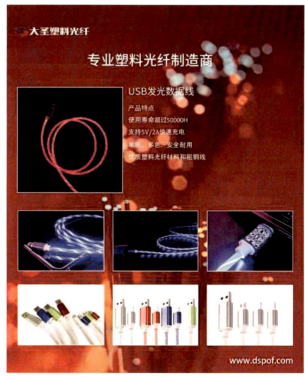

江西大圣光纤的知识产权软实力

江西大圣塑料光纤公司专利明细表

序号	专利名称	申请号/专利号	专利类型	授权公告日
1	低强度超声波辐照引发甲基丙烯酸甲酯本体聚合的方法	2009103113848	发明专利	2011/8/17
2	一种无卤、抑烟、阻燃型塑料光纤护套的制备方法	2010102936145	发明专利	2015/7/22
3	一种用于塑料光纤的专用剪刀	2014107252060	发明专利	2017/5/10
4	一种用于塑料光纤的专用剪刀	2014305000600	外观专利	2015/7/22
5	一种塑料光纤连接器	2016206073369	实用新型	2016/11/23
6	用于塑料光纤生产的拉丝炉	2016206073797	实用新型	2016/12/14
7	一种大直径柔性固态芯通体发光型塑料光纤的制备方法	2016103855443	发明专利	2018/9/18
8	塑料光纤发光机车服	201730324438X	外观专利	2017/12/8
9	塑料光纤发光口罩	2017208872021	实用新型	2018/2/9
10	塑料光纤发光手套	2017208872017	实用新型	2018/2/13
11	塑料光纤发光鞋	2017208873109	实用新型	2018/2/13
12	一种USB数据线	2017205735431	实用新型	2017/12/1
13	一种塑料光纤照明篮球架	2019207251899	实用新型	2020/2/18
14	一种自发光导引标志线	2019206742893	实用新型	2020/2/18
15	一种透光砖头	2019206713674	实用新型	2020/2/18
16	一种塑料光纤星空顶	2019222741235	实用新型	2021/3/30
17	一种可伸缩塑料光纤水帘	2019222740571	实用新型	2020/7/17
18	一种塑料光纤酒袋	2019222740764	实用新型	2020/11/14
19	发光酒瓶套	2019307071590	外观专利	2020/5/22
20	发光包	2019307071571	外观专利	2020/8/11